T0222413

# Zyklen der Zeit

# Rodger Penrose

# Zyklen der Zeit

## Eine neue ungewöhnliche Sicht des Universums

Aus dem Englischen übersetzt von Thomas Filk

Titel der Originalausgabe: Cycles of Time – An Extraordinary New View of the Universe

Die englische Originalausgabe ist erschienen bei The Bodley Head 2010

Copyright © Roger Penrose 2010

Aus dem Englischen übersetzt von Thomas Filk

Weitere Informationen zum Buch finden Sie unter www.spektrum-verlag.de/978-3-8274-2801-1

**Bibliografische Information der Deutschen Nationalbibliothek**
Die Deutsche Nationalbibliothek verzeichnet diese Publikation in der Deutschen Nationalbibliografie; detaillierte bibliografische Daten sind im Internet über http://dnb.d-nb.de abrufbar.

Springer ist ein Unternehmen von Springer Science+Business Media
springer.de

© Spektrum Akademischer Verlag Heidelberg 2011
Spektrum Akademischer Verlag ist ein Imprint von Springer

11  12  13  14  15     5  4  3  2  1

Planung und Lektorat: Katharina Neuser-von Oettingen, Martina Mechler
Redaktion: Anna Schleitzer
Satz: workformedia | ffm | mz
Umschlaggestaltung: wsp design Werbeagentur GmbH, Heidelberg

ISBN 978-3-642-34776-4

# Inhalt

## Teil 1
## Der Zweite Hauptsatz und sein tiefes Geheimnis

## Teil 2
## Die seltam besondere Natur des Urknalls

## Teil 3
## Konforme zyklische Geometrie

# Anhang

# Vorwort

Eines der größten Geheimnisse unseres Universums ist die Frage, woher es einmal gekommen ist.

Als ich zu Beginn der 1950er Jahre als Doktorand der Mathematik an die Cambridge University kam, erlebte ich die Hochkonjunktur einer faszinierenden kosmologischen Theorie, die als Steady-State-Modell bekannt war. Nach diesem Modell hatte das Universum keinen Anfang, und es sollte auch für alle Zeiten mehr oder weniger unverändert bleiben. Das Steady-State-Universum hatte diese Eigenschaften, obwohl es sich gleichzeitig ausdehnte, denn die anhaltende Verdünnung der Materie durch die Ausdehnung wurde durch eine ständige Erzeugung von neuer Materie in Form von außerordentlich dünnem Wasserstoffgas ausgeglichen. Mein Freund und damaliger Mentor in Cambridge, der Kosmologe Dennis Sciama, der mir auch die Begeisterung für die neue Physik vermittelte, war zu jener Zeit ein großer Befürworter der Steady-State-Kosmologie, und er versuchte mich von der Schönheit und der Aussagekraft dieses bemerkenswerten Modells für unsere Welt zu überzeugen.

Doch diese Theorie hatte in der Folgezeit keinen Bestand. Ungefähr zehn Jahre, nachdem ich erstmals nach Cambridge gekommen und mit der Theorie recht vertraut geworden war, entdeckten Arno Penzias und Robert Wilson zu ihrer eigenen Überraschung eine alles durchdringende elektromagnetische Strahlung, die aus allen Richtungen des Kosmos zu uns gelangt. Heute bezeichnet man diese Strahlung als kosmischen Mikrowellenhintergrund oder CMB (für „cosmic microwave background"). Sehr bald erkannte Robert Dicke, dass eine solche Strahlung schon vorhergesagt worden war und dass es sich hierbei um die Reste eines „Blitzes" aus dem Urknall handelt, dem unser Universum entsprungen ist und von dem man heute annimmt, dass er vor ungefähr 14 000 Millionen Jahren (14 Milliarden Jahren) stattgefunden hat. Ein solches Ereignis wurde zum ersten Mal ernsthaft von Monsignore Georges Lemaître im Jahre 1927 in Erwägung gezogen. Für ihn war es eine Folgerung aus der Arbeit von Albert Einstein im Jahre 1915 über die Gleichungen der Allgemeinen Relativitätstheorie und den frühen Beobachtungen, die auf eine Ausdehnung des Universums hindeuteten. Mit viel Mut und wissenschaftlicher Ehrlichkeit (als die CMB-Daten zunehmend bestätigt wurden) zog Dennis Sciama seine früheren Ansichten öffentlich zurück und unterstützte von da an die Idee eines Urknalls als Ursprung unseres Universums.

Seit jener Zeit hat sich die Kosmologie von einem spekulativen Unternehmen zu einer exakten Wissenschaft gemausert, und die sorgfältige Analyse der CMB – die durch sehr genaue Daten aus unzähligen großartigen Experimenten möglich wurde – hat einen wesentlichen Anteil an dieser Revolution. Trotzdem sind viele Rätsel geblieben, und nach wie vor gibt es viele Spekulationen. In diesem Buch möchte ich nicht nur die wichtigsten Modelle der klassischen relativistischen Kosmologie vorstellen, sondern auch verschiedene Entwicklungen beschreiben und verblüffende Themen ansprechen, die seit damals aufgekommen sind. Insbesondere scheint es eine grundsätzliche Unverträglichkeit zwischen dem Zweiten Hauptsatz der Thermodynamik und der Natur des Urknalls zu geben. In Bezug auf diese Unverträglichkeit möchte ich ein paar eigene Spekulationen vorbringen, die verschiedene Stränge von unterschiedlichen Aspekten des heutigen Universums zusammenbringen sollen.

Mein eigener ungewöhnlicher Zugang geht auf Einsichten aus dem Sommer 2005 zurück, obwohl viele Einzelheiten jüngeren Datums sind. Diese Beschreibung betont die geometrischen Vorstellungen, und ich habe gleichzeitig versucht, möglichst wenige Gleichungen oder technische Details einfließen zu lassen. All diese Dinge wurden auf die Anhänge verteilt, die nur für die Experten gedacht sind. Das Modell, das ich im Folgenden vertreten werde, ist in der Tat unorthodox, allerdings beruht es auf fest fundierten geometrischen und physikalischen Ideen. Auch wenn dieser Zugang vollkommen anders ist, trägt er doch deutliche Züge der alten Steady-State-Theorie.

Ich frage mich, was Dennis Sciama dazu gesagt hätte.

# Danksagungen

Ich danke vielen meiner Freunde und Kollegen für ihre wichtigen Beiträge, Anregungen und Ideen bezüglich des kosmologischen Modells, das ich hier beschreiben möchte. Von besonderer Bedeutung waren eingehende Diskussionen mit Paul Tod hinsichtlich seines Modells und der damit zusammenhängenden konformen Erweiterung der Weyl-Krümmungs-Hypothese. Viele Ergebnisse seiner Untersuchungen erwiesen sich für die genaue Herleitung der Gleichungen in der konformen zyklischen Kosmologie, wie ich sie hier vorstellen werde, als entscheidend. Am anderen Ende der Zeitskala wurden die beeindruckenden Untersuchung von Helmut Friedrich über die konforme Unendlichkeit, insbesondere seine Arbeiten zu Kosmologien mit einer positiven kosmologischen Konstante, zu einer weiteren Stütze der mathematischen Rigorosität dieses Models. Außerdem hat Wolfgang Rindler seit vielen Jahren wesentliche Beiträge zu diesen Ideen geliefert, insbesondere seine grundlegenden Überlegungen zur Natur kosmologischer Horizonte, aber auch in Form seiner Zusammenarbeit mit mir über den 2-Spinor-Formalismus sowie die Diskussionen über die Rolle des inflationären Universums.

Wichtige Beiträge stammen auch von Florence Tsou (Sheung Tsun) und Hong-Mo Chan, die mir ihre Ideen über die Natur der Masse in der Teilchenphysik erläutert haben, sowie von James Bjorken, der mir ebenfalls wesentliche Einsichten in dieser Hinsicht vermittelt hat. Zu den vielen anderen, die mich nachhaltig beeinflusst haben, gehören David Spergel, Amir Hajian, James Peebles, Mike Eastwood, Ed Speigel, Abhay Ashtekar, Neil Turok, Pedro Ferreira, Vahe Gurzadyan, Lee Smolin, Paul Steinhardt, Andrew Hodges, Lionel Mason und Ted Newman. Als von unschätzbarem Wert erwiesen sich die redaktionelle Unterstützung von Richard Lawrence und die wichtigen Beiträge von Thomas Lawrence, dem ich sehr viele Informationen insbesondere zu Teil 1 verdanke. Ebenfalls danken möchte ich Paul Nash für die Erstellung des englischen Registers sowie dem Übersetzer der deutschen Ausgabe Thomas Filk für seine Hinweise auf kleinere Fehler.

Zutiefst zu Dank verpflichtet für die umfassende Unterstützung, die Liebe und das Verständnis in häufig schwierigen Situationen bin ich gegenüber meiner Frau Vanessa, der ich auch die kurzfristige Erstellung vieler wichtiger graphischer Darstellungen verdanke. Insbesondere danke ich ihr aber auch für den Beistand in Situationen, in denen ich an der modernen Technologie verzweifelt bin, ohne den ich viele Diagramme überhaupt nicht hätte erstellen können. Schließlich möchte ich auch unserem zehn Jahre alten Sohn Max danken, der mir unter anderem mit seiner fröhlichen Laune immer wieder geholfen hat, der aber auch seinen eigenen Beitrag geleistet hat, mich durch die verwirrende moderne Technik zu geleiten.

Ich danke der M. C. Escher Company in Holland für die Erlaubnis, die Bilder in Abbildung 7.3 abdrucken zu dürfen. Außerdem möchte ich dem Institut für Theoretische Physik in Heidelberg für die Abbildung 8.1 danken. Schließlich danke ich noch dem NSF für die finanzielle Unterstützung des Projekts PHY00-90091.

# Vorspiel

Tom hielt seine Augen halb geschlossen, während der Regen niederprasselte und die Spritzer des aufgewühlten Flusses in seine Augen stachen. Er blickte in die herumwirbelnden Wassermassen, die den Berg hinabstürzten. Seine Tante Priscilla, eine Professorin für Astrophysik an der Universität von Cambridge, hatte ihn zu dieser wunderbaren alten Mühle geführt, die sich immer noch in einem ausgezeichneten Zustand befand und kräftig arbeitete. „Wow", sagte er, „ist das immer so? Kein Wunder, dass dieses alte Mühlwerk in einem solchen Tempo läuft."

„Nein, ich glaube nicht, dass es immer so kräftig ist", sagte Priscilla. Sie stand neben ihm hinter dem Geländer am Flussufer und musste ihre Stimme etwas anheben, damit man sie trotz des laut tosenden Wassers hören konnte. „Heute ist das Wasser viel wilder als gewöhnlich, vermutlich wegen des nassen Wetters. Wie Du siehst, wird ein großer Teil des Wassers um die Mühle gelenkt. Gewöhnlich tun sie das nicht, weil sie aus dem ruhiger fließenden Wasser das meiste herausholen wollen. Doch heute strömt das Wasser deutlich heftiger als die Mühle benötigt."

Tom starrte einige Minuten in die wilden Fluten und bewunderte die Muster, in denen die feinen Wasserschleier in die Luft gesprüht wurden. „Ich sehe, dass in diesem Wasser eine Menge Kraft steckt, und ich weiß, dass die Leute vor einigen Jahrhunderten schlau genug waren, um all diese Energie nutzbar zu machen und ihre Maschinen damit zu betreiben, und dass sie den Menschen damit viel Arbeit abnehmen konnten, um die vielen schönen Wolltücher herzustellen. Doch woher kam ursprünglich einmal die Energie, die all das Wasser hoch auf den Berg brachte?"

„Die Sonnenwärme lässt das Wasser im Ozean verdampfen und in die Luft aufsteigen, sodass es schließlich in Form von Regen wieder herunterfallen kann. In diesem Fall fiel ein großer Teil des Regens hoch oben auf den Berg", antwortete Priscilla. „Eigentlich ist es die Energie der Sonne, mit der die Mühle angetrieben wird."

Tom war etwas durcheinander. Seine Tante erzählte ihm oft Dinge, die ihn verwirrten, und von Natur aus war er ziemlich misstrauisch. Er sah nicht ganz ein, wie alleine die Wärme das Wasser hoch in die Luft hatte heben können. Und wenn die ganze Wärme hier um ihn herum sein sollte, weshalb war ihm dann so kalt? „Gestern war es ziemlich warm", musste er zugeben, doch dann meinte er mit einer gewissen Unsicherheit: „Ich hatte allerdings nicht das Gefühl, dass die Sonne versucht, mich in die Luft zu heben – nicht mehr als jetzt."

Tante Priscilla musste lachen. „Nein, ganz so ist es nicht. Es sind die winzigen Moleküle im Wasser des Ozeans, die von der Sonnenwärme in Fahrt gebracht werden. Dadurch bewegen sich diese Moleküle schneller als sonst, und einige dieser ‚heißen' Moleküle bewegen sich so schnell, dass sie sich von der Oberfläche des Wassers lösen können und in die Luft gehoben werden. Und obwohl in jedem Augenblick nur vergleichsweise wenige Moleküle dem Wasser entfliehen können, sind die Ozeane so riesig, dass insgesamt große Wassermassen in die Luft gehoben werden. Aus diesen Molekülen bilden sich die Wolken, und schließlich fallen die Wassermoleküle wieder als Regen zur Erde, einige von ihnen hoch oben auf den Bergen."

Tom war immer noch nicht zufrieden, doch zumindest hatte der Regen etwas nachgelassen. „Dieser Regen fühlt sich für mich aber überhaupt nicht heiß an."

„Bedenke, dass die Energie der Sonnenwärme zunächst die Wassermoleküle in eine rasche Bewegung versetzt. Diese rasche Bewegung führt dazu, dass ein kleiner Teil der Moleküle so schnell wird, dass er hoch in die Luft gehoben wird und Wasserdampf bildet. Die Energie dieser Moleküle wandelt sich im Schwerefeld der Erde in potenzielle Energie um. Stell dir einen Ball vor, den du hoch in die Luft wirfst. Je heftiger du ihn wirfst, umso höher fliegt der Ball. Doch an seinem höchsten Punkt bewegt er sich nicht mehr. An diesem Punkt wurde seine gesamte Bewegungsenergie in sogenannte gravitative potenzielle Energie umgewandelt – Lageenergie hoch über dem Boden. Ähnlich ist es mit den Wassermolekülen. Ihre Bewegungsenergie – die Energie, die sie von der Sonnenwärme erhalten haben – wird in gravitative potenzielle Energie umgewandelt, und nun befinden sie sich auf der Spitze des Berges. Wenn das Wasser dann den Berg hinabfließt, wird aus dieser potenziellen Energie wieder Bewegungsenergie, die wiederum die Mühle antreibt."

„Das Wasser ist also gar nicht heiß, wenn es da oben ist?", fragte Tom.

„Genau. Wenn sich diese Moleküle sehr hoch in der Luft befinden, werden sie langsamer und gefrieren sogar manchmal zu winzigen Eiskristallen, aus denen hohe Wolken oft bestehen. Die Energie steckt also jetzt in der Höhe der Moleküle über dem Boden und nicht mehr in ihrer Wärmebewegung. Dementsprechend ist der Regen da oben auch alles andere als heiß. Im Gegenteil, er ist immer noch vergleichsweise kalt, selbst wenn er schließlich wieder auf seinem Weg nach unten ist und vom Luftwiderstand abgebremst wird."

„Das ist erstaunlich!"

„Ja, das ist es." Ermutigt durch das Interesse des Jungen nahm Tante Priscilla die Gelegenheit wahr und fuhr fort: „Weißt Du, es ist wirklich seltsam, aber selbst in dem kalten Wasser in diesem Fluss steckt immer noch wesentlich mehr Wärmeenergie in der Bewegung der einzelnen Moleküle, die mit großer Geschwindigkeit wild durcheinander fliegen, als in dem rauschenden Wasserstrom, der den Berg hinabstürzt."

„Oh Mann! Soll ich das wirklich glauben?"

Tom dachte für einige Minuten nach und war zunächst etwas verwirrt, doch dann fand er die Dinge, die ihm seine Tante gerade erzählt hatte, sehr interessant und bemerkte aufgeregt: „Das bringt mich auf eine großartige Idee! Weshalb bauen wir nicht eine ganz

spezielle Mühle, die in einem ganz gewöhnlichen See direkt diese riesige Energiemenge in der Bewegung der Wassermoleküle ausnutzt? Sie könnte aus ganz vielen winzigen Windrädern bestehen,
ähnlich wie die Dinger, die sich im Wind drehen, mit kleinen Kap-
pen an den Enden, sodass sie im Wind herumgewirbelt werden, egal
aus welcher Richtung er kommt. Sie müssten nur noch kleiner sein
und im Wasser liegen, sodass die Geschwindigkeit der Wassermoleküle sie treibt. Damit könnte man die Energie in der Bewegung der
Wassermoleküle ausnutzen, um alle möglichen Maschinen anzutrei-
ben."

„Eine wunderbare Idee, Tom, doch leider wird sie nicht funktionieren! Es gibt ein grundlegendes Prinzip in der Physik, das man
als den Zweiten Hauptsatz der Thermodynamik bezeichnet und das
mehr oder weniger besagt, dass die Dinge im Verlauf der Zeit eine immer größere Unordnung bekommen. Genauer gesagt folgt aus
diesem Satz, dass man nicht so ohne weiteres nützliche Energie aus
der zufälligen Bewegung eines heißen – oder auch kalten – Körpers
gewinnen kann. Ich befürchte, dein Vorschlag wäre so etwas Ähnliches wie ein ‚Maxwell'scher Dämon‘."

„Fang bitte nicht damit an! Du weißt, dass Großvater mich immer einen ‚kleinen Dämon‘ nannte, wenn ich eine gute Idee hatte, und ich mochte das überhaupt nicht. Und diese Sache mit dem
Zweiten Hauptsatz – ich finde das Gesetz nicht sehr nett", be-
schwerte sich Tom mürrisch. Dann meldete sich wieder sein natürliches Misstrauen. „Und außerdem bin ich mir nicht sicher, ob ich
das überhaupt glauben kann." Er fuhr fort: „Ich denke, bei Gesetzen
dieser Art braucht man nur eine schlaue Idee, wie man sie umgehen
kann. Außerdem hast du doch selbst gesagt, dass die Sonnenwärme
der Grund für die Erwärmung des Ozeans ist und dass gerade diese
zufällige Bewegung der Moleküle sie auf die Spitze der Berge bringt,
und nun fließen sie den Berg hinunter."

„Ja, du hast recht. Der Zweite Hauptsatz sagt uns eigentlich, dass
die Wärme der Sonne alleine dafür nicht ausreicht. Damit das alles

funktioniert, brauchen wir auch die kühleren Schichten in der oberen Atmosphäre, sodass der Wasserdampf auf den Bergspitzen kondensieren kann. Tatsächlich nimmt die Energie der Erde als Ganzes durch die Sonne gar nicht zu."

Tom sah seine Tante erstaunt an. „Was haben die kühlen oberen Schichten der Atmosphäre damit zu tun? Heißt ‚kalt' nicht, dass weniger Energie vorhanden ist, als bei ‚heiß'? Wie kann gerade etwas, das ‚weniger Energie' hat, hier helfen? Ich verstehe nicht, was du sagen willst. Außerdem habe ich den Eindruck, dass du dich widersprichst," meinte Tom und gewann an Selbstvertrauen. „Erst sagst du mir, dass die Energie der Sonne die Mühle antreibt, und nun behauptest du, die Sonne würde der Erde gar keine Energie geben?"

„Nun, das ist richtig. Denn wenn die Sonne der Erde Energie geben würde, müsste die Erde ständig heißer werden. Die Energie, die die Erde am Tage von der Sonne bekommt, muss irgendwann wieder in den Weltraum zurück, und das geschieht nachts, wenn der Himmel kalt und dunkel ist. Allerdings könnte es sein, dass aufgrund der globalen Erwärmung doch ein kleiner Teil auf der Erde zurückbleibt. Die Sonne ist ein sehr heißer Fleck in einem ansonsten kalten und dunklen Himmel ..."

Tante Priscilla sprach weiter, doch Tom verlor langsam den Faden und ließ seinen Gedanken freien Lauf. Irgendwann hörte er sie sagen „... es ist also die Ordnung in der Energie der Sonne, mit der wir den Zweiten Hauptsatz in seine Schranken weisen können."

Tom blickte seine Tante an und musste grinsen. „Ich habe nicht den Eindruck, dass ich das wirklich verstehe", meinte er, „und ich sehe auch nicht ein, weshalb ich an diese Sache mit dem Zweiten Hauptsatz glauben soll. Woher kommt denn die ganze Ordnung in der Sonne? Nach deinem Zweiten Hauptsatz sollte die Sonne im Laufe der Zeit immer unordentlicher werden. Also muss sie ursprünglich einmal, als sie entstanden ist, sehr geordnet gewesen sein, wenn sie die ganze Zeit ihre Ordnung in den Weltraum hinausschickt. Nach deinem ‚Zweiten Hauptsatz' nimmt ihre Ordnung ja ständig ab."

„Das hängt damit zusammen, dass die Sonne ein so heißer Punkt in einem ansonsten kalten und dunklen Himmel ist. Dieser extreme Temperaturunterschied sorgt für die notwendige Ordnung."

Tom starrte seine Tante verständnislos an. So langsam konnte er nicht mehr wirklich glauben, was sie alles sagte. „Du willst mir erzählen, dass das als Ordnung zählt? Ich sehe nicht, weshalb das so sein sollte. Ok, nehmen wir an, es wäre so, doch dann hast du mir immer noch nicht gesagt, woher diese seltsame Art von Ordnung kommt."

„Sie beruht auf der Tatsache, dass das Gas, aus dem die Sonne entstanden ist, ursprünglich über einen sehr großen Bereich verteilt war, und die Gravitation hat es zu einer dichten Wolke zusammengezogen. Die Gravitation führte also dazu, dass das Gas schließlich zu einem Stern kondensierte. Genau das passierte vor sehr langer Zeit mit der Sonne. Sie entstand aus einem anfänglich weit verteilten Gas und wurde dabei immer heißer."

„Du erzählst mir alles mögliche und gehst dabei immer weiter in der Zeit zurück. Wo kam denn diese seltsame Sache, die du ‚Ordnung' nennst, was auch immer das sein mag, ursprünglich einmal her?"

„Ursprünglich kam sie aus dem sogenannten Urknall, bei dem das ganze Universum in einer unvorstellbar gewaltigen Explosion entstanden ist."

„So etwas wie eine riesige brodelnde Explosion klingt für mich nicht nach etwas Geordnetem. Ich verstehe überhaupt nichts mehr."

„Da bist du nicht der Einzige! Du befindest dich in guter Gesellschaft, wenn du das nicht verstehst. Niemand versteht es wirklich. Woher diese Ordnung kommt und in welcher Hinsicht der Urknall diese Ordnung tatsächlich repräsentiert, ist eines der größten Rätsel der Kosmologie."

„Vielleicht gab es vor dem Urknall etwas, das noch geordneter war? Damit ließe sich alles erklären."

„Es gibt viele Leute, die solchen Ideen nachgehen. Schon seit einiger Zeit gibt es Theorien, nach denen unserem heutigen, sich ausdehnenden Universum ein Kollaps voranging, der in gewisser Hinsicht ‚zurückprallte' und zu unserem Urknall wurde. Und es gibt andere Theorien, wonach kleine Teile eines früheren Universums zu etwas kollabierten, das wir Schwarze Löcher nennen, und diese Teile ‚prallten zurück' und wurden so zu den Ausgangspunkten von unvorstellbar vielen sich ausdehnenden Universen. Und nach wieder anderen Theorien entstanden neue Universen aus etwas, das man als ‚falsches Vakuum' bezeichnet ..."

„Das kling für mich alles ziemlich verrückt", sagte Tom.

„Ah ja, und dann gibt es noch eine Theorie, von der ich kürzlich gehört habe ..."

# Teil 1

## Der Zweite Hauptsatz und sein tiefes Geheimnis

# 1

# Der unablässige Vormarsch des Zufalls

Der Zweite Hauptsatz der Thermodynamik – was ist das für ein Gesetz? Welche entscheidende Rolle spielt er für das physikalische Geschehen? Und in welchem Sinne stellt er uns vor ein echtes, fundamentales Rätsel? In den späteren Kapiteln dieses Buches werden wir versuchen, die verblüffende Natur dieses Rätsels zu verstehen, und wir werden sehen, weshalb wir zu seiner Lösung möglicherweise sehr weit ausholen müssen. Das wird uns in bisher unerforschte Bereiche der Kosmologie führen und auf Themen, von denen ich glaube, dass wir sie nur lösen können, wenn wir die Vergangenheit unseres Universums in einem vollkommen neuen Licht sehen. Doch diese Dinge werden uns erst später beschäftigen. Zunächst möchte ich die Aufmerksamkeit auf die Konzepte dieses allgegenwärtigen Gesetzes lenken und uns mit ihm vertraut machen.

Meist denken wir bei einem „physikalischen Gesetz" an irgendeine Aussage, in der es um die Gleichheit von zwei unterschiedlichen Dingen geht. Das zweite Newton'sche Bewegungsgesetz setzt beispielsweise die Änderungsrate des Impulses eines Teilchens (Impuls ist gleich Masse mal Geschwindigkeit) gleich der Gesamtkraft, die auf dieses Teilchen wirkt. Ein anderes Beispiel ist das Gesetz von der Erhaltung der Energie, wonach die Gesamtenergie eines vollkommen abgeschlossenen Systems zu einem Zeitpunkt gleich seiner Gesamtenergie zu jedem beliebigen anderen Zeitpunkt ist. Ganz entsprechend drücken die Gesetze von der Erhaltung der elektrischen Ladung, des Impulses oder des Drehimpulses immer eine entsprechende Gleichheit für die gesamte Ladung, den Gesamtimpuls oder den Gesamtdrehimpuls eines abgeschlossenen Systems aus. Die berühmte Gleichung $E = mc^2$ von Einstein besagt, dass die Energie eines Systems immer gleich seiner Masse multipliziert mit dem Quadrat der Lichtgeschwindigkeit ist. Als letztes Beispiel betrachten wir noch das dritte Newton'sche Gesetz, wonach zu jedem Zeitpunkt die Kraft, die ein Körper A auf einen Körper B ausübt, gleich der umgekehrten Kraft ist, die der Körper B auf den Körper A ausübt. Ähnlich ist es mit den meisten anderen Gesetzen in der Physik.

In diesen Fällen handelt es sich immer um *Gleichheiten* – und das gilt auch für den sogenannten Ersten Hauptsatz der Thermodynamik, der im Grunde genommen nur das Gesetz der Energieerhaltung zum Ausdruck bringt, allerdings in einem thermodynamischen Zusammenhang. Wir sprechen von „Thermodynamik", weil die Energie der *thermischen Bewegung* berücksichtigt wird, d. h., die Energie der Zufallsbewegungen der einzelnen Teilchen eines Systems. Diese Energie ist die *Wärme* (oder die Wärmeenergie) eines Systems, und die *Temperatur* des Systems ist definiert als diese Energie bezogen auf einen Freiheitsgrad (worauf wir noch eingehen werden). Wenn beispielsweise ein Projektil durch den Luftwiderstand abgebremst wird, bleibt die Gesamtenergie erhalten (d. h., der Ersten Hauptsatz der Thermodynamik bleibt gültig), obwohl das Projektil an Energie verliert. Es wird zwar langsamer, doch für die Luftmoleküle hat – ebenso wie für die Moleküle des Projektils – die Zufallsbewegung und damit die Energie zugenommen. Durch die Reibung kam es zu einer Erwärmung.

Beim Zweiten Hauptsatz der Thermodynamik handelt es sich jedoch nicht um eine Gleichung, sondern um eine Ungleichung. Sie behauptet einfach, dass für ein abgeschlossenes System eine bestimmte Größe, die man als die *Entropie* bezeichnet, zu einem späteren Zeitpunkt immer *größer* (oder zumindest nicht kleiner) ist als zu früheren Zeiten. Diese Aussage erscheint irgendwie unpräzise, und wir werden sehen, dass auch die Definition der Entropie für ein allgemeines System in gewisser Hinsicht schwammig und subjektiv ist. Außerdem erwecken die meisten Formulierungen den Eindruck, es könne gelegentlich bzw. in Ausnahmefällen doch möglich sein, dass die Entropie tatsächlich (wenn auch nur vorübergehend) mit der Zeit *abnimmt* (man würde dann von einer Fluktuation sprechen), obwohl die Entropie im Allgemeinen die Tendenz hat zuzunehmen.

Trotz dieser scheinbaren Schwammigkeit, die dem Zweiten Hauptsatz (wie ich ihn im Folgenden kurz nennen werde) zugrunde zu liegen scheint, besitzt dieses Gesetz eine Allgemeingültigkeit, die weit über ein konkretes System mit bestimmten dynamischen Gesetzen hinausgeht. Es gilt für die Relativitätstheorie ebenso wie für die Newton'sche Theorie, und selbst die kontinuierlichen Felder der Maxwell'schen Theorie des Elektromagnetismus (auf die wir kurz in Kapitel 12, 13 und 14 und etwas ausführlicher in Anhang A.1 eingehen werden) unterliegen diesem Zweiten Hauptsatz ebenso wie die Theorien der diskreten Teilchen. Er gilt sogar für dynamische Modelle, die für unser Universum vermutlich keinerlei Bedeutung haben. Trotzdem zeigt er sich besonders deutlich bei realistischen dynamischen Systemen, beispielsweise der Newton'schen Mechanik, deren Zeitentwicklung nicht nur *deterministisch* ist, sondern sogar noch *reversibel in der Zeit*. Bei solchen Systemen erhält man für jede erlaubte zeitliche Entwicklung in die Zukunft durch Umkehrung der Zeitrichtung eine neue, nach den dynamischen Gesetzen ebenfalls erlaubte zeitliche Entwicklung.

Wir können uns das in etwas vertrauteren Begriffen veranschaulichen: Stellen wir uns vor, wir betrachten in einem Film den zeitlichen Verlauf eines bestimmten Prozesses, der mit den dynamischen Gesetzen im Einklang ist. Diese Dynamik soll in der Zeit reversibel sein, wie es beispielsweise für die Newton'schen Gesetze der Fall ist. Wenn wir den Film rückwärts ablaufen lassen, sehen wir einen Prozess, der ebenfalls mit diesen dynamischen Gesetzen im Einklang steht. Das klingt zunächst vielleicht erstaunlich, denn ein Film, bei dem ein Ei vom Tisch rollt, auf den Boden fällt und

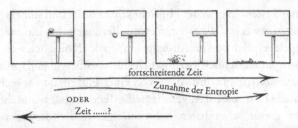

**Abb. 1.1**  Ein Ei rollt vom Tisch, fällt auf den Boden und zerbricht dort nach zeitlich reversiblen dynamischen Gesetzen.

dort zerbricht, wäre offensichtlich ein dynamisch erlaubter Prozess, doch im rückwärts ablaufenden Film – das Eigelb und Eiweiß eines anfänglich zerbrochenen und verschmierten Eies auf dem Boden fließen plötzlich auf wundersame Weise von selbst zusammen, und anschließend verbinden sich die einzelnen Bruchstücke der Schale zu einer intakten Hülle – sähen wir eine zeitliche Abfolge, die wir niemals bei einem wirklichen physikalischen System beobachten würden (Abb. 1.1). Und doch ist die Newton'sche Dynamik für jedes einzelne Teilchen vollständig reversibel (d. h. zeitlich umkehrbar): Jede Beschleunigung als Reaktion auf die einwirkenden Kräfte entspricht dem zweiten Newton'schen Gesetz, und das Gleiche gilt für die elastischen Reaktionen, die bei jedem Zusammenstoß zwischen den Teilchen stattfinden. Daran würde sich auch nichts ändern, wenn man nach den Standardmodellen der modernen Physik die genauere relativistische und quantenmechanische Beschreibung anwendet. Es gibt allerdings ein paar Feinheiten im Zusammenhang mit der Physik der Schwarzen Löcher im Rahmen der Allgemeinen Relativitätstheorie oder auch in Bezug auf die Quantenmechanik, die später für uns sogar sehr wichtig werden und auf die wir besonders in Kapitel 16 eingehen, doch für den Augenblick reicht ein einfaches Newton'sches Bild der Dinge vollkommen.

Wir müssen uns erst daran gewöhnen, dass die in dem Film dargestellten Situationen für *beide* Abspielrichtungen mit der Newton'schen Dynamik im Einklang stehen, doch der Prozess, bei dem sich das Ei von selbst wieder zusammensetzt, widerspricht dem Zweiten Hauptsatz. Dieser Fall entspräche einer derart unwahrscheinlichen Abfolge von Ereignissen, dass wir sie einfach verwerfen können. Etwas grob gesprochen lautet die eigentliche Aussage des Zweiten Hauptsatzes, dass die Dinge im Verlaufe der Zeit immer „ungeordneter" werden. Wenn also eine bestimmte Situation vorliegt und wir die in die Zukunft gerichtete zeitliche Entwicklung aufgrund der Dynamik betrachten, so erscheinen die Zustände des Systems mit zunehmender Zeit auch zunehmend ungeordneter. Streng genommen sollten wir also nicht behaupten, dass sich das System *mit Sicherheit* in einen ungeordneter erscheinenden Zustand entwickelt, sondern dass es sich mit *überwältigender Wahrscheinlichkeit* (oder so ähnlich) in einen solchen weniger geordneten Zustand entwickelt. Wir müssen damit rechnen, dass die Dinge nach dem Zweiten Hauptsatz immer zufälliger werden, doch hierbei handelt es sich nur um eine überwältigende Wahrscheinlichkeit und nicht um eine absolute Sicherheit.

Trotz dieser Einschränkung können wir mit ziemlicher Gewissheit behaupten, dass wir immer nur eine Zunahme der Entropie – mit anderen Worten, eine Zunahme der Zufälligkeit oder Unordnung – beobachten werden. In dieser Form erscheint der Zweite Hauptsatz fast wie ein Akt der Verzweiflung, denn er besagt, dass die Dinge in der Zukunft immer unorganisierter werden. Andererseits klingt das nicht gerade wie ein tiefes Geheimnis, wie es die Überschrift von Teil 1 nahezulegen scheint. Es ist eher das, was man erwarten würde, wenn man den Dingen einfach ihren Lauf lässt. Der Zweite Hauptsatz scheint lediglich eine unvermeidliche und vielleicht sogar etwas deprimierende Alltagserkenntnis zum Ausdruck zu bringen. Tatsächlich erscheint der Zweite Hauptsatz der Thermodynamik aus diesem Blickwinkel als das Natürlichste, was man sich vorstellen kann, und mit Sicherheit entspricht er vollkommen unserer alltäglichen Erfahrung.

Man könnte nun einwerfen, die Entstehung von Leben auf unserer Erde mit seinen schier unglaublich raffinierten Strukturen stehe im Widerspruch zu dieser Zunahme der Unordnung, wie sie der Zweite Hauptsatz fordert. Ich werde später (Kapitel 8) noch erläutern, weshalb hier tatsächlich kein Widerspruch vorliegt. Soweit wir wissen, sind *biologische* Prozesse vollkommen im Einklang mit einer Zunahme der Gesamtentropie im Sinne des Zweiten Hauptsatzes. Bei dem Geheimnis, auf das der Titel von Teil 1 anspielt, handelt es sich um ein Geheimnis *physikalischer* Prozesse, allerdings in einer vollkommen anderen Größenordnung. Auch wenn es einen deutlichen Bezug zu den Geheimnissen und der erstaunlichen Organisation gibt, denen wir in der Biologie ständig begegnen, dürfen wir mit gutem Grund annehmen, dass die Biologie nicht im Widerspruch zum Zweiten Hauptsatz steht.

Man sollte jedoch in Bezug auf den physikalischen Status des Zweiten Hauptsatzes eine Sache klarstellen: Er drückt ein unabhängiges Prinzip aus, das *zusätzlich* zu den dynamischen Gesetzen (beispielsweise den Newton'schen Gesetzen) gefordert werden muss. Das bedeutet, er lässt sich nicht aus diesen dynamischen Gesetzen *herleiten*. Die eigentliche *Definition* der Entropie eines Systems *zu einem gegebenen Zeitpunkt* ist bezüglich der Zeitrichtung symmetrisch (zu einem bestimmten Zeitpunkt gilt somit für unser gefilmtes Ei immer dieselbe Definition der Entropie, unabhängig davon, in welcher Richtung der Film gezeigt wird). Wenn also die dynamischen Gesetze ebenfalls symmetrisch bezüglich der Zeitrichtung sind (wie es bei der Newton'schen Mechanik der Fall ist), und die Entropie im Verlauf der Zeit nicht immer dieselbe ist (wie es bei dem zerbrechenden Ei eindeutig der Fall ist) dann kann der Zweite Hauptsatz nicht aus diesen dynamischen Gesetzen abgeleitet werden. Sollte nämlich die Entropie in einer bestimmten Situation zunehmen (beispielsweise wenn das Ei zerbricht), so steht das im Einklang mit dem Zweiten Hauptsatz, doch dann muss die Entropie in der zeitlich umgekehrten Situation (der wundersamen Selbstreparatur des zerbrochenen Eies) *abnehmen*, und das steht in klarem Widerspruch zum Zweiten Hauptsatz. Da jedoch beide Prozesse nach der (Newton'schen) Dynamik erlaubt sind, müssen wir daraus schließen, dass der Zweite Hauptsatz keine unmittelbare *Folgerung* aus den dynamischen Gesetzen ist.

# 2
## Entropie als Abzählung von Zuständen

Betrachten wir nun den physikalischen Begriff der „Entropie", wie er im Zweiten Hauptsatz auftritt, etwas genauer. Wie schafft er es, diese „Zufälligkeit" oder „Unordung" zu *quantifizieren* und die spontane Selbstreparatur des Eies als derart unwahrscheinlich einzustufen, dass wir sie als praktisch nicht realisierbaren Vorgang ansehen? Um in Bezug auf das Konzept der Entropie etwas expliziter sein und die eigentliche Aussage des Zweiten Hauptsatzes genauer beschreiben zu können, betrachten wir ein physikalisch einfacheres Beispiel als das zerbrechende Ei. Wir stellen uns einen Topf mit roter Farbe vor, zu der wir etwas blaue Farbe hinzugeben. Nun beginnen wir zu rühren. Unter anderem besagt der Zweite Hauptsatz für diesen Fall, dass die einzelnen Bereiche mit rein blauer oder roter Farbe nach einer kurzen Phase des Umrührens verschwinden und schließlich der gesamte Topfinhalt eine gleichmäßig violette Farbe hat. Außerdem hat es den Anschein, dass wir auch durch noch so vieles weiteres Umrühren dieses Violett nicht wieder in die ursprünglichen roten und blauen Bereiche zurückverwandeln können, obwohl diesem Umrühren zeitumkehrinvariante submikroskopische physikalische Prozesse zugrunde liegen. Tatsächlich sollte sich sogar die violette Farbe irgendwann von selbst einstellen, auch ohne Umrühren, besonders wenn wir den Topf etwas erwärmen würden. Durch das Umrühren stellt sich dieser violette Zustand allerdings wesentlich schneller ein. Ausgedrückt durch die Entropie finden wir, dass der ursprüngliche Zustand mit seinen getrennten Bereichen von roter und blauer

Farbe eine vergleichsweise niedrige Entropie und der Topf mit der durchgängig violetten Farbe, den wir schließlich erhalten, eine wesentlich höhere Entropie besitzt. Tatsächlich beschreibt dieser Vorgang des Umrührens nicht nur eine Situation, die mit dem Zweiten Hauptsatz im Einklang steht, sondern er vermittelt uns auch ein Gefühl, worum es bei dem Zweiten Hauptsatz eigentlich geht.

Versuchen wir nun, das Konzept der Entropie etwas genauer zu fassen, sodass wir diesen Vorgang präziser beschreiben können. Was genau *ist* die Entropie eines Systems? Im Grunde genommen handelt es sich um einen recht einfachen Begriff, auch wenn ein paar sehr subtile Einsichten dahinterstecken, die wir in erster Linie dem großen österreichischen Physiker Ludwig Boltzmann verdanken. Prinzipiell geht es um das *Abzählen* verschiedener Möglichkeiten. Um die Sache noch einfacher zu machen, idealisieren wir unser Beispiel mit dem Farbtopf noch weiter und nehmen an, dass es lediglich eine endliche (wenn auch sehr große) Anzahl von verschiedenen Möglichkeiten für die Orte der einzelnen roten und blauen Farbmoleküle gibt. Wir denken uns diese Moleküle als rote bzw. blaue Kugeln, die jeweils nur ganz bestimmte diskrete Lagen innerhalb von $N^3$ winzigen, würfelförmigen Fächern einnehmen können. Insgesamt stellen wir uns den Farbtopf als eine große Kiste in Form eines Würfels vor, der in $N \times N \times N$ solche Fächer unterteilt ist (siehe Abb. 2.1). Wir nehmen hierbei an, dass sich in jedem Fach genau eine Kugel befindet, entweder blau oder rot. (In der Abbildung wurden diese als schwarze bzw. weiße Kugeln dargestellt.)

Den Farbton dieser Masse an einem bestimmten Ort in dem Farbtopf bestimmen wir aus der relativen Anzahl von roten und blauen Kugeln in der Umgebung dieses Orts. Dazu denken wir uns diesen Ort im Mittelpunkt einer würfelförmigen Schachtel, die einerseits wesentlich kleiner ist als die gesamte Kiste, andererseits aber immer noch sehr groß im Vergleich zu den einzelnen würfelförmigen Fächern. Ich werde annehmen, dass diese Schachtel aus sehr vielen der winzigen Fächern besteht und selbst wieder Teil einer würfelförmi-

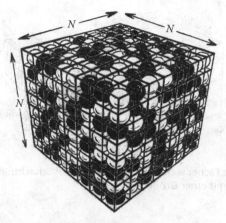

**Abb. 2.1** Eine würfelförmige Kiste wurde in $N \times N \times N$ winzige Fächer unterteilt, und jedes Fach enthält entweder eine rote oder eine blaue Kugel.

gen Anordnung ist, welche die gesamte Kiste ausfüllt. Die Unterteilung der Kiste in die Schachteln ist also weniger fein als die Unterteilung in Fächer (siehe Abb. 2.2). Die Kantenlänge einer Schachtel sei $n$-mal so groß wie die der kleinen Fächer, sodass sich in einer Schachtel insgesamt $n \times n \times n$ Fächer befinden. Hierbei soll $n$ immer noch sehr groß sein, allerdings wesentlich kleiner als $N$:

$$N \gg n \gg 1.$$

Um die Sache nicht zu kompliziert werden zu lassen, soll $N$ ein exaktes Vielfaches von $n$ sein, sodass wir schreiben können:

$$N = kn.$$

$k$ ist eine ganze Zahl und gibt die Anzahl der Schachteln an, die entlang jeder Seite der Kiste liegen. Daher befinden sich nun insgesamt $k \times k \times k = k^3$ solche mittelgroßen Schachteln in der Kiste.

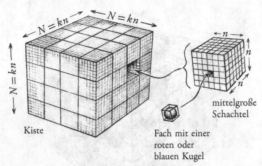

**Abb. 2.2**   Die Fächer werden in Gruppen von $k^3$ Schachteln zusammengefasst, jede mit einer Größe von $n \times n \times n$.

Diese mittelgroßen Schachteln sollen dazu dienen, ein Maß für die „Farbe" definieren zu können, die wir an einem bestimmten Ort sehen, wobei die Kugeln selbst zu klein sein sollen, um einzeln sichtbar zu sein. Jede Schachtel hat eine mittlere Farbe bzw. einen gemittelten *Farbton*, den wir erhalten, indem wir die Anzahl der roten und blauen Kugeln in dieser Schachtel „mitteln". Wenn sich also in einer bestimmten Schachtel $r$ rote und $b$ blaue Kugeln befinden (wobei $r + b = n^3$), dann definieren wir den Farbton an der Stelle dieser Schachtel durch das Verhältnis von $r$ zu $b$. Wir erhalten also einen rötlicheren Farbton, wenn $r/b$ größer ist als 1, und einen bläulicheren, wenn $r/b$ kleiner ist als 1.

Wir nehmen nun noch an, dass dieses Gemisch für uns wie ein gleichförmiges Violett *aussieht*, wenn jede der Schachteln mit $n \times n \times n$ Fächern einen Wert von $r/b$ besitzt, der zwischen 0,999 und 1,001 liegt (sodass $r$ und $b$ mit einer Genauigkeit von einem Zehntel Prozent gleich sind). Das scheint im ersten Augenblick eine sehr strenge Forderung zu sein (da sie für *jede* der insgesamt $k \times k \times k$ Schachteln gelten soll). Doch für sehr große Werte von $n$ finden wir, dass tatsächlich eine überwältigende Mehrheit der Verteilungen der Kugeln diese Bedingung *erfüllt*! Wir sollten außerdem nicht vergessen, dass die Anzahl der Moleküle in einem Farbtopf im Vergleich zu anderen Zahlen, denen wir im Alltag begegnen, umwerfend groß ist. Beispielsweise können sich in einem gewöhnlichen Farbtopf rund $10^{24}$ Moleküle befinden; $N = 10^8$ wäre somit eine alles andere als abwegige Wahl. Wenn wir uns außerdem noch klarmachen, dass die Farben in digitalen Bildern mit einer Pixelgröße von nur $10^{-2}$ cm schon sehr gut aussehen, erscheint für unser Modell auch ein Wert von $k = 10^3$ als sehr vernünftig. Gehen wir nun von diesen Zahlen aus ($N = 10^8$ und $k = 10^3$, also $n = 10^5$), können wir uns überlegen, dass es rund $10^{23\,570\,000\,000\,000\,000\,000\,000\,000}$ verschiedene Anordnungen für die insgesamt $\frac{1}{2}N^3$ roten und $\frac{1}{2}N^3$ blauen Kugeln gibt, bei denen der Eindruck eines gleichförmigen Violetts entsteht. Demgegenüber gibt es lediglich $10^{46\,500\,000\,000\,000}$ verschiedene Anordnungen, die der ursprünglichen Konfiguration entsprechen, bei der also alle blauen Kugeln in der oberen Hälfte und alle roten Kugeln in der unteren Hälfte der Kiste liegen. Wenn also die Kugeln vollkommen zufällig verteilt sind, entspricht die Wahrscheinlichkeit für ein gleichförmiges Violett so gut wie einer Sicherheit, wohingegen die Wahrscheinlichkeit dafür, dass sämtliche blauen Kugeln in der oberen Hälfte zu liegen kommen, nur rund $10^{-23\,570\,000\,000\,000\,000\,000\,000\,000}$ beträgt (und diese Zahl ändert sich nicht wesentlich, wenn nicht „alle" blauen Kugeln in der obere Hälfte sein müssen, sondern beispielsweise nur 99,9 % von ihnen).

Wir sollten uns die „Entropie" eher wie ein Maß für diese Wahrscheinlichkeiten vorstellen – oder besser wie die Anzahl der möglichen Anordnungen, die denselben „Gesamteindruck" erzeugen. Würde man allerdings diese Zahlen so nehmen, wie sie sind, wäre das ein sehr unhandliches Maß, da die Unterschiede in den tatsächlich vorkommenden Häufigkeiten riesig sein können. Zum Glück gibt es auch gute theoretische Gründe, den (natürlichen) *Logarithmus* dieser Zahlen als angemessenes Maß für die Entropie zu verwenden. Für die Leser, die mit dem Konzept des Logarithmus (insbesondere des „natürlichen" Logarithmus) weniger vertraut sind, möchte ich die Dinge kurz am Beispiel des Logarithmus zur Basis 10 darstellen. Diesen werde ich mit „$\log_{10}$" bezeichnen (wohingegen ich den natürlichen Logarithmus, den ich später meist verwenden werde, einfach durch „ln" ausdrücke). Eigentlich muss man sich für $\log_{10}$ nur das Folgende merken:

$$\log_{10} 1 = 0, \qquad \log_{10} 10 = 1, \qquad \log_{10} 100 = 2,$$
$$\log_{10} 1000 = 3, \qquad \log_{10} 10\,000 = 4, \qquad \text{usw.}$$

Um den $\log_{10}$ irgendeiner Potenz der Zahl 10 zu erhalten, müssen wir also lediglich die Nullen zählen. Für eine (positive) ganze Zahl, die selbst keine Potenz von 10 ist, können wir das verallgemeinern und sagen, dass der ganzzahlige Anteil (also die Zahl vor dem Dezimalkomma) des $\log_{10}$ von dieser Zahl gleich der Gesamtzahl der Ziffern minus 1 ist. Die folgenden Beispiele sollen das verdeutlichen (wobei der ganzzahlige Anteil fett gedruckt ist):

$$\log_{10} 2 = \mathbf{0},30102999566\ldots$$
$$\log_{10} 53 = \mathbf{1},72427586960\ldots$$
$$\log_{10} 9140 = \mathbf{3},96094619573\ldots$$

In allen Fällen ist die fett gedruckte Zahl um eins kleiner als die Anzahl der Stellen der Zahl, von der wir den $\log_{10}$ nehmen. Die wichtigste Eigenschaft des $\log_{10}$ (ebenso wie von ln) ist, dass *Multiplikation in Addition umgewandelt* wird, d. h.:

$$\log_{10}(a\,b) = \log_{10} a + \log_{10} b.$$

(Das wird besonders deutlich, wenn $a$ und $b$ Potenzen von 10 sind, denn in diesem Fall ergibt die Multiplikation von $a = 10^A$ und $b = 10^B$ gerade $a\,b = 10^{A+B}$.)

Diese Beziehung ist ein wichtiger Grund, weshalb wir den Logarithmus zur Definition der Entropie verwenden. Betrachten wir dazu die Entropie eines Systems, das aus zwei getrennten und vollkommen unabhängigen Teilsystemen besteht. In diesem Fall müssen

wir nämlich die Entropie der einzelnen Teile einfach nur *addieren*.
In diesem Sinne bezeichnet man die Entropie als *additive* Größe.
Man sieht diese Eigenschaft sofort, wenn man annimmt, dass das erste Teilsystem insgesamt $P$ verschiedene Möglichkeiten zulässt und das zweite Teilsystem $Q$ verschiedene Möglichkeiten. Für das Gesamtsystem – das sich aus den beiden Teilsystemen zusammensetzt – ergeben sich dann insgesamt $PQ$ (das Produkt von $P$ und $Q$) verschiede Möglichkeiten (denn jede der $P$ Anordnungen für das erste System lässt sich mit jeder der $Q$ Anordnungen des zweiten Systems kombinieren). Indem wir also definieren, dass die Entropie für den Zustand eines Systems proportional zum *Logarithmus* der Anzahl der verschiedenen Möglichkeiten ist, wie dieser Zustand zusammengesetzt sein kann, erhalten wir für unabhängige Systeme automatisch die Eigenschaft der Additivität.

Bisher war ich allerdings etwas vage, was die „Anzahl der verschiedenen Möglichkeiten, wie dieser Zustand zusammengesetzt sein kann" genau bedeutet. Zum einen würden wir bei einer Modellierung der möglichen Orte von Molekülen (beispielsweise in einem Farbtopf) normalerweise nicht davon ausgehen, dass sich diese in diskreten Fächern befinden. In einer realitätsnäheren Newton'schen Theorie gäbe es für die verschiedenen möglichen Orte der einzelnen Moleküle unendlich viele Möglichkeiten statt der endlichen Fächerzahl. Darüber hinaus könnte die Form der einzelnen Moleküle unsymmetrisch sein, sodass sie sich verschieden im Raum ausrichten können. Es könnten auch noch weitere innere Freiheitsgrade hinzukommen, beispielsweise Formverzerrungen, die wir ebenfalls berücksichtigen müssten. Jede dieser Ausrichtungen oder Verformungen würde als eine andere Konfiguration des Systems gelten. Wir können all diese Möglichkeiten berücksichtigen, indem wir den sogenannten *Konfigurationsraum* eines Systems betrachten, auf den ich nun eingehen möchte.

Für ein System mit $d$ Freiheitsgraden ist der Konfigurationsraum ein $d$-dimensionaler Raum. Betrachten wir als Beispiel ein System aus $q$ Punktteilchen $p_1, p_2, \ldots, p_q$ (die einzelnen Teilchen sollen keine inneren Freiheitsgrade mehr besitzen), dann hat der Konfigurationsraum $3q$ Dimensionen, wobei ein einzelner Punkt $P$ des Konfigurationsraums sämtliche Orte $p_1, p_2, \ldots, p_q$ der Teilchen festlegt (siehe Abb. 2.3). In komplizierteren Situationen mit inneren Freiheitsgraden hätte zwar jedes einzelne Teilchen mehr Freiheitsgrade, doch grundsätzlich bleibt das Prinzip dasselbe. Natürlich erwarte ich nicht, dass sich der Leser einen Raum von derart großer Dimension „vorstellen" kann, und das wird auch nicht notwendig sein, denn wir erhalten meist schon eine gute Vorstellungen von den Zusammenhängen, wenn wir einen 2-dimensionalen Raum betrachten (beispielsweise eine Fläche auf einem Blatt Papier) oder einen Bereich in einem 3-dimensionalen Raum. Wir sollten allerdings nicht vergessen, dass solche Vorstellungen zwangsläufig gewissen Einschränkungen unterliegen, auf die ich gleich noch eingehen werde. Außerdem sollten wir uns immer klarmachen, dass es sich bei diesen Räumen um rein mathematische, abstrakte Räume handelt, die wir nicht mit dem 3-dimensionalen *physikalischen* Raum oder der 4-dimensionalen *physikalischen* Raumzeit unserer Alltagserfahrung verwechseln dürfen.

Noch einen weiteren Punkt müssen wir für eine präzise Definition der Entropie klären, und das ist die Frage, *was* genau wir abzählen möchten. Bei unserem Modell mit den diskreten Fächern gab es eine endliche Anzahl von verschiedenen möglichen Anordnungen der roten und blauen Kugeln. Doch nun haben wir es mit einer unendlichen Anzahl von Anordnungen zu tun (da die Orte der Teilchen durch kontinuierliche Variable beschrieben werden). Statt endlich viele diskrete Dinge abzuzählen, wählen wir nun das vieldimensionale *Volumen* im Konfigurationsraum als geeignetes Maß für die *Menge* bzw. „Anzahl" der möglichen Konfigurationen.

Wie können wir uns ein „Volumen" in einem vieldimensionalen Raum vorstellen? Dazu betrachten wir zunächst die niedrigeren Dimensionen. Das „Volumenmaß" für ein Gebiet in einer 2-

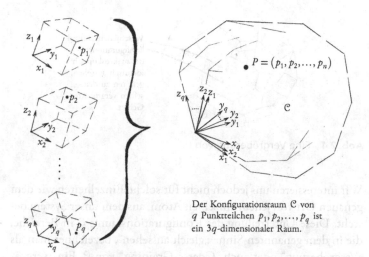

Der Konfigurationsraum $\mathcal{C}$ von $q$ Punktteilchen $p_1, p_2, \ldots, p_q$ ist ein $3q$-dimensionaler Raum.

**Abb. 2.3** Der Konfigurationsraum $\mathcal{C}$ von $q$ Punktteilchen $p_1, p_2, \ldots, p_q$ ist ein $3q$-dimensionaler Raum.

dimensionalen gekrümmten Fläche wäre beispielsweise der *Flächeninhalt* dieses Gebiets. Bei einem 1-dimensionalen Raum können wir einfach an die *Länge* eines Intervalls auf einer Kurve denken. In einem *n*-dimensionalen Konfigurationsraum würden wir uns ein *n*-dimensionales Analogon des Volumens in einem gewöhnlichen 3-dimensionalen Raum vorstellen.

Doch von *welchem* Bereich im Konfigurationsraum sollten wir für die Definition der Entropie das Volumen bestimmen? Im Wesentlichen interessiert uns das Volumen des Bereichs, in dem die Zustände liegen, die „gleich aussehen" wie der bestimmte Zustand, den wir betrachten. Natürlich ist „gleich aussehen" ebenfalls ein sehr vager Ausdruck. Gemeint ist hier, dass wir eine vernünftige Anzahl von *makroskopischen Größen* besitzen, die solche Dinge wie die Dichteverteilung, die Farbe oder die chemische Zusammensetzung messen, und bezüglich dieser Größen sehen die Zustände gleich aus.

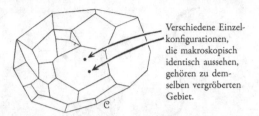

Verschiedene Einzel-
konfigurationen,
die makroskopisch
identisch aussehen,
gehören zu dem-
selben vergröberten
Gebiet.

**Abb. 2.4**  Eine Vergröberung von $\mathcal{C}$.

Wir interessieren uns jedoch nicht für solche Einzelheiten wie dem genauen Ort von jedem einzelnen Atom, aus dem unser System besteht. Diese Unterteilung des Konfigurationsraums $\mathcal{C}$ in Bereiche, die in dem genannten Sinne „gleich aussehen", bezeichnet man als „Vergröberung" oder auch „Coarse-Graining" von $\mathcal{C}$. Ein „vergröbertes Gebiet" besteht somit aus all den Punkten im Konfigurationsraum, die Zuständen entsprechen, die man durch Messung der makroskopischen Größen nicht unterscheiden kann (siehe Abb 2.4).

Natürlich ist die Bedeutung einer „makroskopischen Größe" immer noch ungenau, doch was wir hier meinen, ist eine Analogie zum Konzept der „Farbtönung" in unserem vereinfachten Farbtopf-Modell. Und wir müssen auch zugeben, dass der Begriff der „Vergröberung" ebenfalls sehr unscharf ist, doch für die Definition der Entropie interessiert uns nur das *Volumen* eines solchen Gebiets im Konfigurationsraum. Ich gebe zu, das ist alles etwas vage, doch andererseits ist es erstaunlich, wie robust sich trotz alledem der Begriff der Entropie erweisen wird, und das liegt hauptsächlich an den kaum vorstellbar riesigen Volumenverhältnissen, die diese vergröberten Gebiete im Allgemeinen haben.

# 3

# Der Phasenraum und Boltzmanns Definition der Entropie

Wir sind immer noch nicht fertig mit der Definition der Entropie, denn das bisher Gesagte bezieht sich nur auf *die Hälfte* des Problems. Wir sehen in der bisherigen Beschreibung eine gewisse Unzulänglichkeit, die in einem etwas anderen Beispiel deutlich wird. Statt eines Farbtopfs mit roter und blauer Farbe betrachten wir nun eine Flasche, die zur Hälfte mit Wasser und zur Hälfte mit Olivenöl gefüllt ist. Wir können so viel umrühren, wie wir wollen, und die Flasche auch heftig schütteln, bereits nach wenigen Augenblicken haben sich das Wasser und das Olivenöl wieder getrennt, und in der oberen Flaschenhälfte befindet sich nur Olivenöl und in der unteren Hälfte nur Wasser. Trotzdem hat die Entropie während dieser Trennung der Flüssigkeiten ständig zugenommen. Das Neue in dieser Situation ist die starke gegenseitige Anziehung zwischen den Molekulen des Olivenöls, die bewirkt, dass diese Moleküle eng zusammenkommen und dadurch das Wasser verdrängen. Mit dem Konfigurationsraum allein können wir eine Entropiezunahme dieser Art nicht beschreiben. Wir müssen auch die *Bewegungen* der einzelnen Teilchen/Moleküle berücksichtigen, nicht nur ihre Orte. Diese Bewegungen sind für uns ohnehin wichtig, denn nur mit ihnen ist die zeitliche Entwicklung eines Zustands nach den Newton'schen Gesetzen, deren Gültigkeit wir hier annehmen, determiniert. Beim Olivenöl bewirkt die intensive gegenseitige Anziehung der Moleküle, dass ihre Geschwindigkeiten zunehmen, je näher sie zusammenkommen (sie führen rasche Bewegungen umeinander aus). Der

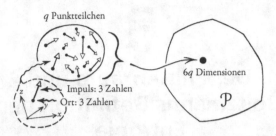

**Abb. 3.1**   Der Phasenraum 𝒫 hat doppelt so viele Dimensionen wie 𝒞.

Raum dieser „Bewegungsmöglichkeiten" liefert uns das zusätzliche Volumen (und somit auch die zusätzliche Entropie), sodass wir auch Situationen wie die Abscheidung des Olivenöls beschreiben können.

Den Raum, den wir statt des Konfigurationsraums 𝒞 eigentlich benötigen, bezeichnet man als *Phasenraum*. Der Phasenraum 𝒫 hat *doppelt* so viele Dimensionen (!) wie 𝒞, denn zu jeder Ortskoordinate eines Teilchens (oder Moleküls) gehört eine entsprechende „Bewegungskoordinate" (siehe Abb. 3.1). Zunächst könnte man meinen, die *Geschwindigkeit* (oder, wenn Winkelkoordinaten eine Drehbewegung im Raum beschreiben, auch die Winkelgeschwindigkeit) sei ein geeignetes Maß für die Bewegung. Es zeigt sich jedoch (aufgrund der tiefen Verbindung zum Formalismus der *Hamilton'schen Theorie*[3.1]), dass der *Impuls* (bzw. bei Winkelkoordinaten der Drehimpuls) die geeignete Größe zur Beschreibung der Bewegung ist. Im Allgemeinen müssen wir nur wissen, dass dieser „Impuls" das *Produkt aus Masse und Geschwindigkeit* ist (was schon in Kapitel 1 erwähnt wurde). Die (momentanen) Bewegungen ebenso wie die Orte der Teilchen unseres Systems werden nun durch die Lage eines einzigen Punkts $p$ in 𝒫 dargestellt. Wir sagen auch, dass der *Zustand* unseres Systems durch den Ort von $p$ in 𝒫 beschrieben wird.

Als dynamische Gesetze für unser System können wir die Newton'schen Bewegungsgesetze annehmen, doch es lassen sich auch allgemeinere Situationen denken, die ebenfalls durch den (oben erwähnten) Hamilton'schen Formalismus beschrieben werden (beispielsweise die kontinuierlichen Felder der Maxwell'schen Elektrodynamik; siehe Kapitel 12, 13, 14 und Anhang A.1). Diese Bewegungsgesetze sind *deterministisch* in dem Sinne, dass der Zustand unseres Systems zu einem beliebigen Zeitpunkt den Zustand zu jedem anderen Zeitpunkt, egal ob früher oder später, eindeutig festlegt (determiniert). Mit anderen Worten, wir können nach diesen Gesetzen die dynamische Entwicklung unseres Systems durch einen Punkt $p$ beschreiben, der sich entlang einer Kurve im Phasenraum $\mathcal{P}$ bewegt. Diese Kurve bezeichnet man manchmal auch als *Trajektorie* oder *Entwicklungskurve*. Entsprechend den dynamischen Gesetzen beschreibt die Trajektorie die *eindeutige* zeitliche Entwicklung des gesamten Systems, ausgehend von dem Anfangszustand, den wir durch einen bestimmten Punkt $p_0$ im Phasenraum $\mathcal{P}$ darstellen (siehe Abb. 3.2). Tatsächlich ist der gesamte Phasenraum $\mathcal{P}$ dicht mit solchen Trajektorien ausgefüllt (technisch spricht man auch von einer *Foliation* des Phasenraums durch die Trajektorien), vergleichbar mit einem Bündel von Strohhalmen, und jeder Punkt von $\mathcal{P}$ liegt auf einer bestimmten Trajektorie. Wir sollten uns diese Kurven als *gerichtet* denken, d. h., jede Kurve besitzt eine *Richtung*, die wir beispielsweise durch einen Pfeil an der Kurve kennzeichnen können. Nach den dynamischen Gesetzen wird die zeitliche Entwicklung unseres Systems durch einen Punkt $p$ beschrieben, der sich in Richtung des Pfeils entlang der Trajektorie bewegt – in diesem Fall ausgehend von dem bestimmten Punkt $p_0$. Damit erhalten wir die in die Zukunft gerichtete zeitliche Entwicklung eines bestimmten Zustands, der durch den Punkt $p$ dargestellt wird. Folgen wir der Trajektorie von $p_0$ beginnend in die umgekehrte Richtung (entgegen dem Pfeil), so erhalten wir die zeitlich umgekehrte Entwicklung. Sie sagt uns, wie sich das System ursprünglich aus seinen Zuständen in der Vergangenheit zu dem Zustand, der durch $p_0$ dargestellt wird,

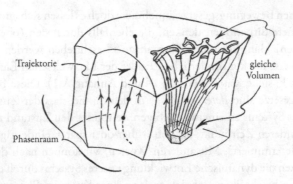

**Abb. 3.2** Der Punkt $p$ bewegt sich entlang einer Trajektorie im Phasenraum $\mathcal{P}$.

entwickelt hat. Auch diese zeitliche Entwicklung ist nach den dynamischen Gesetzen *eindeutig*.

Der Phasenraum besitzt eine wichtige Eigenschaft: Dank der Quantenmechanik besitzt er ein *natürliches Maß*, sodass wir ein *Volumen* im Phasenraum im Wesentlichen als eine dimensionslose Zahl angeben können. Das ist deshalb wichtig, weil sich die Boltzmann'sche Definition der Entropie, zu der wir gleich kommen werden, durch die Volumen im Phasenraum ausdrücken lässt, und durch das natürliche Maß können wir vieldimensionale Volumen miteinander vergleichen, auch wenn sie möglicherweise sehr unterschiedliche Dimensionen haben. Das mag vom Standpunkt der gewöhnlichen klassischen Physik (im Sinne von „Nichtquantenphysik") seltsam erscheinen, denn dort würden wir erwarten, dass die Länge einer Kurve (ein 1-dimensionales „Volumen") immer ein kleineres Maß hat als der Inhalt einer Fläche (ein 2-dimensionales „Volumen"), ein Flächeninhalt ein kleineres Maß als ein 3-dimensionales Volumen usw. Doch die Quantentheorie sagt uns, dass es sich bei Volumenmaßen in Phasenräumen tatsächlich nur um *Zahlen* handelt, die wir dadurch erhalten, dass wir für Massen und Abstände (zeitlich wie räumlich) physikalische Einheiten verwenden, in denen $\hbar = 1$ ist. Die Größe

$$\hbar = \frac{h}{2\pi}$$

ist die Dirac'sche Version der Planck'schen Konstanten (manchmal spricht man auch von der „reduzierten" Planck'schen Konstanten), wobei $h$ selbst die ursprüngliche Planck'sche Konstante bezeichnet. In den üblichen Einheiten hat $\hbar$ den extrem kleinen Wert

$$1,054\,57 \ldots \cdot 10^{-34}\,\mathrm{J\,s}$$

sodass die Phasenraummaße, mit denen wir es unter gewöhnlichen Umständen zu tun haben, sehr große Zahlwerte annehmen.

Denken wir uns diese Zahlen einfach als *ganze Zahlen*, so führt uns das auf eine gewisse „Granularität" des Phasenraums, und das wiederum entspricht der *Diskretheit* der „Quanten" in der Quantenmechanik. Unter gewöhnlichen Umständen sind diese Zahlen jedoch im Allgemeinen sehr groß, sodass sich diese Granularität und Diskretheit kaum bemerkbar macht. Eine Ausnahme bildet das Spektrum der Planck'schen Schwarzkörperstrahlung, auf die wir in Kapitel 8 eingehen werden (siehe Abb. 8.1 und Anmerkung 3.2). Hierbei handelte es sich zunächst um ein experimentell beobachtetes Phänomen, das im Jahre 1900 durch die theoretischen Überlegungen von Planck erklärt werden konnte, wodurch schließlich die Quantenrevolution ausgelöst wurde. In diesem Fall hat man es mit einem Gleichgewichtszustand zu tun, der gleichzeitig verschiedene Anzahlen von Photonen umfasst und daher Phasenräume von verschiedenen Dimensionen. Eine exakte Behandlung dieser Dinge würde weit über den Rahmen dieses Buchs hinausgehen,[3.3] doch wir werden auf die Grundlagen der Quantentheorie in Kapitel 16 noch näher eingehen.

Nachdem wir nun den Begriff des Phasenraums eingeführt haben, müssen wir noch verstehen, wie sich der Zweite Hauptsatz in Bezug auf den Phasenraum auswirkt. Wie bei unserer Diskussion des

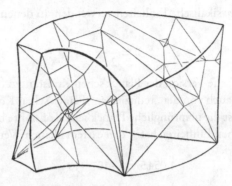

**Abb. 3.3** Vereinfachte Darstellung einer Vergröberung in höheren Dimensionen.

Konfigurationsraums wird uns das auf eine *Vergröberung* des Phasenraums $\mathcal{P}$ führen, wobei zwei Punkte innerhalb desselben vergröberten Gebiets in Bezug auf makroskopische Größen wie beispielsweise Temperatur, Druck, Dichte, Richtung und Betrag der Bewegung einer Flüssigkeit, Farbe, chemische Zusammensetzung, usw. als „ununterscheidbar" anzusehen sind. Die Definition der *Entropie S* eines Zustands, der durch einen Punkt $p$ in $\mathcal{P}$ beschrieben wird, ist nun durch folgende bemerkenswerte Formel von Boltzmann gegeben:

$$S = k' \log_{10} V,$$

wobei $V$ das Volumen des vergröberten Gebiets ist, zu dem der Punkt $p$ gehört. Der Faktor $k'$ ist eine sehr kleine Konstante. (Es wäre die Boltzmann'sche Konstante, wenn ich den natürlichen Logarithmus genommen hätte.) Sie ist durch $k' = k \ln 10$ ($\ln 10 = 2{,}302585\ldots$) gegeben, und $k$ ist nun tatsächlich die Boltzmann'sche Konstante mit dem Wert

$$k = 1{,}3805\ldots \cdot 10^{-23}\,\mathrm{J\,K^{-1}}.$$

Somit ist $k' = 3{,}179\ldots \cdot 10^{-23}\,\mathrm{J\,K^{-1}}$ (siehe Abb. 3.3). Im Folgenden verwende ich die übliche Definition der Physik mit dem *natürlichen* Logarithmus. Damit lautet die Boltzmann'sche Formel für die Entropie:

$$S = k \ln V$$

(mit $\ln V = 2{,}302\,585 \cdot \log_{10} V$).

Im folgenden Kapitel 4 werden wir die Plausibilität und die Folgerungen aus dieser eleganten Definition sowie ihren Bezug zum Zweiten Hauptsatz weiter untersuchen. Vorher sollten wir jedoch noch einen wichtigen Punkt verstehen, der durch diese Definition sehr elegant erfasst wird. Sehr oft (und richtigerweise) wird darauf hingewiesen, dass ein „besonderer" Zustand nicht unbedingt einen niedrigen Entropiewert hat. Betrachten wir nochmals das fallende Ei aus Kapitel 1. Der Zustand des kaputten Eies auf dem Boden, dem wir eine vergleichsweise hohe Entropie zuschreiben, ist immer noch ein ganz besonderer Zustand, und zwar deshalb, weil es zwischen den Bewegungen der einzelnen Teilchen, aus denen das Durcheinander auf dem Boden besteht, immer noch spezielle Korrelationen gibt. Diese würden sich darin zeigen, dass eine *exakte Umkehr* aller Bewegungen die erstaunliche Eigenschaft hätte, dass aus dem Durcheinander wieder ein vollkommen intaktes Ei entstünde, das von selbst nach oben fliegt und genau auf dem Tisch zu liegen kommt. Tatsächlich handelt es sich hierbei um einen ganz besonderen Zustand, nicht weniger speziell als der Zustand des intakten Eies auf dem Tisch mit seiner vergleichsweise niedrigen Entropie. Doch so speziell dieses Durcheinander auf dem Boden auch war, der Zustand ist *nicht* speziell in dem besonderen Sinne, in dem wir von einer „niedrigen Entropie" sprechen. Eine niedrige Entropie bezieht sich auf eine *offensichtliche* Besonderheit, die sich daran ablesen lässt, dass die *makroskopischen* Größen ganz spezielle Werte annehmen. Sehr spezielle Korrelationen zwischen den Bewegungen einzelner Teilchen spielen für die Entropie eines Zustands keine Rolle.

Wie wir gerade gesehen haben, könnten sich *manche* Zustände mit einer vergleichsweise hohen Entropie (wie beispielsweise das auf dem Boden verteilte Ei) im Widerspruch zum Zweiten Hauptsatz zu Zuständen mit einer *niedrigeren* Entropie entwickeln, doch diese speziellen Zustände bilden nur eine winzige Minderheit unter allen Möglichkeiten. Im Grunde genommen kann man sagen, dies ist der „ganze Punkt", um den es bei dem Begriff der Entropie und dem Zweiten Hauptsatz geht. Wenn man, wie es Boltzmann getan hat, die Entropie durch das Konzept der Vergröberung definiert, trägt man dieser Art von „Besonderheit", die man von einem Zustand mit einer niedrigen Entropie fordert, in einer natürlichen und angemessenen Weise Rechnung.

Noch eine weitere Sache sollte an dieser Stelle erwähnt werden. Es gibt ein bekanntes mathematisches Theorem, den sogenannten *Satz von Liouville*, nach dem sich bei den klassischen dynamischen Systemen, wie man sie gewöhnlich in der Physik betrachtet (den oben erwähnten *Hamilton'schen* Systemen), unter der zeitlichen Entwicklung das *Volumen* im Phasenraum nicht ändert. Die rechte Seite von Abbildung 3.2 soll diese Aussage verdeutlichen: Ein anfängliches Gebiet $\mathcal{V}_0$ mit dem Volumen $V$ wird aufgrund der Dynamik nach einer Zeit $t$ in ein Gebiet $\mathcal{V}_t$ überführt, und wir erkennen, dass $\mathcal{V}_t$ dasselbe Volumen $V$ hat wie $\mathcal{V}_0$. Das ist jedoch kein Widerspruch zum Zweiten Hauptsatz, denn das Volumen der vergröberten Gebiete bleibt bei der zeitlichen Entwicklung nicht erhalten. Wenn es sich bei dem anfänglichen Gebiet $\mathcal{V}_0$ um ein vergröbertes Gebiet handelte, dann ist zu einem späteren Zeitpunkt $t$ das Gebeit $\mathcal{V}_t$ mit großer Wahrscheinlichkeit sehr weit verzweigt, und seine feinen Ausläufer erstrecken sich über ein wesentlich größeres vergröbertes Gebiet oder vielleicht sogar mehrere solche Gebiete.

Zum Abschluss dieses Kapitels sollten wir nochmals auf einen wichtigen Punkt eingehen, der damit zusammenhängt, dass wir in der Boltzmann'schen Formel den *Logarithmus* verwenden. In Kapitel 2 hatten wir diesen Punkt schon kurz angesprochen, doch er wird später, insbesondere in Kapitel 16, für uns noch von großer Bedeutung sein. Angenommen, wir wollen in unserem Labor einige Experimente durchführen, und wir möchten auf die relevanten physikalischen Teilsysteme dieser Experimente unsere Definition der Entropie anwenden. Was würde als „relevant" zählen? Vermutlich würden wir sämtliche physikalischen Freiheitsgrade in unserem Labor, die mit dem Experiment zu tun haben, berücksichtigen und daraus den Phasenraum $\mathcal{P}$ definieren. Innerhalb von $\mathcal{P}$ würden wir dann das für uns relevante vergröberte Gebiet $\mathcal{V}$ mit dem Volumen $V$ nehmen und damit unsere Entropie $k$ ln $V$ festlegen.

Wir könnten jedoch unser Labor auch als Teil eines wesentlich größeren Systems ansehen, beispielsweise der gesamten Milchstraße, wo es sehr viel mehr Freiheitsgrade gibt. Wenn wir all diese Freiheitsgrade mit einbeziehen, ist unser neuer Phasenraum weitaus größer als zuvor. Insbesondere ist auch das vergröberte Gebiet, aus dem wir unsere Entropie berechnen, wesentlich größer als zuvor, denn nun sind möglicherweise sämtliche Freiheitsgrade der Galaxie einbezogen, nicht nur die in unserem Labor. Das ist vollkommen in Ordnung, denn nun bezieht sich der Wert der Entropie auf die gesamte Galaxie, und die für unser Experiment relevante Entropie ist davon nur ein sehr kleiner Teil.

Die *äußeren* Freiheitsgrade (die sich auf den Zustand der Galaxie beziehen außer den Freiheitsgraden, die den Zustand innerhalb des Labors beschreiben) beziehen sich auf einen riesigen „äußeren" Raum $\mathcal{X}$, und innerhalb von $\mathcal{X}$ gibt es ein vergröbertes Gebiet $\mathcal{W}$, das den Zustand der Galaxie außerhalb des Labors charakterisiert (siehe Abb. 3.4). Der Phasenraum $\mathcal{G}$ der gesamten Galaxie besteht aus sämtlichen Freiheitsgraden, sowohl den äußeren (die den Raum $\mathcal{X}$ ausmachen) als auch den inneren (die zu dem Phasenraum $\mathcal{P}$ gehören). Die Mathematiker bezeichnen den Phasenraum $\mathcal{G}$ als den *Produktraum*[3.4] von $\mathcal{P}$ mit $\mathcal{X}$, und sie schreiben:

$$\mathcal{G} = \mathcal{P} \times \mathcal{X}.$$

Die Dimension dieses Raums ist die *Summe* der Dimensionen von $\mathcal{P}$ und $\mathcal{X}$ (denn seine Koordinaten sind die Koordinaten von $\mathcal{P}$ plus

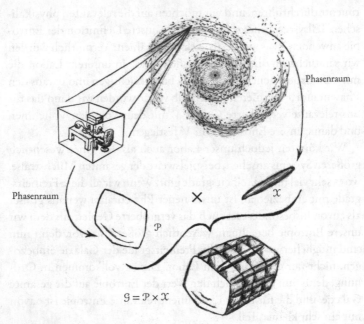

Phasenraum

Phasenraum

$\times$

$\mathcal{X}$

$\mathcal{P}$

$\mathcal{G} = \mathcal{P} \times \mathcal{X}$

**Abb. 3.4**  Der für den Experimentator wichtige Phasenraum ist nur ein winziger Teil des Phasenraums, bei dem sämtliche Freiheitsgrade der Galaxie einbezogen werden.

die Koordinaten von $\mathcal{X}$). Abbildung 3.5 verdeutlicht das Konzept eines Produktraums, wobei $\mathcal{P}$ eine Ebene ist und $\mathcal{X}$ eine Linie.

Wenn wir annehmen, dass die äußeren Freiheitsgrade vollkommen unabhängig von den inneren Freiheitsgraden sind, dann ist das relevante vergröberte Gebiet in $\mathcal{G}$ das Produkt

$$\mathcal{V} \times \mathcal{W}$$

der vergröberten Gebiete $\mathcal{V}$ in $\mathcal{P}$ und $\mathcal{W}$ in $\mathcal{X}$ (siehe Abb. 3.6). Außerdem ist das Volumenelement in einem Produktraum gleich dem Produkt der Volumenelemente in jedem der einzelnen Räume, und

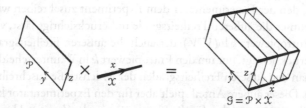

**Abb. 3.5**  Der Produktraum der Ebene $\mathcal{P}$ und der Linie $\mathcal{X}$.

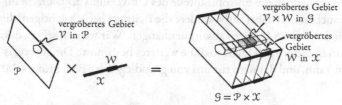

**Abb. 3.6**  Das vergröberte Gebiet in einem Produktraum ist das Produkt der vergröberten Gebiete in den beiden Faktorräumen.

dementsprechend ist das Volumen des vergröberten Gebiets $\mathcal{V} \times \mathcal{W}$ in $\mathcal{G}$ gleich dem Produkt $VW$ des Volumens $V$ des vergröberten Gebiets $\mathcal{V}$ in $\mathcal{P}$ und des Volumens $W$ des vergröberten Gebiets $\mathcal{W}$ in $\mathcal{X}$. Wegen der „aus Produkt wird Summe"-Eigenschaft des Logarithmus folgt somit für die Boltzmann-Entropie:

$$k \ln(VW) = k \ln V + k \ln W.$$

Die Gesamtentropie ist also die *Summe* aus der Entropie des Labors und der Entropie des Rests der Milchstraße. Das bedeutet einfach, dass sich die Entropien von unabhängigen Systemen *addieren*, sodass man jedem *Teil* eines physikalischen Systems, das unabhängig vom Rest des Systems ist, eine eigene Entropie zuschreiben kann.

Für die hier betrachtete Situation, bei der sich $\mathcal{P}$ auf die Freiheitsgrade des Labors bezieht und $\mathcal{X}$ auf die Freiheitsgrade des Rests der Galaxie (unter der Annahme, dass diese Freiheitsgrade unabhängig voneinander sind), ergibt sich somit, dass sich der Entropiewert

$k \ln V$, den der Experimentator dem Experiment zuschreiben würde, wenn er die äußeren Freiheitsgrade unberücksichtigt lässt, von dem Entropiewert $k \ln(VW)$, der auch die äußeren Freiheitsgrade mit berücksichtigt, nur um den Entropiewert $k \ln W$ unterscheidet, den man den äußeren Freiheitsgraden der Milchstraße zuschreiben würde. Dieser äußere Anteil spielt aber für den Experimentator keine Rolle und kann daher für die Untersuchung des Zweiten Hauptsatzes innerhalb des Labors weggelassen werden. In Kapitel 16 werden wir jedoch die Entropieanteile des Universums *als Ganzem* untersuchen und dabei insbesondere die Beiträge berücksichtigen, die mit Schwarzen Löchern zusammenhängen. Wir werden sehen, dass man in diesem Fall nicht so ohne weiteres bestimmte Dinge weglassen kann, und das wird für uns von grundlegender Bedeutung sein!

# 4

# Die Robustheit der Entropiedefinition

Die speziellen Probleme, die mit der Entropie des gesamten Kosmos zusammenhängen, können wir zunächst noch zurückstellen. Für den Augenblick genießen wir die Eleganz der Boltzmann'schen Formel, denn sie vermittelt uns eine sehr gute Vorschrift, wie man die Entropie eines physikalischen Systems tatsächlich definieren kann. Boltzmann gelangte zu dieser Definition im Jahre 1875, und im Vergleich zu den früheren Errungenschaften bedeutete sie einen enormen Fortschritt.[4.1] Nun konnte man das Konzept der Entropie auf sehr allgemeine Situationen anwenden, ohne dass man irgendwelche einschränkenden Annahmen über das System machen musste, beispielsweise dass es sich in einer Art von stationärem Zustand befinden soll. Trotzdem gibt es in dieser Definition immer noch gewisse Unsicherheiten, die in erster Linie damit zusammenhängen, was man unter einer „makroskopischen Größe" verstehen soll. Es könnte ja sein, dass wir in Zukunft Eigenschaften an einem Gas ausmessen können, die heute noch als „nicht messbar" eingestuft werden. Statt beispielsweise einfach nur den Druck, die Dichte oder die Temperatur eines Gases zu bestimmen, vielleicht auch noch eine mittlere Geschwindigkeit an bestimmten Orten, könnte es dann möglich sein, die Geschwindigkeiten von Gasmolekülen wesentlich genauer zu messen; vielleicht kann man sogar die Bewegungen einzelner Gasmoleküle direkt verfolgen. Dementsprechend wäre die Phasenraumvergröberung sehr viel feiner als bisher, und damit wäre auch die Entropie eines bestimmten Zustands des Gases aufgrund dieser neueren Technologien erheblich kleiner als heute.

Von Seiten mancher Wissenschaftler wurde argumentiert,[4.1] der Einsatz solcher Technologien zur genaueren Bestimmung von Einzelheiten eines Systems sei immer mit einer Entropiezunahme in der *Messanordnung* verbunden, wodurch die kleinere Entropie, die man dem untersuchten System aufgrund der genaueren Messungen nun zuschreiben würde, mehr als ausgeglichen wird. Aus diesem Grund würde eine genaue Vermessung eines Systems insgesamt immer noch zu einer Entropiezunahme führen. Dieses Argument ist sicherlich vernünftig, doch selbst wenn wir es in unsere Überlegungen einbeziehen, ist die Boltzmann'sche Definition immer noch irgendwie schwammig, denn die fehlende Objektivität in der Definition, was genau eine „makroskopische Größe" ausmacht, wäre damit für das Gesamtsystem nach wie vor nicht geklärt.

Schon der große Physiker James Clerk Maxwell (auf dessen Gleichungen des Elektromagnetismus ich schon in Kapitel 1 und 3 hingewiesen habe) hatte sich ein extremes Beispiel dieser Art überlegt. Maxwell stellte sich einen winzigen „Dämonen" vor, der in der Lage ist, durch gezieltes Öffnen bzw. Schließen einer Klappe einzelne Gasmoleküle in die eine oder andere Richtung zu lenken. Auf diese Weise kann er den Zweiten Hauptsatz, wenn man ihn nur auf das Gas anwendet, verletzen. Betrachtet man jedoch das gesamte System, einschließlich des Maxwell'schen Dämons, dann muss man auch die submikroskopischen Freiheitsgrade in seinem Körper berücksichtigen, und in diesem Fall sollte der Zweite Hauptsatz seine Gültigkeit behalten.

Etwas realistischer ausgedrückt, können wir uns den Dämonen durch eine kleine mechanische Vorrichtung ersetzt denken und nun argumentieren, dass der Zweite Hauptsatz immer noch für das Gesamtsystem gilt. Die usprüngliche Frage, was genau eine makroskopische Größe ausmacht, scheint allerdings durch solche Überlegungen noch nicht wirklich geklärt zu sein, und damit ist die Definition der Entropie für derart komplizierte Systeme immer noch rätselhaft. Tatsächlich klingt es zunächst etwas eigenartig, dass eine scheinbar so wohldefinierte physikalische Größe wie die Entropie eines Gases von den technischen Möglichkeiten zu einem bestimmten Zeitpunkt abhängen soll! ›

Erstaunlich ist jedoch, wie wenig der tatsächliche Wert der Entropie, den man einem System zuschreiben würde, allgemein von einem derartigen technischen Fortschritt abzuhängen scheint. Der einem System zugeschriebene Entropiewert verändert sich insgesamt kaum, wenn man die Grenzen der vergröberten Gebiete entsprechend den neuen technischen Möglichkeiten verändert. Wir dürfen nicht vergessen, dass immer ein gewisses Maß an Subjektivität in den exakten Entropiewert eingeht, den man einem System je nach der Genauigkeit der Messinstrumente zuschreibt, doch das sollte uns nicht dazu verleiten zu glauben, die Entropie sei kein physikalisch sinnvolles Konzept. In der Praxis und unter gewöhnlichen Umständen spielt diese Subjektivität kaum eine Rolle. Der Grund dafür ist, dass die Volumen der vergröberten Gebiete absolut riesige Unterschiede aufweisen, und eine kleine Veränderung ihrer Grenzen hat im Allgemeinen keinen wahrnehmbaren Einfluss auf die zugeschriebenen Entropiewerte.

Um ein Gefühl für die Größenordnungen zu bekommen, betrachten wir nochmals unser vereinfachtes Modell für das Gemisch aus roter und blauer Farbe. Insgesamt soll es $10^{24}$ Einzelfächer geben, die von einer entsprechenden Anzahl von roten und blauen Kugeln belegt sind. Wir hatten festgelegt, dass unser Gemisch die Farbe Violett hat, wenn das Verhältnis von blauen zu roten Kugeln in den Schachteln, die jeweils aus $10^5 \times 10^5 \times 10^5$ Fächern bestehen, zwischen 0,999 und 1,001 liegt. Nun stellen wir uns vor, wir hätten ein genaueres Messinstrument, mit dem wir das Rot/Blau-Verhältnis der Kugeln sowohl auf einer feineren Skala als auch mit größerer Genauigkeit bestimmen können. Beispielsweise sehen wir das Gemisch jetzt als gleichförmig an, wenn das Verhältnis von roten zu

blauen Kugeln zwischen 0,9999 und 1,0001 liegt (sodass die Anzahl
der roten und blauen Kugeln nun bis auf ein hundertstel Prozent
übereinstimmen muss), was im Vergleich zu früher einer zehnfachen
Genauigkeit entspricht. Außerdem soll das Gebiet, in dem wir nun
unsere Farbtönung messen', nur noch die halbe Ausdehnung – und
damit ein Achtel des Volumens – haben wie zuvor. Trotz dieses beachtlichen Fortschritts in der Genauigkeit finden wir, dass sich die
„Entropie", die wir dem „gleichförmig violetten" Zustand zuschreiben müssen („Entropie" im Sinne des Logarithmus der Anzahl der
Zustände, die nun die neuen Bedingungen erfüllen), von dem alten
Wert kaum unterscheidet. Dementsprechend hat unsere „verbesser-
te Technologie" effektiv kaum einen Einfluss auf die Art von Entro-
piewerten, die man in solchen Situationen erhält.

Hierbei handelt es sich nur um ein einfaches Modell (das zusätzlich noch im Konfigurationsraum statt im Phasenraum formuliert
wurde), aber es verdeutlicht, dass solche Veränderungen in der Genauigkeit der „makroskopischen Größen" hinsichtlich der Definition von „vergröberten Gebieten" kaum einen Einfluss auf die Entropiewerte haben. Der Hauptgrund für diese Robustheit der Entropie
ist einfach die enorme Größe der vergröberten Gebiete, mit denen
wir es zu tun haben, und insbesondere die riesigen Unterschiede in
den Größen dieser Gebiete. Betrachten wir als realitätsnäheres Beispiel die Zunahme der Entropie bei einem gewöhnlichen Bad in einer Badewanne! Der Einfachheit halber versuche ich erst gar nicht,
die stattliche Entropiezunahme abzuschätzen, die mit dem eigentlichen Reinigungsvorgang einhergeht (!), sondern ich konzentriere
mich nur auf die Vermischung von kaltem und heißem Wasser (entweder in der Wanne oder schon im Inneren des Wasserhahns, der die
Wanne mit Wasser füllt). Als sinnvolle Werte können wir am heißen
Zulauf eine Wassertemperatur von ungefähr 50 °C annehmen und
am kalten Zulauf eine von 10 °C. Außerdem soll das Wasservolumen
in der Wanne rund 150 Liter betragen (und es soll zur Hälfte aus
heißem und zur Hälfte aus kaltem Wasser bestehen). Die Entropie-

zunahme beträgt in diesem Fall $21\,407\,\mathrm{J\,K^{-1}}$, was bedeutet, dass sich unser Punkt im Phasenraum von einem vergröberten Gebiet in ein anderes vergröbertes Gebiet bewegt hat, das rund $10^{27}$ mal grösser ist als das ursprüngliche Gebiet! Keine halbwegs vernünftige Änderung der Grenzen der vergröberten Gebiete hätte einen wesentlichen Einfluss auf Zahlen von dieser Größenordnug.

Noch einen weiteren Punkt sollte man hier erwähnen. Ich habe bisher so getan, als ob die vergröberten Gebiete wohldefiniert seien und insbesondere ihre Ränder genau festliegen. Genau genommen ist das jedoch nicht der Fall, egal welche plausible Familie von „makroskopischen Größen" wir auch betrachten. Wie auch immer wir den Rand der vergröberten Gebiete zeichnen, wenn wir zwei sehr eng beieinanderliegende Punkte im Phasenraum betrachten, von denen der eine auf der einen und der andere auf der anderen Seite dieses Randes liegt, dann entsprechen diese Punkte zwei Zuständen, die nahezu identisch und daher praktisch nicht unterscheidbar sind. Trotzdem wurden sie durch ihre Zugehörigkeit zu verschiedenen vergröberten Gebieten als „makroskopisch unterscheidbar" eingestuft![4.3] Wir können dieses Problem dadurch lösen, dass wir an den Rändern zwischen zwei vergröberten Gebieten eine gewisse „Unschärfe" fordern und ähnlich wie bei der Subjektivität, was genau als „makroskopische Größe" einzustufen ist, und uns einfach nicht weiter darum kümmern, was mit solchen Phasenraumpunkten innerhalb dieses „unscharfen Randes" geschieht (siehe Abb. 4.1). Im Vergleich zu dem riesigen Inneren dieser vergröberten Gebiete kann man durchaus sinnvoll annehmen, dass diese unscharfen Bereiche nur ein kleines Phasenraumvolumen ausmachen. Aus diesem Grund werden wir uns auch weiter nicht darum kümmern, ob Punkte in der Nähe der Ränder nun zu dem einen oder anderen Gebiet gehören, da es für den Wert der Entropie dieser Zustände effektiv ohne Bedeutung ist. Wiederum finden wir, dass das Konzept der Entropie eines Systems – trotz der Schwächen in seiner Definition – sehr ro-

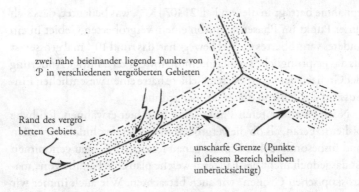

zwei nahe beieinander liegende Punkte von
𝒫 in verschiedenen vergröberten Gebieten

Rand des vergrö-
berten Gebiets

unscharfe Grenze (Punkte
in diesem Bereich bleiben
unberücksichtigt)

**Abb. 4.1**    Die „Unschärfe" an den Rändern zwischen zwei vergröberten
Gebieten.

bust ist, und der Grund liegt in den riesigen Ausmaßen der vergröberten Gebiete und den enormen Unterschieden in ihren Größen.

Nachdem wir all diese Punkte angesprochen haben, sollte ich allerdings auch betonen, dass es durchaus knifflige Situationen geben kann, bei denen diese groben Konzepte von „makroskopischer Ununterscheidbarkeit" tatsächlich unangebracht *scheinen* und uns sogar eine falsche Antwort für die Entropie liefern können! Eine solche Situation tritt beispielsweise im Zusammenhang mit dem Phänomen des *Spin-Echos* auf, das 1950 zum ersten Mal von Erwin Hahn beobachtet wurde und im Zusammenhang mit der Kernspinresonanz ausgenutzt wird. Bei diesem Effekt verliert ein Material, das im Anfangszustand eine bestimmte Magnetisierung hat und bei dem die Kernspins[4.4] nahezu gleichförmig ausgerichtet sind, seine Magnetisierung unter dem Einfluss eines sich verändernden äußeren elektromagnetischen Feldes. Es kommt zu einer komplizierten Form von Spinpräzessionen mit unterschiedlichen Raten, wodurch die Kernspins eine deutlich ungeordneter erscheindende Konfiguration einnehmen. Wenn man jedoch die Veränderungen des äußeren Felds sorgfältig umgekehrt, kommen die Kernspins alle wieder in ihren ursprünglichen Zustand zurück, und man erhält überraschenderweise wieder die ursprüngliche Magnetisierung! Für makroskopische Messungen hat es den Anschein, als ob die Entropie bei dem Übergang zu dem Zwischenzustand (mit seinen scheinbar ungeordneten Kernspins) zugenommen hat – im Einklang mit dem Zweiten Hauptsatz –, doch dann erlangen die Kernspins durch das umgekehrt variierende äußere elektromagnetische Feld wieder ihre ursprüngliche Ordnung, die sie im Zwischenzustand scheinbar verloren hatten. Nun hat es den Anschein, als ob der Zweite Hauptsatz vehement verletzt wurde, da bei diesem letzten Prozess die Entropie wieder *abgenommen* zu haben scheint![4.5]

In Wirklichkeit ist es jedoch so, dass die Spinzustände in dem Zwischenzustand zwar sehr ungeordnet erscheinen, es aber tatsächlich eine „versteckte Ordnung" in der Ausrichtung der Spins gibt, und diese versteckte Ordnung zeigt sich erst, wenn die Veränderungen des äußeren elektromagnetischen Felds rückgängig gemacht werden. Etwas Ähnliches findet man auch bei einer CD oder DVD, denn eine gewöhnliche grobe „makroskopische Messung" würde mit großer Wahrscheinlichkeit nie die beachtliche Information auf einer solchen Disk offenbaren, wohingegen ein geeignetes Gerät zum Abspielen bzw. Lesen der Disk diese gespeicherte Information ohne Probleme wiedergeben kann. Um diese versteckte Ordnung sichtbar machen zu können, bedarf es wesentlich ausgeklügelterer „Messungen", als es die „gewöhnlichen" makroskopischen Messungen sind, die für die meisten Situationen ausreichen.

Wir brauchen uns mit solchen technischen Feinheiten, wie der Untersuchung der winzigen Magnetfelder zum Aufspüren solcher „versteckten Ordnungen", nicht wirklich zu beschäftigen. Ein im Wesentlichen ähnlicher Effekt lässt sich schon bei einer viel einfacheren Apparatur zeigen (siehe Abb. 4.2 sowie die zusätzlichen Informationen in Anmerkung 4.6). Dazu benötigt man zwei zylindrische Glasbehälter, von denen der eine so in den anderen gestellt werden kann, dass zwischen beiden nur noch ein sehr enger Raum verbleibt. In diesem dünnen Raum wird nun eine zähe Flüssigkeit (beispielsweise Glyzerin) gleichmäßig verteilt. An dem inneren Behälter befindet sich ein Griff, sodass man ihn gegen den äußeren, fest stehenden Behälter drehen kann. Das Experiment wird derart präpariert, dass sich in der Flüssigkeit parallel zur Zylinderachse ein feiner Streifen eines roten Farbstoffs befindet, der in die Flüssigkeit gegeben wird. Nun wird der Griff mehrere Male gedreht, und als Folge verschmiert der Farbstoffstreifen, bis er schließlich gleichförmig über den Zylinder verteilt ist und keine Spur seiner ursprünglichen Konzentration entlang einer Linie mehr zu sehen ist, sondern stattdessen die Flüssigkeit insgesamt einen schwach rötlichen Farbton angenommen hat. Jede vernünftige Wahl von „makroskopischen Beobachtungsgrößen" zur Bestimmung des Zustands der angefärbten viskosen Flüssigkeit würde ergeben, dass die Entropie scheinbar zugenommen hat und das Färbemittel nun gleichmäßig über die Flüssigkeit verteilt ist. (Diese Situation gleicht dem verrührten Gemisch aus roter und blauer Farbe, das wir in Kapitel 2 betrachtet haben.) Wird jedoch der Griff nun genauso oft wie zuvor in die umgekehrte Richtung gedreht, finden wir zu unserem Erstaunen, dass der feine Streifen des roten Farbstoffs plötzlich wieder auftaucht und nahezu ebenso klar erkennbar ist wie zu Beginn des Experiments! Wenn die Entropie bei den ersten Drehungen des inneren Behälters tatsächlich zugenommen hätte, so wie es den Anschein hatte, und wenn wir annehmen, dass die Entropie am Schluss wieder einen ähnlichen Wert hat wie zu Beginn, dann hätten wir es tatsächlich mit einer Verletzung des Zweiten Hauptsatzes zu tun!

Allgemein ist man jedoch überzeugt, dass bei all diesen Phänomenen der Zweite Hauptsatz tatsächlich *nicht* verletzt wird, sondern lediglich die Definition der Entropie nicht exakt genug war. Ich denke, man sticht hier in ein Wespennest, wenn man wirklich versuchen wollte, eine präzise Definition der physikalischen Entropie zu fin-

roter Farb-
stoffstreifen

**Abb. 4.2**   Die beiden ineinandergesteckten Glasbehälter, zwischen ihnen die zähe Flüssigkeit und der rote Farbstoffstreifen.

den, die für *alle* Situationen anwendbar ist, und bezüglich derer der
Zweite Hauptsatz immer gilt.

Ich bin nicht der Meinung, dass es eine für alle Situationen wohldefinierte und physikalisch präzise Definition der „Entropie" geben muss, die vollkommen objektiv ist und dementsprechend in irgendeinem absoluten Sinne „da draußen" in der Natur existiert,[4.7]
wo diese „objektive Entropie" im Verlauf der Zeit praktisch nie abnimmt. Muss es tatsächlich immer ein Entropiekonzept geben, das
zu der angefärbten zähen Flüssigkeit zwischen den Zylindern ebenso passt wie zu den Konfigurationen der Kernspins, wo in beiden
Fällen eine *scheinbare* Unordnung auftritt, obwohl die Systeme eine „Erinnerung" an ihre ursprüngliche Ordnung behalten? Ich sehe keinen Grund, weshalb das so sein sollte. Ganz offensichtlich ist
die Entropie ein außerordentlich nützliches physikalisches Konzept,
doch ich sehe nicht ein, weshalb man ihr unbedingt eine wirklich
fundamentale und objektive Rolle in der Physik zuweisen muss. Im
Gegenteil erscheint es mir einleuchtend, dass der physikalische Begriff der Entropie deshalb so nützlich ist, weil wir in unserem *tatsächlichen Universum* genau solche Systeme vorfinden, bei denen die
normalen Maße von „makroskopischen" Größen auf das Konzept
von vergröberten Gebieten führen, und diese Gebiete unterschei-

**Abb. 4.3** Der innere Behälter wird mehrfach gedreht und der Farb-streifen verteilt sich. Anschließend wird der innere Behälter ebenso oft zurückgedreht, und der Streifen erscheint wieder – scheinbar im Wider-spruch zum Zweiten Hauptsatz.

den sich untereinander durch ungeheuerlich große Faktoren. Damit stoßen wir allerdings auf die sehr grundlegende Frage, *weshalb* sich diese Gebiete in dem uns bekannten Universum durch derart riesi-ge Faktoren unterscheiden. Diese großen Faktoren offenbaren eine besondere Eigenschaft unseres Universums, und diese Eigenschaft scheint *tatsächlich* objektiv und „da draußen" zu sein. Wir werden in den nächsten Kapiteln auf diese besondere Eigenschaft eingehen, trotz der zugegebenermaßen verwirrenden Aspekte von Subjektivi-tät, auf denen der Begriff der „Entropie" zu fußen scheint. Diese As-pekte vernebeln jedoch im Wesentlichen nur das zentrale Problem, das der fundamentalen Nützlichkeit dieses bemerkenswerten physi-kalischen Begriffs zugrunde liegt.

# 5

# Die unaufhaltsame Zunahme der Entropie in der Zukunft

Wir wollen nun etwas genauer untersuchen, weshalb man tatsächlich erwarten kann, dass die Entropie eines Systems bei seiner zeitlichen Entwicklung in die Zukunft zunimmt, wie vom Zweiten Hauptsatz gefordert. Angenommen, unser System befindet sich anfänglich in einem Zustand sehr geringer Entropie, d. h., unser Punkt $p$, der sich im Verlauf der Zeit durch den Phasenraum $\mathcal{P}$ bewegt, beginnt an einem Punkt $p_0$, der zu einem vergleichsweise kleinen vergröberten Gebiet $\mathcal{R}_0$ gehört (siehe Abb. 5.1). Wir sollten für das Folgende nicht vergessen, dass sich die verschiedenen vergröberten Gebiete hinsichtlich ihrer Größe teilweise um wirklich riesige Faktoren unterscheiden. Darüber hinaus gibt es im Allgemeinen aufgrund der hohen Dimension des Phasenraums $\mathcal{P}$ in der unmittelbaren Umgebung eines bestimmten Gebiets außerordentlich viele andere vergröberte Gebiete. (In dieser Hinsicht sind unsere 2- oder 3-dimensionalen Bilder eher irreführend, doch man erkennt leicht, dass die Anzahl der Nachbarn mit zunehmender Dimension ebenfalls zunimmt – in zwei Dimensionen sind es typischerweise sechs Nachbarn, in drei Dimensionen sind es schon 14; siehe Abb. 5.2). Daher erscheint es sehr naheliegend, dass die Trajektorie von $p$, wenn sie das vergröberte Gebiet $\mathcal{R}_0$ des Ausgangspunkts $p_0$ verlässt, in ein vergröbertes Gebiet $\mathcal{R}_1$ eintritt, dessen Volumen wesentlich größer ist als das von $\mathcal{R}_0$. Umgekehrt wäre es nämlich sehr unwahrscheinlich, dass der Punkt $p$ ein sehr viel kleineres Eintrittsgebiet findet, denn in diesem Fall wäre $p$ rein *zufällig* auf die sprichwörtli-

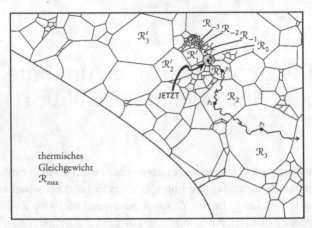

**Abb. 5.1** Das System beginnt an dem Punkt $p_0$ in einem vergleichsweise kleinen vergröberten Gebiet $\mathcal{R}_0$.

che Nadel im Heuhaufen gestoßen, allerdings bei noch viel kleineren Erfolgsaussichten!

Dementsprechend ist auch der *Logarithmus* des Volumens von $\mathcal{R}_1$ größer als der Logarithmus des Volumens von $\mathcal{R}_0$, allerdings in bescheidenerem Maß als die Volumen selbst (siehe Kapitel 2). Jedenfalls hat auch die Entropie etwas zugenommen. Wenn $p$ nun in das nächste vergröberte Gebiet $\mathcal{R}_2$ gelangt, ist mit großer Wahrscheinlichkeit das Volumen von $\mathcal{R}_2$ wiederum wesentlich größer als das von $\mathcal{R}_1$, und somit nimmt die Entropie erneut zu. Anschließend gelangt $p$ in das Gebiet $\mathcal{R}_3$, das ebenfalls weitaus größer ist als das vorherige Gebiet, sodass die Entropie weiter zunimmt, und so weiter. Da die Volumen der vergröberten Gebiete sehr rasch anwachsen, ist es für $p$ praktisch unmöglich – genauer, überwältigend unwahrscheinlich –, wieder in ein Gebiet mit einem wesentlich kleineren Volumen zu gelangen und somit wieder eine kleinere Entropie zu bekommen. Je weiter die Zeit in die Zukunft voranschreitet, umso mehr wächst der

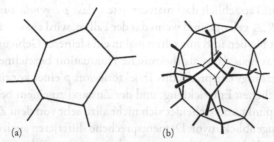

(a)                              (b)

**Abb. 5.2** Mit zunehmender Anzahl der Dimensionen nimmt auch die typische Anzahl der unmittelbar benachbarten vergröberten Gebiete rasch zu. (a) Für $n = 2$ gibt es typischerweise sechs Nachbarn. (b) Für $n = 3$ gibt es typischerweise 14 Nachbarn.

Wert der Entropie, wenn auch nicht so schnell wie die eigentlichen Volumen.

Natürlich ist nie gänzlich ausgeschlossen, dass man auf diese Weise doch mal eine kleinere Entropie erhält, aber solche Vorfälle, bei denen die Entropie abnimmt, müssen als überwältigend unwahrscheinlich angesehen werden. Der gerade beschriebene Entropiezuwachs ist einfach der Trend, der im Normalfall für eine solche zeitlichen Entwicklung zu erwarten ist. Sofern es keine explizite Bevorzugung bestimmter vergröberter Gebiete gibt, kann man den Verlauf der Trajektorie durch den Phasenraum im Wesentlichen als zufällig ansehen, trotz der Tatsache, dass die zeitliche Entwicklung durch eine klar definierte und vollkommen deterministische Vorschrift (beispielsweise den Newton'schen Gleichungen) gegeben ist.

Man könnte sich nun fragen, weshalb $p$ nicht *direkt* in das Gebiet $\mathcal{R}_{max}$ tritt, also das vergröberte Gebiet mit dem (bei weitem) größten Volumen von allen, anstatt wie oben beschrieben nach und nach immer größere vergröberte Gebiete zu durchlaufen. $\mathcal{R}_{max}$ entspricht in diesem Fall dem, was man gewöhnlich das *thermische Gleichgewicht* nennt, wobei das Volumen von $\mathcal{R}_{max}$ im Allgemeinen größer ist als die Volumen sämtlicher anderer vergröberter Gebiete zusammengenommen. Tatsächlich darf man erwarten, dass $p$ *irgendwann* in das Gebiet $\mathcal{R}_{max}$ gelangt, und wenn das der Fall ist, wird es auch fast immer dort bleiben und nur selten mal in ein kleineres Gebiet ausweichen (was man dann als thermische Fluktuation bezeichnen würde). Allerdings entspricht die Trajektorie von $p$ einer kontinuierlichen zeitlichen Entwicklung, und der Zustand zu einem bestimmten Zeitpunkt unterscheidet sich nicht allzu sehr von dem Zustand einen Augenblick zuvor. Dementsprechend differieren auch die vergröberten Volumen nicht um einen derart riesigen Faktor, wie man es bei einem direkten Sprung zu $\mathcal{R}_{max}$ erwarten würde, auch wenn die vergröberten Volumen entlang der Trajektorie rasch zunehmen. Es steht nicht zu erwarten, dass die Entropie derart sprunghaft zunimmt, sondern sie wächst nach und nach zu immer größeren Werten an.

Das klingt alles sehr sinnvoll, und man könnte nun leicht auf die Idee kommen, dass die allmähliche Entropiezunahme in der Zukunft ein vollkommen natürlicher Vorgang ist - kaum der Erwähnung wert, wenn man mal von einigen Einzelheiten absieht, die sich auf die mathematische Strenge beziehen und die ein Purist vermissen wird. Dem Ei, das wir im vorigen Kapitel als Beispiel herangezogen haben, und das zum Zeitpunkt JETZT auf die Tischkante gelegt wird, steht ganz offensichtlich eine zeitliche Entwicklung bevor, bei dem seine Entropie zunimmt, indem es von dem Tisch fällt und am Boden zerbricht. Das entspricht genau den einfachen, oben angedeuteten Überlegungen von rasch zunehmenden Phasenraumvolumen.

Nun stellen wir die Frage jedoch etwas anders, nicht in Bezug auf die zu erwartende zukünftige Entwicklung des Eies, sondern in Bezug auf dessen wahrscheinlichste *vergangene* Entwicklung. Uns interessiert nun: Was ist die wahrscheinlichste zeitliche Entwicklung, die das Ei anfänglich auf die Tischkante geführt hat?

Wir können diese Frage ähnlich angehen wie zuvor, als wir uns nach der zukünftigen Entwicklung unseres System, ausgehend vom

JETZT, gefragt haben. Diesmal fragen wir jedoch nach der wahrscheinlichsten vergangenen Entwicklung unseres Systems, die *zu dem* JETZT *geführt hat.* Die Newton'schen Gesetze sind für eine in die Vergangenheit gerichtete Zeit dieselben, insbesondere beschreiben sie eine deterministische Entwicklung in die Vergangenheit. Es gibt somit in dem Phasenraum $\mathcal{P}$ eine Trajektorie, die an dem Punkt $p_0$ endet, allerdings die vergangene Entwicklung des Systems beschreibt, nämlich wie das Ei schließlich auf der Tischkante zu liegen kam. Um diese „wahrscheinlichste" Vergangenheit unseres Eies zu finden, betrachten wir wieder die vergröberten Gebiete in der Nachbarschaft von $\mathcal{R}_0$ und stellen wiederum enorme Größenunterschiede in den Volumen fest. Dementsprechend enden wesentlich mehr Trajektorien an Punkten im Gebiet $\mathcal{R}_0$, die aus Gebieten wie $\mathcal{R}_1$ stammen, dessen Volumen weitaus größer ist als das von $\mathcal{R}_0$, als Trajektorien aus kleineren Gebieten. Angenommen, die Trajektorie kam aus dem Gebiet $\mathcal{R}_1{}'$, das sehr viel größer ist als $\mathcal{R}_0$. Doch auch $\mathcal{R}_1{}'$ hat sehr viele benachbarte Gebiete vollkommen unterschiedlicher Größe, und die meisten der Trajektorien, die in $\mathcal{R}_1{}'$ eintreten, stammen aus einem vergröberten Gebiet $\mathcal{R}_2{}'$ mit einem wesentlich größeren Volumen als $\mathcal{R}_1{}'$. Wiederum erscheint es sinnvoll anzunehmen, dass die Trajektorie in der Vergangenheit aus einem Gebiet $\mathcal{R}_2{}'$ in das Gebiet $\mathcal{R}_1{}'$ gelangt ist, dessen Volumen sehr viel größer war als das von $\mathcal{R}_1{}'$. Und davor stammte die Trajektorie sehr wahrscheinlich aus einem Gebiet $\mathcal{R}_3{}'$ mit noch größerem Volumen als dem von $\mathcal{R}_2{}'$, und so weiter.

Unsere Argumentation scheint klar auf diese Schlussfolgerung hinauszulaufen, doch ist das sinnvoll? Es gibt ungleich viel mehr Trajektorien der gerade beschriebenen Art, als es Trajektorien gibt, die in das Gebiet $\mathcal{R}_0$ durch eine Folge von wesentlich *kleineren* Gebieten – beispielsweise $\mathcal{R}_{-3}$, $\mathcal{R}_{-2}$, $\mathcal{R}_{-1}$, $\mathcal{R}_0$ – gekommen sind. Doch *tatsächlich* scheint die Trajektorie durch vergröberte Gebiete gelaufen zu sein, deren Volumen zunächst klein war und im Verlauf der Zeit immer weiter zugenommen hat, entsprechend dem Zweiten Hauptsatz. Unsere Argumentation untermauert den Zweiten Hauptsatzes offenbar nicht, sondern sie hat uns zu einer vollkommen *falschen* Antwort gefürt, nämlich zu einer manifesten *Verletzung* des Zweiten Hauptsatzes in der Vergangenheit!

Nach unserer Argumentation wäre ein sehr wahrscheinlicher Weg, der unser Ei ursprünglich auf die Tischkante geführt hat, der folgende: Das Ei war zu Beginn ein labbriges Gemisch aus zerbrochenen Eierschalen, Eigelb und Eiweiß, schön auf dem Boden und zwischen den Fugen verteilt. Dann ist dieses Gemisch spontan zusammengelaufen, hat sich fein säuberlich selbst vom Boden aufgesaugt, die zerlaufenen Eiweiß und Eigelb sind zusammengeflossen und wurde dann auf wundersame Weise von der sich selbst zusammenlegenden Eierschale umschlossen und wieder zu einem vollkommen intakten Ei, das nun von selbst vom Boden mit exakt der richtigen Geschwindigkeit hochspringt, sodass es genau auf der Tischkante zu liegen kommt. Zu Vorgängen dieser Art haben uns unsere obigen Überlegung geführt: eine „wahrscheinliche" Trajektorie, die nacheinander Gebiete durchläuft, deren Volumen in ihrer Größe immer kleiner werden, wie beispielsweise ... $\mathcal{R}_{-3}'$, $\mathcal{R}_{-2}'$, $\mathcal{R}_{-1}'$, $\mathcal{R}_0$. Doch das steht in *krassem Gegensatz* zu dem, was vermutlich tatsächlich passiert ist, nämlich dass irgendeine unachtsame Person das Ei an die Tischkante gelegt und nicht bemerkt hat, dass es möglicherweise auf die Kante zurollen könnte. *Diese* zeitliche Entwicklung wäre *im Einklang* mit dem Zweiten Hauptsatz, denn sie entspricht im Phasenraum $\mathcal{P}$ einer Trajektorie, die durch eine Folge von rasch *zunehmenden* Volumen ... $\mathcal{R}_{-3}$, $\mathcal{R}_{-2}$, $\mathcal{R}_{-1}$, $\mathcal{R}_0$ gegeben ist. Wenn wir unsere für die zukünftige Entwicklung so erfolgreiche Argumentation auf die vergangene Entwicklung anwenden, ist die Antwort so *falsch*, wie sie nur sein kann.

# 6

# Weshalb ist die
# Vergangenheit anders?

Weshalb hat uns unsere Argumentation derart in die Irre geführt
– obwohl es sich offenkundig um dieselbe Art von Argumentation handelte, die uns so überzeugend dargelegt hat, dass der Zweite Hauptsatz mit einer überwältigenden Wahrscheinlichkeit für
die zukünftige Entwicklung eines gewöhnlichen physikalischen Systems gelten muss? Das Problem an der obigen Argumentation liegt
in der Annahme, dass die zeitliche Entwicklung in Bezug auf die
vergröberten Gebiete im Wesentlichen als „zufällig" angesehen werden kann. In Wirklichkeit ist sie natürlich nicht zufällig, wie schon
erwähnt, da sie durch die dynamischen Gesetze (beispielsweise die
Newton'schen Gesetze) eindeutig bestimmt ist. Doch wir haben angenommen, dass das dynamische Verhalten in Bezug auf die vergröberten Gebiete keinen besonderen Trend zeigt, und diese Annahme
schien für die zukünftige Entwicklung auch sinnvoll zu sein. Wenn
wir jedoch die Entwicklung in die vergangene Zeitrichtung betrachten, scheint das offensichtlich nicht mehr zu gelten. Verfolgt man
das Verhalten des Eies zeitlich rückwärts, scheint es einen sehr starken Trend zu geben. Wenn man in die Vergangenheit blickt, scheint
es unaufhaltsam gelenkt worden zu sein: Es begann in einem zerbrochenen ungeordneten Zustand, setzte sich – im Einklang mit
den dynamischen Gesetzen – über einen außerordentlich unwahrscheinlichen Prozess selbst zusammen und landete schließlich in
dem extrem unwahrscheinlichen Zustand eines vollkommen intakten Eies am Tischrand. Würde man für die *zukünftige* Entwicklung

ein solches Verhalten beobachten, müsste man es als nahezu unmögliche Form von Teleologie oder Magie interpretieren. Doch weshalb erachten wir ein derart fokussiertes Verhalten als vollkommen natürlich, wenn es sich in die Vergangenheit erstreckt, aber als wissenschaftlich absolut unakzeptabel, wenn es in die Zukunft gerichtet ist?

Die Antwort – allerdings kaum eine „physikalische Erklärung" – lautet einfach, dass eine solche „vergangenheitsgerichtete Teleologie" unserer Alltagserfahrung entspricht, wohingegen eine „zukunftsgerichtete Teleologie" etwas ist, das wir nie anzutreffen scheinen. Es ist einfach eine *Tatsache* für das beobachtete Universum, dass wir keine „zukunftsgerichtete Teleologie" wahrnehmen; es ist einfach eine beobachtete Tatsache, dass der Zweite Hauptsatz so gut funktioniert. In dem uns bekannten Universum scheinen die dynamischen Gesetze nicht auf ein zukünftiges Ziel gerichtet zu sein und haben daher überhaupt keinen Bezug zu den vergröberten Gebieten; wohingegen eine solche „Führung" der Trajektorie in die Vergangenheit vollkommen normal ist. Wenn wir die Trajektorie in Richtung ihrer Vergangenheit untersuchen, so scheint sie „vorsätzlich" immer kleinere vergröberte Gebiete zu bevorzugen. Dass uns das nicht als seltsam vorkommt, liegt einfach daran, dass wir in unserer Alltagserfahrung daran gewöhnt sind. Ein Ei, das von der Tischkante rollt und auf dem Boden zerschlägt, erscheint uns vollkommen normal, wohingegen ein Film von einem solchen Ereignis, der in zeitlich umgekehrter Bildfolge gezeigt wird, uns absolut fremd erscheint. Er zeigt einen Vorgang, der bezüglich der gewöhnlichen Zeitrichtung einfach nicht Teil unserer Erfahrung von der physikalischen Welt ist. Eine solche „Teleologie" ist vollkommen akzeptabel, wenn wir in die Vergangenheit blicken, doch sie entspricht nicht unserer Erfahrung, wenn wir sie auf die Zukunft anwenden.

Tatsächlich können wir diese scheinbare, in die Vergangenheit gerichtete Teleologie sehr leicht verstehen, wenn wir annehmen, dass dem Ausgangszustand unseres Universums ein außerordentlich winziges Gebiet im Phasenraum entsprach und somit der Anfangszustand des Universums eine besonders kleine Entropie hatte. Wenn wir außerdem noch annehmen, dass sich die Entropie des Universums aufgrund der dynamischen Gesetze mehr oder weniger kontinuierlich ändert, dann reicht für die Erklärung des Zweiten Hauptsatzes die oben erwähnte Forderung, dass der Anfangszustand des Universums – den wir einfach als *Urknall* oder *Big Bang* bezeichnen – aus welchem Grunde auch immer eine außergewöhnlich geringe Entropie hatte. (Im nächsten Kapitel werden wir sehen, dass diese Winzigkeit der Entropie von einer ganz besonderen Art ist.) Wegen der geforderten Kontinuität nimmt die Entropie des Universums von diesem Zeitpunkt an (in Richtung unseres Zeitempfindens) nach und nach zu, womit wir eine gewisse theoretische Rechtfertigung für den Zweiten Hauptsatz gefunden haben. Der entscheidende Punkt an dieser Stelle ist also die Besonderheit des Urknalls, die sich unter anderem in dem extrem kleinen Volumen des vergrößerten Gebiets $\mathcal{B}$ zu diesem Anfangszustand äußert.

Die sehr speziellen Eigenschaften des Zustands unseres Universums beim Urknall sind für die Argumentationen in diesem Buch von entscheidender Bedeutung. Wir werden in Kapitel 12 noch genauer sehen, in welcher Hinsicht dieser Zustand beim Urknall tatsächlich etwas Besonderes war, und wir werden uns eingehender mit seinen Eigenschaften beschäftigen. Die grundlegenden Fragen, die in diesem Zusammenhang auftauchen werden, führen uns später auf die seltsamen Überlegungen, die dem Anliegen dieses Buchs zugrunde liegen. Für den Augenblick gilt es einfach nur festzuhalten, dass der Zweite Hauptsatz eine natürliche Folge dieses außergewöhnlich speziellen Zustands zu Beginn des uns bekannten Universums ist. Unsere Begründung, weshalb die Entropie in die für uns als zukünftig empfundene Zeitrichtung zunimmt, ist vollkommen in Ordnung, solange nicht auch der *Endzustand* (oder etwas Vergleichbares) unseres Universums eine ähnlich niedrige Entropie hat. Das hätte nämlich eine nun zukunftsgerichtete Teleologie zur Folge, da die Trajektorie des Universums in einem außergewöhnlich winzigen zukünftigen Gebiet $\mathcal{F}$ von $\mathcal{P}$ enden muss. Die Grundlage für den Zweiten Hauptsatz in der uns vertrauten Form ist somit genau die Bedingung, dass die Entropie des Anfangszustands sehr klein war und die Trajektorie in einem so außergewöhnlich winzigen Gebiet $\mathcal{B}$ begonnen hat.

Bevor wir jedoch (in Teil 2) den Zustand beim Urknall genauer untersuchen, möchte ich noch einige Punkte ansprechen, die wir klären sollten. Zunächst einmal wurde gelegentlich behauptet, im Zweiten Hauptsatz stecke überhaupt kein Geheimnis, denn unsere Erfahrung einer vergehenden Zeit hänge davon ab, dass die Entropie zunimmt. Diese Eigenschaft sei eine Voraussetzung dafür, dass wir bewusst einen Zeitfluss wahrnehmen können. Somit muss diejenige Zeitrichtung, die wir als Zukunft bezeichnen, dieselbe sein wie die, in der die Entropie zunimmt. Würde die Entropie in Bezug auf einen Zeitparameter $t$ *abnehmen*, dann hätten wir nach diesem Argument subjektiv das Gefühl eines entgegengesetzt gerichteten Zeitflusses, sodass wir kleine Entropiewerte subjektiv mit unserer „Zukunft" und große Werte mit unserer „Vergangenheit" in Verbindung brächten. Wir würden daher den Parameter $t$ als eine Umkehrung des gewöhnlichen Zeitparameters empfinden, sodass die Entropie immer noch in die nach unserer Erfahrung zukünftige Zeitrichtung zunimmt. Nach dieser Argumentation empfinden wir psychologisch den Verlauf der Zeit immer so, dass der Zweite Hauptsatz gilt, unabhängig von der physikalischen Zeitrichtung der Entropiezunahme.

Zunächst einmal handelt es sich hier um ein Argument von sehr zweifelhafter Natur. Es ist von einer „Erfahrung einer vergehenden Zeit" die Rede, obwohl wir praktisch nichts darüber wissen, welche physikalischen Voraussetzungen tatsächlich gelten müssen, damit wir eine „bewusste Erfahrung" haben. Doch davon einmal abgesehen übersieht dieses Argument den wesentlichen Punkt, nämlich dass die Entropie deshalb ein so nützliches Konzept ist, weil unser Universum sehr weit von einem thermischen Gleichgewicht entfernt ist, sodass sich unsere gewöhnliche Erfahrung auf vergröberte Gebiete bezieht, die weitaus kleiner sind als $\mathcal{R}_{max}$. Darüber hinaus hängt schon allein die Tatsache, dass die Entropie entweder gleichförmig zunimmt oder gleichförmig abnimmt, davon ab, dass tatsächlich eines der beiden Enden (allerdings nicht beide gleichzeitig) der Trajektorie unseres Universums im Phasenraum in einem sehr kleinen vergröberten Gebiet liegt, und das gilt nur für einen winzigen Bruchteil aller möglichen zeitlichen Verläufe von Universen. Die Tatsache, dass sich ein Teil unsere Trajektorie offensichtlich in einem derart kleinen vergröberten Gebiet $\mathcal{B}$ befindet, bedarf einer Erklärung, und dieser Punkt hat mit dem oben erwähnten Argument nichts zu tun.

Manchmal wird auch behauptet (häufig sogar im Zusammenhang mit dem oben Gesagten), die Gültigkeit des Zweiten Hauptsatzes sei eine wesentliche Voraussetzung für das Vorhandensein von Leben, sodass Lebewesen wie wir nur in einem Universum (oder einer Epoche eines Universums) existieren können, in dem der Zweite Hauptsatz gilt. Ohne den Zweiten Hauptsatz gäbe es keine Evolution durch natürliche Selektion etc. Hierbei handelt es sich um ein Beispiel für das „anthropische Prinzip", und ich werde auf dieses allgemeine Thema in Kapitel 14 (am Ende) und in Kapitel 15 nochmals eingehen. Diese Art der Argumentation mag in anderem Zusammenhang seine Berechtigung haben, doch für uns ist sie an dieser Stelle irrelevant. Zunächst gibt es bei dieser Argumentation wiederum die Unsicherheit, dass wir über die physikalischen Voraussetzungen von Leben kaum mehr wissen als über die Voraussetzungen von Bewusstsein. Doch davon einmal abgesehen und selbst unter der Annahme, dass die natürliche Auslese tatsächlich eine notwendige Voraussetzung für das Vorhandensein von Leben ist und vom Zweiten Hauptsatz abhängt, haben wir damit immer noch keine Erklärung für die Tatsache, dass derselbe Zweite Hauptsatz, wie er hier auf der Erde gültig ist, anscheinend überall im beobachtbaren

Universum gilt. Er scheint auch in Entfernungen zu gelten, die für die lokalen Bedingungen auf der Erde kaum noch eine Bedeutung haben, beispielsweise in Galaxien, die Tausende von Lichtjahren von uns entfernt sind. Außerdem galt er schon zu Zeiten, die lange vor allen Anfängen von Leben auf der Erde lagen.

In diesem Zusammenhang sollte man noch einen weiteren Punkt betonen. Wenn wir nicht *annehmen*, dass der Zweite Hauptsatz gilt oder dass unser Universum einem ganz besonderen Zustand entstammt oder irgendetwas Vergleichbares, dann können wir auch nicht die „Unwahrscheinlichkeit" für die Entstehung von Leben als Argument dafür anführen, dass der Zweite Hauptsatz schon früher, vor dem gegenwärtigen Augenblick galt. Das mag zunächst sehr seltsam und unanschaulich klingen, doch es wäre weitaus *unwahrscheinlicher* (wenn wir den Zweiten Hauptsatz nicht schon *voraussetzten*), dass Lebensformen aufgrund von natürlichen Prozessen – sei es die natürliche Auslese oder irgendein anderer scheinbar „natürlicher" Prozess – entstanden sind, als durch eine plötzliche „wunderbare" spontane Bildung aus den zufälligen Zusammenstößen der beteiligten Teilchen! Um diesen Punkt besser nachvollziehen zu können, kehren wir nochmals zu unsere Trajektorie im Phasenraum $\mathcal{P}$ zurück. Wir betrachten das vergröberte Gebiet $\mathcal{L}$, das dem gegenwärtigen Zustand der Erde mit seiner Fülle an Lebensformen entspricht, und wir fragen nach der wahrscheinlichsten Möglichkeit, wie es zu dieser Situation gekommen sein könnte. Wie schon bei unserer Folge der rasch zunehmenden vergröberten Gebiete ..., $\mathcal{R}_3{}'$, $\mathcal{R}_2{}'$, $\mathcal{R}_1{}'$, $\mathcal{R}_0$ in Kapitel 5 finden wir wiederum, dass die „wahrscheinlichste" Möglichkeit, wie das Gebiet $\mathcal{L}$ erreicht werden konnte, eine entsprechende Folge von vergröberten Gebieten ..., $\mathcal{L}_3{}'$, $\mathcal{L}_2{}'$, $\mathcal{L}_1{}'$, $\mathcal{L}_0$ ist, bei denen die Volumen sehr stark *abnehmen*. Diese Folge entspricht einer vollkommen zufällig erscheinenden, teleologischen Spontangruppierung von Lebensformen, vollkommen im Gegensatz zu dem, was tatsächlich passiert ist, und ebenso vollkommen im *Widerspruch* zum Zweiten Hauptsatz, der eigentlich bewiesen werden sollte. Dementsprechend ist das bloße Vorhandensein von Lebensformen überhaupt kein Argument für die allgemeine Gültigkeit des Zweiten Hauptsatzes.

Abschließend möchte ich noch einen Punkt ansprechen, der mit der *Zukunft* zu tun hat. Ich habe argumentiert, dass die Gültigkeit des Zweiten Hauptsatzes bzw. die restriktive Besonderheit des Anfangszustands unseres Universums lediglich eine beobachtete Tatsache ist. Ebenso ist es einfach nur eine beobachtete Tatsache, dass es *keine* entsprechenden Einschränkungen des Zustands des Universums in der fernen Zukunft zu geben scheint. Doch wissen wir das *wirklich*? Wir haben nicht allzu viele genaue Anhaltspunkte, wie die *weit* entfernte Zukunft sein wird. (Auf die tatsächlich vorhandenen Hinweise werden wir in Kapitel 13, 14 und 16 eingehen). Mit Sicherheit können wir jedoch sagen, dass heute nichts darauf hindeutet, dass die Entropie irgendwann einmal wieder abnehmen könnte, sodass in einer fernen Zukunft einmal die Umkehrung des Zweiten Hauptsatzes gelten könnte. Andererseits sehe ich aber auch keinen Grund, weshalb wir so etwas für unser Universum ausschließen können. Auch wenn die $\sim 1{,}4 \cdot 10^{10}$ Jahre seit dem Urknall als eine lange Zeit scheinen (siehe Kapitel 7) und bisher noch keine derartigen Umkehrungen des Zweiten Hauptsatzes beobachtet wurden, ist diese Zeitspanne so gut wie nichts im Vergleich zu der zukünftigen Lebenszeit, die unserem Universums vermutlich noch bevor steht (auf diesen Punkt kommen wir in Kapitel 13 zu sprechen)! In einem Universum, dessen Trajektorie irgendwann in einem sehr kleinen Gebiet $\mathcal{F}$ *endet*, müssen während der späteren Phasen seiner zeitlichen Entwicklung sehr seltsame Korrelationen zwischen den Teilchen auftreten, die schließlich zu genau den Formen von teleologischem Verhalten führen, die uns heute so seltsam anmuten würden, wie das sich von selbst wieder zusammensetzende Ei in Kapitel 5.

Wenn die Trajektorie eines Universums im Phasenraum so weit eingeschränkt ist, dass sie in einem sehr winzigen vergröberten Gebiet $\mathcal{B}$ beginnt und *ebenfalls* in einem anderen sehr winzigen vergröberten Gebiet $\mathcal{F}$ endet, so steht das in keinerlei Widerspruch (beispielsweise) zur Newton'schen Dynamik. Es gibt zwar weitaus weniger Trajektorien dieser Art also solche, die einfach nur in $\mathcal{B}$ beginnen, doch wir müssen uns ohnehin mit der Tatsache abfinden, dass auch die Trajektorien, die nur in $\mathcal{B}$ beginnen (wie es für unser Universum der Fall zu sein scheint), einen extrem kleinen Anteil in der Gesamtheit aller Möglichkeiten ausmachen. Die Fälle, bei denen die Trajektorien tatsächlich an *beiden* Endpunkten auf sehr winzige Gebiete beschränkt sind, bilden nochmals einen wesentlich kleineren Anteil aller Möglichkeiten. Prinzipiell gibt es jedoch keinen entscheidenden Unterschied, und wir können sie nicht ausschließen. In Universen mit solchen Trajektorien gäbe es einen Zweiten Hauptsatz, der in den frühen Stadien des Universums Gültigkeit hätte, so wie es für unser Universum der Fall zu sein scheint, doch es gäbe in den späteren Stadien einen *umgekehrten* Zweiten Hauptsatz, bei dem die Entropie im Verlauf der Zeit schließlich *abnimmt*.

Ich persönlich halte es nicht für besonders plausibel, dass sich der Zweite Hauptsatz irgendwann einmal umkehrt, doch es spielt für die Dinge, die ich in diesem Buch vorschlagen werde, auch keine wichtige Rolle. Trotzdem wollte ich betonen, dass eine solche Möglichkeit nicht vollkommen ausgeschlossen werden kann, auch wenn unsere Erfahrung keinerlei Anzeichen für eine solche Umkehrung des Zweiten Hauptsatzes liefert. Wir sollten offen dafür sein und solche exotischen Möglichkeiten nicht von vornherein ausschließen. Im dritten Teil dieses Buches werde ich einen anderen Vorschlag machen, und auch in diesem Fall hilft eine gewisse Offenheit, meine Ideen besser zu verstehen. Diese Ideen beruhen jedoch auf einigen bemerkenswerten und teilweise recht gesicherten Tatsachen über unser Universum. Also beginnen wir nun, im zweiten Teil, mit dem, was wir tatsächlich über den Urknall wissen.

# Teil 2

## Die seltam besondere Natur des Urknalls

# 7

# Unser expandierendes Universum

Der Urknall (oder auch Big Bang): Was glauben wir, was damals passiert ist? Gibt es deutliche Hinweise aus den Beobachtungen, dass tatsächlich am Beginn eine Explosion stand, aus der das gesamte Universum, so wie wir es kennen, seinen Ursprung genommen hat? Und im Zusammenhang mit den Überlegungen aus dem ersten Teil erhebt sich die Frage: Wie kann ein derart gewaltiges und insbesondere heißes Ereignis einem Zustand entsprechen, der eine *winzige* Entropie hat?

Der Hauptgrund dafür, dass wir uns so sicher sind, dass unser Universum in einer Explosion entstanden ist, geht auf die Beobachtungen des amerikanischen Astronomen Edwin Hubble zurück, der festgestellt hat, dass sich unser Universum *ausdehnt*. Das war im Jahre 1929, obwohl Vesto Slipher schon 1917 erste Anzeichen für eine solche Expansion gesehen hatte. Die Messungen von Hubble zeigten überzeugend, dass sich sehr weit entfernte Galaxien mit Geschwindigkeiten von uns weg bewegen, die im Wesentlichen proportional zum Abstand dieser Galaxien von uns sind. Wenn wir nun zeitlich zurückrechnen, kommen wir unweigerlich zu dem Schluss, dass alle Materie irgendwann einmal – mehr oder weniger zu demselben Zeitpunkt – zusammengeballt gewesen sein muss. Dieses Ereignis müsste in einer gewaltigen Explosion bestanden haben – heute nennen wir sie „Urknall" oder „Big Bang" –, und aus ihr scheint sämtliche Materie ihren Anfang genommen zu haben. Spätere Beobachtungen, von denen es sehr viele gibt, sowie besonders ausgeklü-

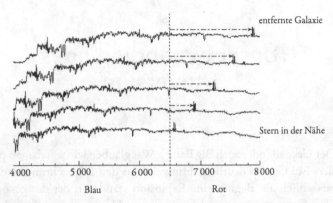

**Abb. 7.1** Die „Rotverschiebung" des Atomspektrums einer entfernten Galaxie ist genau so, wie man es bei einer Doppler-Verschiebung erwarten würde.

gelte Experimente (von denen ich einige gleich beschreiben werde) haben die ursprünglichen Schlussfolgerungen von Hubble bestätigt und untermauert.

Hubbles Überlegungen beruhten auf der Messung einer *Rotverschiebung* in den Spektrallinien des Lichts von weit entfernten Galaxien. „Rotverschiebung" bedeutet hierbei, dass das Frequenzspektrum der verschiedenen Atome einer entfernten Galaxie auf der Erde insgesamt in Richtung der roten Farben verschoben empfangen wird (Abb. 7.1). Die Frequenz ist in allen Bereichen um denselben Betrag verringert, wie es bei einer *Doppler-Verschiebung*[7.1] erwarten würde. Das bedeutet, das beobachtete Objekt erscheint uns rötlicher, weil es sich von uns ziemlich rasch entfernt. Diese Rotverschiebung ist für Galaxien, die weiter von uns entfernt scheinen, ausgeprägter, und die Beziehung zwischen der Rotverschiebung und dem scheinbaren Abstand steht im Einklang mit Hubbles Vorstellung eines sich gleichförmig ausdehnenden Universums.

Sowohl die Beobachtungsmöglichkeiten als auch die Auswertungen der Daten wurden in den folgenden Jahren immer besser, und heute kann man durchaus sagen, dass sich Hubbles ursprüngliche Behauptung nicht nur in aller Allgemeinheit bestätigt hat, sondern dass gerade die Arbeiten der letzten Jahre uns eine ziemlich genaue Vorstellung davon vermittelt haben, wie sich die Ausdehnungsgeschwindigkeit des Universums im Verlauf der Zeit verändert hat. Auf diese Weise ist ein heutzutage weitgehend akzeptiertes Gesamtbild entstanden (auch wenn es in Bezug auf die ein oder andere Einzelheit immer noch ernstzunehmende abweichende Meinungen gibt[7.2]). Insbesondere ist man sich einig, dass dieser Augenblick, als sich die gesamte Materie des Universums in ihrem Ausgangspunkt befunden hat (der „Urknall"), vor ziemlich genau $1,37 \cdot 10^{10}$ Jahren stattgefunden hat.[7.3]

Man sollte sich jedoch den Urknall nicht als ein Ereignis vorstellen, das an einem bestimmten Ort im Raum stattgefunden hat. In Übereinstimmung mit Einsteins Allgemeiner Relativitätstheorie sind die Kosmologen eher der Meinung, dass zu diesem Zeitpunkt auch die gesamte räumliche Ausdehnung des Universums auf diesen Urknall begrenzt war. Der Urknall umfasst also nicht nur den materiellen Inhalt unseres Universums, sondern auch den gesamten physikalischen *Raum*. Dementsprechend wäre zu diesem Zeitpunkt auch der Raum selbst in einem gewissen Sinne winzig gewesen. Diese Dinge sind sicherlich verwirrend, und zum besseren Verständnis sollten wir uns daher überlegen, wie man sich im Rahmen der Allgemeinen Relativitätstheorie das Konzept einer gekrümmten Raumzeit vorzustellen hat. In Kapitel 8 werde ich genauer auf die Einstein'sche Theorie eingehen, doch im Augenblick genügt uns eine häufig verwendete Analogie: ein Luftballon, der aufgeblasen wird. Das Universum dehnt sich im Verlauf der Zeit aus, ähnlich wie die Oberfläche eines Luftballons, wobei sich der gesamte Raum selbst mit ausdehnt, sodass es auch keinen Mittelpunkt gibt, von dem aus sich alles entfernt. Natürlich gibt es in dem dreidimensionalen Raum, in dem wir uns den Luftballon vorstellen, im Inneren des Ballons einen besonderen Punkt – den Mittelpunkt zu der kugelförmigen Oberfläche –, doch dieser Punkt ist selbst *nicht* Teil der Oberfläche. In unserem Beispiel entspricht nur die Oberfläche des Ballons der gesamten räumlichen Geometrie unseres Universums.

Die Zeitabhängigkeit der *tatsächlichen* Ausdehnung des Universums, wie sie sich aus den Beobachtungen ergibt, stimmt erstaunlich gut mit den Einstein'schen Gleichungen der Allgemeinen Relativitätstheorie überein, allerdings nur, wenn wir in unsere Theorie zwei zunächst überraschende zusätzliche Bestandteile unseres Universums mit einfließen lassen, die heute unter den (etwas unglücklichen[7.4]) Bezeichnungen „Dunkle Materie" und „Dunkle Energie" bekannt sind. Für die Überlegungen, die ich dem Leser zu gegebener Zeit vorstellen werde (siehe Kapitel 13 und 14), haben beide Bestandteile eine wesentliche Bedeutung. Sie gehören heute zum Standardmodell der Kosmologie, obwohl man erwähnen sollte, dass keine der beiden Erklärungen von allen Experten auf diesem Gebiet uneingeschränkt akzeptiert wird.[7.5] Ich für meine Person akzeptiere *beides*, sowohl die Existenz einer unsichtbaren Materie – der „Dunklen Materie" –, deren Natur uns heute noch größtenteils unbekannt ist, obwohl sie rund 70 % des materiellen Gehalts unseres Universums ausmacht, als auch die Tatsache, dass die Einstein'schen Gleichungen der Allgemeinen Relativitätstheorie in einer *modifizierten* Form angewandt werden müssen, die Einstein selbst schon einmal 1917 vorgeschlagen hatte (später allerdings wieder zurückzog) und bei der eine sehr kleine *kosmologische Konstante* $\Lambda$ (die naheliegendste Form der „Dunklen Energie") berücksichtigt werden muss.

Man sollte betonen, dass Einsteins Allgemeine Relativitätstheorie (egal, ob mit oder ohne das winzige $\Lambda$) für Größenordnungen, die mit einem Sonnensystem vergleichbar sind, außerordentlich gut getestet wurde. Selbst die sehr praktischen globalen Ortungssysteme (GPS), wie sie heute allgemein in Gebrauch sind, benötigen für ihre erstaunliche Genauigkeit die Allgemeine Relativitätstheorie. Noch bemerkenswerter ist die außerordentliche Genauigkeit von Einsteins Theorie in Bezug auf die Beschreibung von Doppelpulsarsystemen.[7.6] Hier liegt der Fehler bei 1 : $10^{14}$ (zum Beispiel können die Zeitkonstanten der Pulsarsignale des Doppelsternsystems PSR-1913+16 über einen Zeitraum von rund 40 Jahren mit einer Genauigkeit von $10^{-6}$ Sekunden pro Jahr erklärt werden).

Die ersten kosmologischen Modelle auf der Basis von Einsteins Theorie stammen von dem russischen Mathematiker Alexander Friedmann aus den Jahren 1922 und 1924. In Abbildung 7.2 habe ich die raumzeitliche Entwicklung dieser Modelle skizziert. Die *räumliche* Krümmung des Universums ist links positiv, in der Mitte null und rechts negativ.[7.7] In nahezu all meinen Raumzeit-Diagrammen trage ich die *zeitliche* Entwicklung auf der vertikalen Achse auf, und die horizontalen Richtungen entsprechen dem Raum. In allen drei Fällen wird angenommen, dass der räumliche Teil der Geometrie vollkommen gleichförmig ist (man bezeichnet das als homogen und isotrop). Kosmologische Modelle mit einer solchen Symmetrie heißen *Friedmann-Lemaître-Robertson-Walker* – FLRW – Modelle. Bei den ursprünglichen Modellen von Friedmann handelt es sich um Spezialfälle, bei denen die Materie wie ein *druckloses Fluid*, eine Art „Staub", behandelt wird (siehe auch Kapitel 10).

Für die räumliche Geometrie muss man eigentlich nur drei Fälle unterscheiden:[7.8] den Fall $K > 0$ einer positiven räumlichen Krümmung, wobei die räumliche Geometrie dem dreidimensionalen Analogon einer Kugeloberfläche (wie dem oben erwähnten Ballon) entspricht, den flachen Fall $K = 0$, dessen räumliche Geometrie die vertraute „flache" dreidimensionale Geometrie von Euklid ist, und den Fall einer negativen Krümmung $K < 0$, den man als *hyperbolische* dreidimensionale räumliche Geometrie bezeichnet. Glücklicherweise hat der holländische Künstler Maurits C. Escher die-

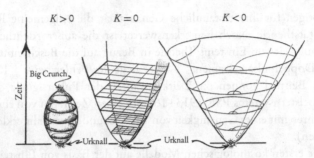

**Abb. 7.2** Die Raumzeit-Entwicklungen der Friedmann-Kosmologien mit einer positiven, verschwindenden bzw. negativen räumlichen Krümmung (von links nach rechts).

se drei verschiedenen Geometrien wunderbar durch Darstellungen von Mosaiken aus Engeln und Teufeln illustriert (siehe Abb. 7.3). Wir sollten jedoch nicht vergessen, dass es sich dabei lediglich um *zweidimensionale* räumliche Geometrien handelt, doch zu allen drei Geometrien gibt es Entsprechungen in den vollen drei Dimensionen.

Alle Modelle beginnen mit einem singulären „Urknall"-Zustand, wobei „singulär" bedeutet, dass die Materiedichte und die Krümmung der Raumzeit-Geometrie in diesem Anfangszustand unendlich sind. Die Einstein'schen Gleichungen (bzw. die Physik als Ganzes, so wie wir sie kennen) müssen bei solchen Singularitäten einfach „passen" (man vergleiche allerdings Kapitel 14 und Anhang B.10). Wir werden noch darauf eingehen, dass in diesen Modellen das zeitliche Verhalten dem räumlichen Verhalten entspricht, d. h. der räumlich endliche Fall ($K > 0$; Abb. 7.3 a) entspricht auch dem zeitlich endlichen Fall, bei dem es nicht nur eine Singularität im Anfangszustand – dem Urknall – gibt, sondern auch eine *abschließende* Singularität, die man meist als „Big Crunch" bezeichnet. Die anderen beiden Fälle ($K \leq 0$; Abb. 7.3 b, c) beschreiben nicht nur ei-

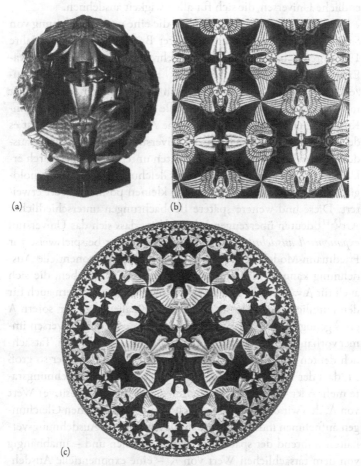

(a)

(b)

(c)

**Abb. 7.3** Die drei Grundformen einer gleichförmigen Geometrie der Ebene in der Darstellung von Maurits C. Escher: (a) elliptisch (positiv, $K > 0$); (b) euklidisch (flach, $K = 0$); (c) hyperbolisch (negativ, $K < 0$). Copyright M. C. Escher Company (2004).

ne räumlich unendliche Ausdehnung [7.9], sondern auch zeitlich unendliche Universen, die sich für alle Ewigkeit ausdehnen.

Nachdem zwei Forschergruppen, die eine unter der Leitung von Saul Perlmutter und die andere unter Brian P. Schmidt, im Jahre 1998 ihre Beobachtungsdaten von sehr weit entfernten Supernova-Explosionen ausgewertet hatten,[7.10] mehrten sich jedoch die Anzeichen, dass sich unser Universum in seinen späteren Phasen nicht mehr in der Form ausdehnt, wie es die herkömmlichen Friedmann-Kosmologien vorhersagen (vergleiche Abb. 7.2). Stattdessen hat es den Anschein, als ob sich unser Universum nun beschleunigt ausdehnt. Man kann ein solches Verhalten unter anderem dadurch erklären, dass man die Einstein'schen Gleichungen um eine kosmologische Konstante $\Lambda$ mit einem sehr kleinen positiven Wert erweitert. Diese und weitere spätere Beobachtungen unterschiedlicher Art[7.11] deuten überzeugend darauf hin, dass sich das Universum *exponentiell ausdehnt*. Ein solches Verhalten ist beispielsweise für Friedmann-Modelle mit $\Lambda > 0$ typisch. Diese exponentielle Ausdehnung kann es nicht nur für die Fälle $K \leq 0$ geben, die sich auch für $\Lambda = 0$ für alle Zeiten ausdehnen würden, sondern auch für den räumlich abgeschlossenen Fall $K < 0$, allerdings nur, sofern $\Lambda$ groß genug ist, um die in geschlossenen Friedmann-Universen immer vorhandene Tendenz zu einem Kollaps zu überwinden. Tatsächlich deuten die Beobachtungen auf einen $\Lambda$-Wert hin, der so groß ist, dass der Wert (das Vorzeichen) von $K$ für die Ausdehnungsrate mehr oder weniger irrelevant geworden ist. Der (positive) Wert von $\Lambda$, den wir offenbar tatsächlich in die Einstein'schen Gleichungen aufnehmen müssen, würde in diesem Fall das Ausdehnungsverhalten während der späteren Phase bestimmen und – unabhängig von dem tatsächlichen Wert von $K$ – eine exponentielle Ausdehnung liefern, die mit den experimentellen Daten verträglich ist. Wir scheinen also in einem Universum zu leben, dessen Ausdehnungsrate qualitativ dem Verhalten der Kurve in Abbildung 7.4 entspricht. Das zugehörige Raumzeit-Bild zeigt Abbildung 7.5.

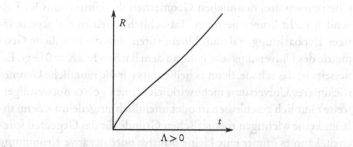

**Abb. 7.4** Ausdehnungsrate des Universums für einen positiven Wert von Λ mit einer schließlich exponentiellen Zunahme.

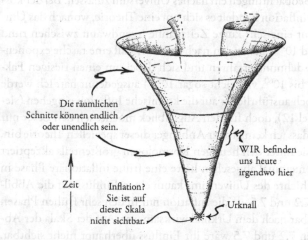

**Abb. 7.5** Die Raumzeit-Ausdehnung des Universums für einen positiven Wert von Λ (übertrieben gezeichnet, sodass der Wert von $K$ keine Rolle spielt).

In Anbetracht dieser Tatsache werde ich die Unterschiede zwischen diesen drei räumlichen Geometrien des Universums im Folgenden nicht immer betonen. Tatsächlich scheinen die gegenwärtigen Beobachtungen darauf hinzudeuten, dass die räumliche Geometrie des Universums sehr nahe an dem flachen Fall $K = 0$ liegt. Einerseits ist das schade, denn es heißt, dass wir die räumliche Geometrie unseres Universums nicht wirklich kennen - ob es notwendigerweise räumlich geschlossen ist oder unendlich ausgedehnt -, denn solange keine wichtigen theoretischen Gründe für das Gegenteil sprechen, kann es immer eine kleine positive oder negative Krümmung geben.

Andererseits sind viele Kosmologen der Meinung, dass sich aus dem Modell der *kosmischen Inflation* gute Argumente für eine räumlich *flache* Geometrie ($K = 0$) ergeben (von vergleichsweise kleinen lokalen Schwankungen abgesehen). Sie sind daher ganz zufrieden, dass die Beobachtungen ein flaches Universum zulassen. Bei der kosmischen Inflation handelt es sich um eine Theorie, wonach das Universum für eine sehr kurze Zeitspanne irgendwann zwischen rund $10^{-36}$ und $10^{-32}$ Sekunden nach dem Urknall eine rasche exponentielle Ausdehnung erfahren und sich dabei um einen riesigen Faktor ($10^{30}$ bis $10^{60}$, vielleicht sogar $10^{100}$) ausgedehnt hat. Ich werde später noch ausführlicher auf die kosmische Inflation eingehen (siehe Kapitel 12), doch für den Augenblick möchte ich den Leser nur warnen, dass ich kein großer Anhänger dieser speziellen Theorie bin, obwohl sie unter den heutigen Kosmologen größtenteils akzeptiert ist. Davon einmal abgesehen hätte eine frühe inflationäre Phase in der Geschichte des Universums kaum einen Einfluss auf die Abbildungen 7.2 und 7.5, da die Inflation nur in den sehr frühen Phasen unmittelbar nach dem Urknall wirksam war. Auf der Skala der Abbildungen 7.2 und 7.5 wäre ihr Einfluss überhaupt nicht sichtbar. Darüber hinaus ergeben sich aus den Ideen, auf die ich später in diesem Buch eingehen möchte, überzeugende *Alternativen* zur Inflation, mit denen sich die beobachteten Phänomene, die nach den heute populären kosmologischen Modellen von der Inflation abzuhängen *scheinen* (siehe Kapitel 17), ebenfalls erklären lassen.

Unabhängig von solchen Überlegungen habe ich einen vollkommen anderen Grund, Abbildung 7.3 c hier wiederzugeben, denn sie verdeutlicht einen Punkt, der für uns später noch sehr wichtig wird. Dieser wunderbare Escher-Druck beruht auf einer Idee des außergewöhnlich scharfsinnigen italienischen Geometers Eugenio Beltrami[7.12]. Im Jahre 1868 zeigte er, dass es sich hierbei um eine (von mehreren) Möglichkeit handelt, die hyperbolische Ebene darzustellen. Ungefähr vierzehn Jahre später wurde dieselbe Darstellung von dem französischen Mathematiker Henri Poincaré wiederentdeckt, und heute verbindet man eher dessen Namen damit. Um nicht zur allgemeinen Verwirrung bezüglich der Bezeichnungen beizutragen, werde ich gewöhnlich einfach von der *konformen* Darstellung der hyperbolischen Fläche sprechen, wobei der Ausdruck „konform" andeutet, dass die *Winkel* in dieser Geometrie in der euklidischen Ebene, in der das Bild gezeichnet ist, korrekt wiedergegeben sind. Auf die Konzepte der konformen Geometrie werde ich in Kapitel 9 noch ausführlicher eingehen.

In der hyperbolischen Geometrie müssen wir uns sämtliche Teufel in dieser Darstellung als *kongruent* vorstellen, und das Gleiche gilt für alle Engel. Bezüglich des euklidischen Maßes, das dieser Darstellung zugrunde liegt, werden die Figuren offensichtlich immer kleiner, je näher wir dem Rand kommen, trotzdem sind die *Winkel* ebenso wie die infinitesimalen *Formen* richtig wiedergegeben, egal wie nahe am Rand wir die Figuren untersuchen. Der kreisförmige Rand entspricht dem *Unendlichen* in dieser Geometrie, und gerade auf diese *konforme Darstellung der Unendlichkeit* als eine glatte endliche Umrandung möchte ich den Leser an dieser Stelle aufmerksam machen, da sie für die späteren Ideen eine zentrale Rolle spielen wird (insbesondere in Kapitel 11 und 14).

# 8

# Die allgegenwärtige Mikrowellenhintergrundstrahlung

In den 1950er Jahren war das so genannte *Steady-State*-Modell eine sehr populäre Theorie für unser Universum. Es stammt ursprünglich von Thomas Gold und Hermann Bondi aus dem Jahre 1948 und wurde bald darauf sehr intensiv von Fred Hoyle untersucht,[8.1] der sich damals an der Cambridge University befand. Nach dieser Theorie würde im gesamten Raum ständig Materie erzeugt, wenn auch nur in winzigen Mengen, und zwar hauptsächlich Wasserstoffmoleküle, die aus zwei Atomen mit jeweils einem Proton und einem Elektron bestehen. Diese Materie sollte mit der extrem kleinen Rate von ungefähr einem Atom pro Kubikmeter pro tausend Millionen Jahren aus dem Vakuum entstehen. Das wäre genau die richtige Rate gewesen, um die Abnahme der Materiedichte aufgrund der Ausdehnung des Universums auszugleichen.

In mehrfacher Hinsicht handelte es sich bei der Steady-State-Theorie um ein philosophisch attraktives und ästhetisch ansprechendes Modell, da das Universum keinen Ursprung bzw. Anfang in der Zeit oder dem Raum benötigt. Außerdem lassen sich viele seiner Eigenschaften aus der Forderung ableiten, dass es sich praktisch selbst erschafft. Kurz nachdem diese Theorie ins Leben gerufen worden war, begann ich an der Cambridge University als junger Doktorand (mit einem Forschungsschwerpunkt in reiner Mathematik, allerdings mit großem Interesse an der Physik und der Kosmologie[8.2]), und später, im Jahre 1956, kehrte ich als Forschungsstipendiat zurück. Während meiner damaligen Zeit in

Cambridge hatte ich Gelegenheit, alle drei Begründer der Steady-State-Theorie kennenzulernen, und damals empfand ich das Modell als sehr ansprechend und überzeugend. Gegen Ende meiner Zeit in Cambridge zeigten jedoch genauere Zählungen von weit entfernten Galaxien, die am Mullard Radio Observatory von (Sir) Martin Ryle (ebenfalls in Cambridge) durchgeführt worden waren, dass die Beobachtungen *nicht* mit den Vorhersagen des Steady-State-Modells übereinstimmten.[8.3]

Der eigentliche Todesstoß für das Modell bestand jedoch in der eher zufälligen Entdeckung der aus allen Richtungen kommenden elektromagnetischen Mikrowellenstrahlung durch die Amerikaner Arno Penzias und Robert W. Wilson im Jahre 1964. Eine solche Strahlung war tatsächlich in den späten 1940er Jahren von George Gamow und Robert Dicke vorhergesagt worden. Grundlage dieser Vorhersage war das damals gängigere „Urknallmodell" des Universums, weshalb diese Strahlung auch manchmal „Lichtblitz des Urknalls" genannt wurde. Die Strahlung hat sich wegen der enormen Rotverschiebung aufgrund der riesigen Ausdehnung des Universums seit der Entstehung dieser Strahlung von anfänglich rund 4000 K auf wenige Grad über dem absoluten Nullpunkt abgekühlt.[8.4] Nachdem sich Penzias und Wilson davon überzeugt hatten, dass es sich bei der von ihnen beobachteten Strahlung (zu einer Temperatur von ungefähr 2,725 K) nicht um ein Artefakt handelt und sie tatsächlich aus dem Weltraum stammt, wandten sie sich an Dicke, der sehr schnell erkannte, dass sich ihre rätselhaften Beobachtungen durch genau das erklären ließen, was er und Gamow schon früher vorhergesagt hatten. Diese Strahlung hatte schon viele Namen („Reststrahlung", 3-Kelvin-Strahlung etc.), doch heute bezeichnet man sie meist einfach als „CMB", was für „cosmic microwave background" steht.[8.5] Im Jahre 1978 erhielten Penzias und Wilson für ihre Entdeckung den Nobelpreis für Physik.

Der Ursprung der Photonen, die wir heute in der CMB „sehen", ist jedoch nicht der „eigentliche Urknall". Sie stammen von einem

Vorgang, den man manchmal als „Epoche der letzten Streuung" oder auch „Rekombination" bezeichnet und der sich ungefähr 379000 Jahre nach dem Urknall (das entspricht ungefähr 1/36000 des gegenwärtigen Alters des Universums) ereignete. Vor diesem Zeitpunkt war das Universum für die elektromagnetische Strahlung undurchsichtig, weil es mit einer großen Menge geladener Teilchen – hauptsächlich Protonen und Elektronen – angefüllt war, die vollkommen ungeordnet umherflogen und ein sogenanntes „Plasma" bildeten. In einer solchen Umgebung wurden die Photonen sehr oft gestreut – unzählige Male absorbiert und wieder erzeugt –, und dadurch war das Universum alles andere als durchsichtig. Diese „neblige" Situation hielt solange an, bis es zur Rekombination oder auch „Entkopplung" kam (wo die „letzte Streuung" der Photonen stattfand). Nun wurde das Universum durchsichtig, weil es sich so weit abgekühlt hatte, dass sich die zuvor getrennten Elektronen und Protonen paarweise zu Wasserstoff verbanden (sowie einigen weiteren Elementen, hauptsächlich noch Helium mit 23 %, dessen Atomkerne man auch als $\alpha$-Teilchen bezeichnet, die in den ersten Minuten nach dem Urknall erzeugt wurden). Die Photonen waren nun von diesen neutralen Atomen entkoppelt und konnten sich seit damals im Großen und Ganzen ungestört ausbreiten. So wurden sie schließlich zu der Strahlung, die wir heute als CMB beobachten.

Seit ihrem ursprünglichen Nachweis in den 1960er Jahren wurde die Natur und die Verteilung der CMB in vielen Experimenten sehr exakt vermessen, und wir besitzen heute derart viele genaue Daten, dass sich das Feld der Kosmologie vollkommen verändert hat: Es wurde von einem Gebiet mit vielen Spekulationen und wenigen Daten, auf denen die Spekulationen gründeten, zu einer *exakten* Wissenschaft, in der zwar immer noch viel spekuliert wird, in der es aber auch viele genaue Daten gibt, die diese Spekulationen in ihre Schranken verweisen! Ein besonders erwähnenswertes Experiment war der Satellit COBE (COBE steht für „Cosmic Background Explorer"), der von der NASA im November 1989 in den Weltraum geschickt wurde und dessen Aufsehen erregende Messungen George Smoot und John Mather im Jahre 2006 den Nobelpreis für Physik einbrachten.

COBE hat zwei besonders erstaunliche und wichtige Eigenschaften der CMB deutlich gemacht, und ich möchte auf beide genauer eingehen. Die erste Eigenschaft ist die außerordentlich genaue Übereinstimmung des beobachteten Frequenzspektrums mit der Verteilung der sogenannten „Schwarzkörperstrahlung", die Max Planck im Jahre 1900 erklären konnte (und die gleichzeitig zum Ausgangspunkt für die Quantenmechanik wurde). Die zweite Eigenschaft ist die extreme Gleichförmigkeit der Verteilung der CMB über den gesamten Himmel. Beide Eigenschaften verraten uns etwas sehr Grundlegendes über die Natur des Urknalls und seine seltsame Beziehung zum Zweiten Hauptsatz. Ein Großteil der modernen Kosmologie hat sich insofern weiterentwickelt, als man sich heute mehr auf die sehr schwachen *Abweichungen* von der gleichförmigen Verteilung in der CMB konzentriert, die man ebenfalls beobachten kann. Auf diese werde ich später noch zu sprechen kommen (siehe Kapitel 18), doch für den Augenblick möchte ich auf diese beiden offensichtlicheren Tatsachen eingehen, die, wie wir sehen werden, beide für uns von großer Bedeutung sind.

In Abbildung 8.1 erkennt man die Spektralverteilung der CMB, wie sie im Grunde genommen ursprünglich von COBE gemessen wurde, allerdings ist die Genauigkeit durch spätere Beobachtungen noch verbessert worden. Auf der vertikalen Achse ist die *Strahlungsintensität* als Funktion der verschiedenen Frequenzen aufgetragen, die entlang der horizontalen Achse von links nach rechts zunehmen. Die durchgezogene Linie entspricht der Planck'schen „Schwarzkörperstrahlung", für die es eine bekannte Formel gibt.[8.6] Diese Formel lässt sich aus der Quantenmechanik herleiten, und sie beschreibt das Strahlungsspektrum im *thermischen Gleichgewicht* für eine bestimmte Temperatur $T$. Die kleinen senkrechten Balken sind *Fehlerbalken*, denen wir grob entnehmen können, in welchem Bereich

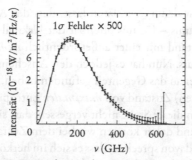

**Abb. 8.1** Das Frequenzspektrum der CMB, wie es ursprünglich von CO-BE beobachtet wurde, allerdings um die sehr genauen späteren Daten ergänzt. Man beachte, dass die „Fehlerbalken" um einen Faktor 500 vergrößert wiedergegeben sind. Das zeigt, wie genau diese Kurve mit dem Planck'schen Spektrum übereinstimmt.

die beobachteten Intensitäten liegen. Allerdings sind diese Fehlerbalken um einen Faktor 500 vergrößert dargestellt, sodass die *tatsächlich* gemessenen Punkte wesentlich näher an der Planck'schen Kurve liegen, als es in diesem Bild erscheint – in Wirklichkeit sogar so nahe, dass die Fehlerbalken selbst bei den Punkten ganz rechts, wo die Fehler am größten sind, innerhalb der gezeichneten Strichdicke der Planck'schen Kurve liegen! Es ist in der experimentellen Wissenschaft keine andere Kurve bekannt, die mit der berechneten Planck'schen Schwarzkörperkurve genauer übereinstimmt als das Intensitätsspektrum der CMB.

Was lernen wir daraus? Offenbar blicken wir auf die Strahlung von einem Zustand, der sich effektiv im thermischen Gleichgewicht befunden haben muss. Doch was bedeutet „thermisches Gleichgewicht" eigentlich? Dazu verweise ich den Leser zurück zu Abbildung 5.1, wo mit dem Begriff „thermisches Gleichgewicht" das (bei weitem) größte der vergröberten Gebiete im Phasenraum bezeichnet wurde. Mit anderen Worten, dies ist der Bereich mit der *maximalen* Entropie. Erinnern wir uns daran, was wir in Kapitel 6 eigentlich begründen wollten. Wir wollten zeigen, dass sich der Zweite Hauptsatz nur dadurch erklären lässt, dass der Anfangszustand unseres Universums – für uns offenbar der Urknall – ein (makroskopischer) Zustand mit einer außerordentlich *winzigen* Entropie gewesen sein muss. Nun hat es jedoch den Anschein, als ob wir im Wesentlichen genau das Gegenteil gefunden haben, nämlich einen (makroskopischen) Zustand von *maximaler* Entropie!

Wir dürfen an dieser Stelle nicht vergessen, dass sich das Universum *ausdehnt*, und daher können wir bei dem Zustand, um den es hier geht, kaum davon sprechen, dass es sich im herkömmlichen Sinne um einen „Gleichgewichtszustand" handelt. Offenbar handelt es sich hier jedoch um eine *adiabatische* Ausdehnung, wobei „adiabatisch" bedeutet, dass diese Veränderung „reversibel" ist und die Entropie konstant bleibt. Die Tatsache, dass diese Eigenschaft eines „thermischen Zustands" bei der Expansion des frühen Universums tatsächlich erhalten blieb, wurde 1934 von R. C. Tolman betont.[8.7] In Kapitel 15 werden wir noch weiteren Beiträgen von Tolman zur Kosmologie begegnen. Wir sollten uns den Vorgang im Phasenraum also eher wie in Abbildung 8.2 vorstellen und nicht wie in Abbildung 2.4. Hier ist die Expansion als eine Abfolge von maximal vergröberten Gebieten dargestellt, die mehr oder weniger alle dasselbe Volumen haben. In diesem Sinne kann man sich die Expansion des Universums immer noch als eine Art von thermischem Gleichgewicht vorstellen.

Das bedeutet jedoch, dass wir tatsächlich eine *maximale* Entropie zu beobachten scheinen. Irgendetwas in unserer Argumentation scheint ernsthaft falsch gelaufen zu sein. Es geht hier weniger darum, dass die Messungen zu einer Überraschung geführt haben, eher im Gegenteil: In gewisser Hinsicht stimmten die gemessenen Daten sehr gut mit dem überein, was man auch erwartet hätte. Wenn wir davon ausgehen, dass es den Urknall *wirklich* gegeben hat und dass dieser Anfangszustand durch das Standardmodell der relativistischen Kosmologie richtig beschrieben wird, dann *muss* dieser Zustand sehr heiß und gleichförmig gewesen sein. Wo liegt die Lösung

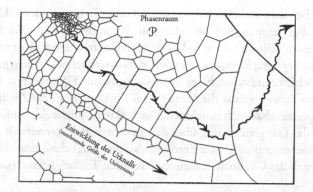

**Abb. 8.2** Adiabatische Ausdehnung des Universums, dargestellt als eine Abfolge von maximal vergröberten Gebieten mit gleichem Volumen.

dieses Problems? Überraschenderweise könnte die Lösung auch mit der *Annahme* zu tun haben, unser Universum verhalte sich im Einklang mit dem üblichen Bild der relativistischen Kosmologie! Diese Annahme sollten wir nun sehr gründlich unter die Lupe nehmen, um zu sehen, ob uns vielleicht irgendetwas entgangen ist.

Zunächst müssen wir uns darüber klar werden, worum es bei der Einstein'schen Allgemeinen Relativitätstheorie überhaupt geht. Immerhin handelt es sich um eine außerordentlich exakte Theorie der *Gravitation*, wobei das Gravitationsfeld als Krümmung der Raumzeit beschrieben wird. Bei entsprechender Gelegenheit werde ich mehr zu dieser Theorie sagen, doch für den Augenblick können wir auch in den Begriffen der älteren – und immer noch bemerkenswert genauen – *Newton'schen* Gravitationstheorie denken und versuchen, zumindest im Groben zu verstehen, wie diese Theorie mit dem Zweiten Hauptsatz der *Thermodynamik* (nicht zu verwechseln mit dem zweiten *Newton'schen* Gesetz) zusammenpasst.

Oft wird der Zweite Hauptsatz am Beispiel eines Gases in einem abgeschlossenen Behälter diskutiert. Also betrachten wir einen sol-

chen Behälter, wobei sich das gesamte Gas zu Beginn in einem kleinen, abgetrennten Fach befinden soll. Wenn man nun die Klappe
zu diesem Teilfach öffnet, sodass sich das Gas frei innerhalb des Behälters bewegen kann, erwarten wir, dass es sich schnell in dem ganzen Behälter ausbreitet, bis es schließlich gleichmäßig verteilt ist. Bei
diesem Prozess würde die Entropie im Einklang mit dem Zweiten
Hauptsatz tatsächlich zunehmen. Der makroskopische Zustand, bei
dem das Gas gleichmäßig über den gesamten Behälter verteilt ist,
hat eine wesentlich höhere Entropie als der anfängliche Zustand, bei
dem sich das Gas noch in dem abgetrennten Teilfach befand (siehe
Abb. 8.3 a).

Nun betrachten wir eine ähnliche Situation, allerdings mit einem
hypothetischen Behälter von der Größenordnung einer ganzen Galaxie, bei dem wir uns außerdem die einzelnen Gasmoleküle durch
ganze Sterne ersetzt denken, die sich in dem Behälter bewegen. Der
Unterschied zwischen dieser Situation und der vorherigen mit dem
Gas ist in erster Linie nicht die Größenordnung, sie ist für unsere Betrachtung sogar eher zweitrangig, sondern die Tatsache, dass sich die
Sterne aufgrund ihrer Gravitationswirkung *anziehen*. Wir können
uns sogar vorstellen, dass die Sterne *zu Beginn* gleichmäßig in dem
galaktischen Behälter verteilt sind. Im Gegensatz zur vorherigen Situation finden wir nun im Verlauf der Zeit eine Tendenz zur „Verklumpung", d. h., große Ansammlungen von Sternen finden sich in
einzelnen Gebieten mit erhöhter Dichte zusammen (und bewegen
sich dabei im Allgemeinen auch schneller). In diesem Fall hat die
gleichförmige Verteilung offenbar *nicht* die höchste Entropie, sondern die Entropiezunahme wird begleitet von einer zunehmenden
„Verklumpung" der Verteilung (siehe Abb. 8.3 b).

Wir können uns nun fragen, was dem thermischen Gleichgewicht
entspricht, bei dem die Entropie ihren größtmöglichen Wert erreicht hat. Es zeigt sich, dass sich diese Frage im Rahmen der Newton'schen Theorie nicht wirklich beantworten lässt. Wenn wir ein
System aus massiven Punktteilchen betrachten, die sich nach dem

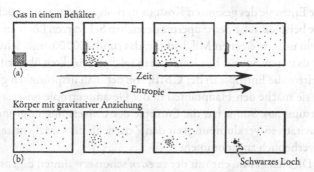

**Abb. 8.3** (a) Das Gas befindet sich anfänglich in einem kleinen Teilfach in der Ecke des Behälters; anschließend wird es freigelassen und verteilt sich gleichmäßig über den gesamten Behälter. (b) In einem Behälter von galaktischen Ausmaßen seien die Sterne anfänglich gleichmäßig verteilt, aber im Verlauf der Zeit sammeln sie sich in dichten Gruppen: In diesem Fall besitzt die gleichmäßige Verteilung nicht die höchste Entropie.

Newton'schen Gravitationsgesetz (die Kraft ist proportional zum inversen Abstandsquadrat) anziehen, dann können wir uns leicht Zustände vorstellen, bei denen einige der Teilchen immer näher zusammenkommen und sich dabei immer schneller bewegen. Es scheint also weder eine Grenze für den Grad der Verklumpung noch eine Grenze für die Schnelligkeit der Bewegung zu geben, sodass es den geforderten Zustand des „thermischen Gleichgewichts" einfach nicht gibt. Die Lage wird besser, wenn wir diese Situation im Rahmen der Einstein'schen Theorie untersuchen, denn in diesem Fall hat die „Verklumpung" eine obere Grenze, wenn nämlich die gesamte Materie in einem *Schwarzen Loch* zusammengeballt ist.

In Kapitel 10 werden wir ausführlicher auf Schwarze Löcher eingehen und in diesem Zusammenhang auch sehen, dass die Entstehung eines Schwarzen Lochs eine beträchtliche Zunahme in der Entropie bedeutet. In der Tat befindet sich in der gegenwärtigen Epoche der Evolution des Universums der bei weitem größte Beitrag zur Entropie des gesamten Kosmos in riesigen Schwarzen Löchern, wie beispielsweise dem supermassereichen Schwarzen Loch im Zentrum unserer eigenen Milchstraße, das rund 4 000 000-mal schwerer ist als unsere Sonne. Die Entropie in solchen Objekten übertrifft bei weitem die Entropie in der CMB, von der man ursprünglich glaubte, sie mache den Hauptanteil in der Gesamtentropie unseres Universums aus. Somit hat die Entropie des Universums aufgrund der gravitativen Verklumpung seit den Zeiten, als die CMB entstanden ist, erheblich zugenommen.

Dies hängt nun eng mit der *zweiten* schon erwähnten Eigenschaft der CMB zusammen, nämlich der nahezu gleichförmigen Temperaturverteilung über den gesamten Himmel. Wie gleichförmig ist sie tatsächlich? Es gibt eine leichte Temperaturschwankung, die man als Doppler-Verschiebung deuten kann und die auf der Tatsache beruht, dass die Erde im Vergleich zur Massenverteilung des Universums als Ganzes nicht vollkommen in Ruhe ist. Die Bewegung der Erde setzt sich aus verschiedenen Anteilen zusammen, beispielsweise ihrer Bewegung um die Sonne, der Bewegung der Sonne um die Milchstraße, und der Bewegung der Milchstraße aufgrund der gravitativen Einflüsse der anderen vergleichsweise nahen Masseverteilungen. All das zusammengenommen bezeichnet man manchmal als die „Eigenbewegung" der Erde. Sie bewirkt eine winzige Zunahme der scheinbaren Temperatur der CMB in der Himmelsrichtung, auf die wir uns zubewegen,[8.8] und dadurch eine Temperaturschwankung über den gesamten Himmel, die jedoch leicht zu berechnen ist. Zieht man diesen Effekt ab, finden wir, dass die Temperatur der CMB über den gesamten Himmel erstaunlich gleichförmig ist, wobei die Abweichungen im Bereich von nur wenigen Zehntausendsteln liegen.

Daraus lernen wir, dass zumindest bei der Epoche der „letzten Streuung" die Materie im Universum außerordentlich gleichmäßig verteilt war, wie in der Skizze auf der *rechten* Seite von Abbildung 8.3 a oder auf der *linken* Seite von Abbildung 8.3 b. Daraus kann man sinnvollerweise schließen, dass sich zumindest zum Zeitpunkt der letzten Streuung der materielle Gehalt des Universums tatsächlich in einem Zustand befunden hat, dessen Entropie den nahezu höchstmöglichen Wert hatte, den die Materie für sich genommen (ohne die Gravitation) damals überhaupt haben konnte. Die gravitativen Beiträge waren damals gerade *wegen* der Gleichförmigkeit der Materieverteilung sehr klein, doch in dieser gleichförmigen Materieverteilung steckte das *Potenzial* für eine enorme Entropiezunahme in der Zukunft, sobald die gravitativen Einflüsse an Bedeutung zunahmen. Wir bekommen daher ein vollkommen neues Bild von der Entropie des Urknalls, wenn wir die gravitativen Freiheitsgrade mit berücksichtigen. Es ist diese *Annahme*, dass unser Universum als Ganzes eine nahezu perfekte räumliche Homogenität und Isotropie besitzt, welche die gravitativen Freiheitsgrade unterdrückt. Man bezeichnet diese Annahme manchmal auch als das „kosmologische Prinzip"[8.9], und sie liegt der FLRW-Kosmologie und insbesondere den in Kapitel 7 diskutierten Friedmann-Modellen zugrunde. Die räumliche Gleichförmigkeit zu Beginn des Universums impliziert somit seine außergewöhnlich niedrige anfängliche Entropie.

An dieser Stelle liegt eine einfache Frage nahe: Was hat die kosmologische Gleichförmigkeit mit dem Zweiten Hauptsatz zu tun, wie wir ihn kennen, der offenbar einen großen Einfluss auf das physikalische Verhalten der Gegenstände in der uns vertrauten Welt hat? Es gibt unzählige Alltagsbeispiele für die Bedeutung des Zweiten Hauptsatzes, die scheinbar überhaupt nichts damit zu tun haben, dass die Gravitationsfreiheitsgrade im frühen Universum unterdrückt gewesen sind. Und doch gibt es eine Beziehung, und es ist gar nicht so schwer, den Einfluss des Zweiten Hauptsatzes im Zusammenhang mit diesen Alltagsbeispielen auf die Gleichförmigkeit im frühen Universum zurückzuführen.

Betrachten wir als Beispiel das Ei aus Kapitel 1, wie es an einer Tischkante liegt, kurz davor zu fallen und am Boden zu zerspringen (siehe Abb. 1.1). Dieser Vorgang einer Entropiezunahme, bei dem

ein Ei vom Tisch rollt und auseinanderbricht, ist ziemlich wahrscheinlich, vorausgesetzt wir *nehmen an*, dass das Ei unversehrt im
Zustand niedriger Entropie an der Tischkante liegt. Das Rätselhafte
am Zweiten Hauptsatz ist nicht die Zunahme der Entropie im Anschluss an dieses Ereignis; sondern das Rätsel liegt in dem Ereignis
selbst, d. h. in der Frage, weshalb sich das Ei anfänglich überhaupt
in diesem Zustand niedriger Entropie befindet. Nach dem Zweiten
Hauptsatz ist das Ei in diesen unwahrscheinlichen Zustand durch
eine Folge anderer Zustände gekommen, die selbst noch unwahrscheinlicher waren und diesem vorangingen. Je weiter wir das System in der Zeit zurückverfolgen, umso unwahrscheinlicher werden
seine Zustände.

Zwei Fragen kann man in diesem Zusammenhang nachgehen. Da
ist einmal die Frage, wie das Ei auf den Tisch gekommen ist, und die
andere Sache ist, wie das Ei seine Struktur, die selbst eine niedrige
Entropie besitzt, erlangt hat, immerhin sind die Bestandteile des Eies (beispielsweise eines Hühnereies) in einer Weise organisiert, die
fast perfekt für die Versorgung eines zukünftigen Kükens geeignet
ist. Doch beginnen wir mit dem scheinbar leichteren Teil des Problems, nämlich wie das Ei auf den Tisch gekommen ist. Die naheliegende Antwort lautet, dass irgendeine Person es gedankenlos dort
hingelegt hat, jedenfalls ist menschlicher Einfluss die wahrscheinlichste Ursache. Ein funktionierendes menschliches Wesen besitzt
offensichtlich eine Fülle hochorganisierter Strukturen, was insgesamt auf eine niedrige Entropie schließen lässt, und die Platzierung
des Eies an der Tischkante hat vermutlich das relevante System –
eine gut ernährte Person und eine mit Sauerstoff angereicherte Atmosphäre – nur einen sehr kleinen Teil des ziemlich großen Reser-
voirs an niedriger Entropie gekostet. Was das Ei selbst betrifft, so
liegt die Sache ähnlich: Das Ei besitzt eine hoch organisierte Struktur, die hervorragend auf die Unterstützung des aufkeimenden Le-
bens eines Embryos abgestimmt ist, und in diesem Sinne gehört es
zu dem komplexen Gefüge an Vorgängen, die das Ökosystem unse-

res Planeten ausmachen und steuern. Notwendig dafür ist die Aufrechterhaltung einer umfassenden und fein abgestimmten Organisation, zu der unzweifelhaft auch gehört, dass die Entropie auf einem niedrigen Niveau bleibt. Genauer gesagt hat sich im Einklang mit dem grundlegenden biologischen Prinzip der natürlichen Auslese und basierend auf unzähligen chemischen Prozessen eine sehr komplizierte und verflochtene Organisation entwickelt, die ihre Entropie niedrig halten kann.

Man kann sich natürlich fragen, was all diese biologischen und chemischen Angelegenheiten mit der Gleichförmigkeit des frühen Universums zu tun haben. Egal wie biologisch kompliziert ein Vorgang auch sein mag, er darf insgesamt nicht die allgemeinen physikalischen Gesetze verletzen, beispielsweise die Erhaltung der Energie. Und er kann sich auch nicht den Beschränkungen entziehen, die ihm der Zweite Hauptsatz auferlegt. Die Lebensformen auf diesem Planeten würden sehr bald zu einem Ende kommen, wenn es nicht eine sehr mächtige Quelle gäbe, von der nahezu alles Leben auf der Erde abhängt und die selbst eine niedrige Entropie besitzt: die *Sonne*.[8.10] Man denkt bei der Sonne meist an eine externe Quelle, welche die Erde mit *Energie* versorgt, doch das ist nicht richtig, denn die Energie, die die Erde am Tage von der Sonne erhält, ist im Wesentlichen *gleich* der Energie, die die Erde an die Dunkelheit des Weltraums zurückgibt![8.10] Wäre das nicht der Fall, würde sich die Erde einfach erwärmen, bis sie mit der Sonne einen Gleichgewichtszustand erreicht hätte. Das Leben auf der Erde hängt entscheidend davon ab, dass die Sonne sehr viel heißer ist als die Dunkelheit des Weltraums und dementsprechend die Photonen, die von der Sonne zu uns kommen, eine wesentlich höhere Frequenz haben (nämlich die von gelbem Licht) als die infraroten Photonen, die die Erde in den Weltraum zurückschickt. Die Planck'sche Formel $E = h\nu$ (siehe Kapitel 9) sagt uns, dass im Mittel die Energie eines einzelnen Photons von der Sonne um ein Vielfaches größer ist als die Energie, die von einzelnen Photonen in den Weltraum hinausgetragen

**Abb. 8.4** Photonen, die von der Sonne auf die Erdoberfläche treffen, haben eine höhere Energie (kürzere Wellenlänge) als die Photonen, die von der Erde in den Weltraum abgegeben werden. Da sich die Energie der Erde insgesamt kaum ändert (diese wird im Verlauf der Zeit nicht wärmer), müssen mehr Photonen die Erde verlassen als auf sie auftreffen. Das bedeutet, die Energie, die zur Erde gelangt, hat eine niedrigere Entropie als die Energie, die die Erde verlässt.

wird. Daher gibt es sehr viel mehr Photonen, die denselben Betrag an Energie wegtransportieren, als Photonen, die diese Energie von der Sonne herbringen (siehe Abb. 8.4). Mehr Photonen bedeutet aber gleichzeitig mehr Freiheitsgrade und daher auch ein größeres Phasenraumvolumen. Dementsprechend sagt uns die Boltzmann'sche Formel $S = k \ln V$ (siehe Kapitel 3), dass die Energie von der Sonne eine weitaus kleinere Entropie hat als die Energie, die an den Weltraum zurückgegeben wird.

In der Photosynthese haben die grünen Pflanzen auf der Erde einen Prozess gefunden, mit dem sie die vergleichsweise hochfrequenten Photonen der Sonne in Photonen einer niedrigeren Frequenz umwandeln können. Die Entropiedifferenz nutzen sie zur Herstellung von für sie notwendigen Stoffen, wobei sie zusätzlich der Luft Kohlendioxid $CO_2$ entziehen und gleichzeitig Sauerstoff $O_2$ an die Umgebung zurückgeben. Wenn Tiere diese Pflanzen fressen (oder aber andere Tiere fressen, die sich selbst wieder von diesen Pflanzen ernährt haben), nutzen sie diese Quelle niedriger Entropie sowie den Sauerstoff $O_2$, um ihre eigene Entropie niedrig zu halten.[8.12] Das gilt natürlich auch für uns Menschen und ebenso für die Hühner, und hierin liegt die Quelle für die niedrige Entropie, die sowohl für die Schaffung eines intakten Eies notwendig ist, als auch dafür, dieses Ei auf den Tisch zu legen!

Die Sonne versorgt uns also nicht einfach nur mit Energie, sondern sie liefert uns diese Energie in einer Form, die eine geringe Entropie besitzt, sodass wir (über die Pflanzen) unsere eigene Entropie niedrig halten können. Das Ganze funktioniert nur deshalb, weil die Sonne *ein heißer Fleck an einem ansonsten dunklen Himmel* ist. Hätte der gesamte Himmel dieselbe Temperatur wie die Sonne, wäre diese Energie für das Leben auf der Erde vollkommen nutzlos. Das Gleiche gilt für die Fähigkeit der Sonne, das Wasser aus den Meeren in die Wolken zu heben. Auch dieser Prozess hängt entscheidend von dem Temperaturunterschied zwischen der Sonne und dem ansonsten dunklen Himmel ab.

Doch weshalb ist die Sonne ein heißer Fleck an einem dunklen Himmel? Nun, im Inneren der Sonne finden alle möglichen komplizierten Prozesse statt, und die thermonuklearen Reaktionen, bei denen Wasserstoff in Helium umgewandelt wird, spielen dabei eine wichtige Rolle. Entscheidend ist jedoch, dass es die Sonne überhaupt gibt, und das wiederum ist eine Folge der Schwerkraft, die die Sonne zusammenhält. Auch ohne die thermonuklearen Reaktionen in ihrem Inneren würde die Sonne scheinen, aber sie würde in sich zusammenschrumpfen und dabei heißer werden; außerdem hätte sie ein deutlich kürzeres Leben. Wir auf der Erde profitieren von diesen thermonuklearen Reaktionen, doch ohne die gravitative Verklumpung der Materie, durch die die Sonne ursprünglich entstanden ist, hätten diese Prozesse keine Chance. Demzufolge bilden sich Sterne nur aufgrund dieses unablässigen, die Entropie steigernden Prozesses der gravitativen Verklumpung (auch wenn die Einzelheiten dieser Prozesse sehr kompliziert sind und nur in entsprechend geeigneten Gebieten im Kosmos stattfinden). Der Ausgangspunkt dafür ist der nahezu vollkommen gleichförmige Anfangszustand, der in Bezug auf die Gravitation eine sehr geringe Entropie hatte.

Letztendlich läuft somit alles darauf hinaus, dass der Urknall von einer ganz besonderen Art war. Der (relativ gesehen) außerordentlich *niedrige* Wert seiner Entropie beruht auf der Tatsache, dass die Freiheitsgrade der Gravitation zu Beginn nicht aktiviert waren. Irgendwie spielt die Gravitation eine seltsame Sonderrolle, die wir nun besser verstehen wollen. Daher werden wir in den nächsten drei Kapiteln etwas ausführlicher beschreiben, in welch eleganter Weise die Gravitation in der Einstein'schen Theorie durch eine Krümmung der Raumzeit beschrieben wird. Im Anschluss komme ich in Kapitel 12 und 13 auf das Problem dieser Sonderrolle zurück, die sich in unserem Urknall offenbart.

# 9
## Raumzeit, Lichtkegel, Metriken und konforme Geometrie

Einstein war zunächst nicht wirklich begeistert, als sein ehemaliger Lehrer an der Technischen Hochschule in Zürich, der herausragende Mathematiker Hermann Minkowski, im Jahre 1908 zeigen konnte, dass man die Grundlagen der Speziellen Relativitätstheorie durch eine ungewöhnliche Form einer 4-dimensionalen Geometrie beschreiben kann. Erst später erkannte er die Tragweite von Minkowskis geometrischem Konzept der *Raumzeit*. Sie wurde später sogar zu einem entscheidenden Element seiner eigenen Verallgemeinerung von Minkowskis Ideen und führte auf die gekrümmte Raumzeit seiner *Allgemeinen* Relativitätstheorie.

Minkowskis 4-Raum (womit die vierdimensionale Raumzeit gemeint ist) besteht aus den üblichen drei Dimensionen des Raums sowie einer vierten Dimension zur Beschreibung des zeitlichen Verlaufs. Dementsprechend bezeichnet man die *Punkte* dieses 4-Raums auch als *Ereignisse*, da jeder derartige Punkt neben seiner räumlichen Festlegung auch eine zeitliche Festlegung hat. Diese Sache alleine wäre noch nichts Besonderes, doch das Entscheidende an Minkowskis Idee – und das *war* tatsächlich etwas Besonderes – bestand darin, dass sich die Geometrie dieses 4-Raums nicht in natürlicher Weise in eine Dimension der Zeit und (noch wichtiger) eine Familie von gewöhnlichen euklidischen 3-Räumen aufspalten lässt – für jeden Zeitpunkt einen solchen Raum. Stattdessen hat die Minkowski'sche Raumzeit eine neuartige geometrische Struktur, die ganz anders ist als die antike, von Euklid geprägte Vorstellung einer Geometrie. Sie

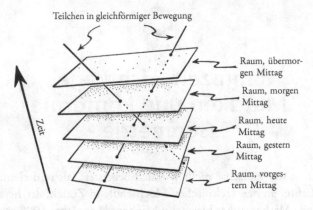

Teilchen in gleichförmiger Bewegung

Zeit

Raum, übermorgen Mittag

Raum, morgen Mittag

Raum, heute Mittag

Raum, gestern Mittag

Raum, vorgestern Mittag

**Abb. 9.1**  Die Raumzeit vor Minkowski.

verleiht der Raumzeit eine *übergreifende* Geometrie und macht sie so zu einem unteilbaren Ganzen, das die strukturellen Elemente der Einstein'schen Speziellen Relativitätstheorie vollständig enthält.

Bei Minkowskis 4-Geometrie sollten wir daher *nicht* an eine Raumzeit denken, die einfach aus einer Folge von 3-Räumen besteht, von denen jeder unserer gewöhnlichen Vorstellung von einem „Raum" entspricht, allerdings zu verschiedenen Zeitpunkten (Abb. 9.1). In einer solchen Interpretation würde jeder der 3-dimensionalen Räume eine Familie von Ereignissen beschreiben, die man als *gleichzeitig* einstufen würde. In der Speziellen Relativitätstheorie hat jedoch der Begriff der *Gleichzeitigkeit* für räumlich getrennte Ereignisse keine absolute Bedeutung. Statt dessen hängt „Gleichzeitigkeit" von der frei wählbaren Geschwindigkeit des jeweiligen Beobachters hab.

Das scheint unserer Alltagserfahrung zu widersprechen, denn selbst für weit auseinanderliegende Ereignisse *haben* wir eine Vorstellung von Gleichzeitigkeit, und die hängt nicht von unserer Geschwindigkeit ab. Hätten wir jedoch eine sehr hohe Geschwindigkeit, vergleichbar mit der Lichtgeschwindigkeit, dann können

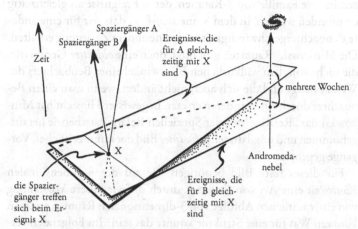

**Abb. 9.2**  Zwei Spaziergänger schlendern aneinander vorbei, doch die Ereignisse im Andromedanebel, die jeder von ihnen als gleichzeitig mit dem Ereignis X empfindet, bei dem sie auf gleicher Höhe sind, können um Wochen auseinanderliegen.

für uns (nach Einsteins Spezieller Relativitätstheorie) Ereignisse als gleichzeitig erscheinen, die von einem anderen Beobachter mit einer anderen Geschwindigkeit nicht unbedingt gleichzeitig wahrgenommen werden. Wenn diese Ereignisse sogar *sehr weit* voneinander entfernt sind, müssen diese Geschwindigkeiten noch nicht einmal sehr groß sein. Stellen wir uns beispielsweise zwei Spaziergänger vor, die sich auf einem Weg begegnen. Für jede dieser Personen könnte es ein Ereignis im Andromedanebel geben, das sie als gleichzeitig ansehen mit dem Ereignis, aneinander vorbeizulaufen, doch diese beiden Ereignisse im Andromedanebel liegen möglicherweise um mehrere Wochen auseinander,[9.1] siehe Abbildung 9.2!

Nach der Relativitätstheorie hat der Begriff der „Gleichzeitigkeit" für weit voneinander entfernte Ereignisse keine absolute Bedeutung mehr, sondern er hängt von der Geschwindigkeit des jeweiligen Beobachters ab. Somit ist auch die Zerlegung der Raumzeit in eine Familie von 3-Räumen, deren Ereignisse als gleichzeitig empfunden werden, in dem Sinne *subjektiv*, dass wir für eine andere Beobachtergeschwindigkeit auch eine andere Zerlegung erhalten. Die Minkowski-Raumzeit gibt uns jedoch eine *objektive* Geometrie, die nicht von dem willkürlichen Blickwinkel eines Beobachters der Welt abhängt und die sich auch nicht ändert, wenn man einen Beobachter durch einen anderen ersetzt. In gewisser Hinsicht hat Minkowksi das „Relative" aus der Speziellen Relativitätstheorie herausgenommen und uns dafür ein *absolutes* Bild der raum-zeitlichen Vorgänge gegeben.

Für dieses feste Bild benötigen wir auf der 4-dimensionalen Raumzeit eine Art von *Struktur*, durch die wir unsere Vorstellung von einer zeitlichen Abfolge von 3-dimensionalen Räumen ersetzen können. Was für eine Struktur könnte das sein? Im Folgenden verwende ich den Buchstaben $\mathbb{M}$ zur Bezeichnung der 4-dimensionalen Minkowski-Raumzeit. Als grundlegendste geometrische Struktur hat Minkowski seinem Raum $\mathbb{M}$ das Konzept eines *Lichtkegels*[9.2] zugeschrieben, der beschreibt, wie sich Licht in Bezug auf ein bestimmtes Ereignis $p$ in $\mathbb{M}$ ausbreitet. Bei dem Lichtkegel handelt es sich um einen *Doppelkegel*, in dessen Zentrum, wo sich die beiden Kegelspitzen treffen, der Punkt $p$ liegt, und diesem Doppelkegel können wir entnehmen, was die „Lichtgeschwindigkeit" in die verschiedenen Richtungen an dem Ereignis $p$ ist (siehe Abb. 9.3 a). Man erhält ein intuitives Bild von einem Lichtkegel, wenn man an einen Lichtblitz denkt, der zunächst nach innen auf den Punkt $p$ fokussiert wird (der Vergangenheitslichtkegel), und sich unmittelbar anschließend von $p$ ausgehend ausbreitet (Zukunftslichtkegel), wie der Blitz einer Explosion bei dem Ereignis $p$. Die rein räumliche Beschreibung (Abb. 9.3 b) im Anschluss an die Explosion besteht aus einer Folge von zunehmend größeren konzentrischen Kugeln. In meinen Zeichnungen stelle ich die Lichtkegel immer so dar, dass die Mantelflächen ungefähr in einem Winkel von 45° zur Vertikalen geneigt sind, was einer Wahl von Raum- und Zeit*einheiten*

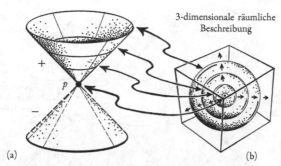

3-dimensionale räumliche
Beschreibung

(a)                                          (b)

**Abb. 9.3** (a) Lichtkegel am Punkt $p$ in einem 4-dimensionalen Minkowski-Raum; (b) 3-dimensionale Beschreibung des Zukunftslichtkegels als eine Folge von zunehmend größeren konzentrischen Kugeln um $p$.

entspricht, für die die Lichtgeschwindigkeit den Wert $c = 1$ hat. Wählen wir also eine *Sekunde* als die Einheit der Zeit, dann gehört dazu eine *Lichtsekunde* (= 299 792 458 Meter) als Einheit des räumlichen Abstands; falls wir als Einheit für die Zeitskala ein Jahr wählen, ist die zugehörige Einheit für den Abstand das Lichtjahr ($\sim 9,46 \cdot 10^{12}$ Kilometer), usw.[9.3]

Nach Einsteins Theorie muss die Geschwindigkeit von einem massebehafteten Teilchen immer kleiner sein als die Lichtgeschwindigkeit. Ausgedrückt in den Begriffen der Raumzeit bedeutet das, dass die Weltlinie eines solchen Teilchens, das ist der Ort aller Ereignisse, aus denen sich die Geschichte des Teilchens zusammensetzt, bei jedem Ereignis immer *innerhalb* des Lichtkegels verlaufen muss (siehe Abb. 9.4). Die Bewegung eines Teilchens kann an manchen Stellen seiner Weltlinie *beschleunigt* sein, daher muss es sich bei der Weltlinie eines Teilchens nicht um eine Gerade handeln. Die Beschleunigung drückt sich in der Raumzeit als eine *Krümmung* der Weltlinie aus. Doch auch an den Stellen, wo die Weltlinie gekrümmt ist, muss der *Tangentialvektor* an die Weltlinie immer innerhalb des Lichtkegels liegen. Für ein *masseloses* Teilchen,[9.4] beispielsweise ein

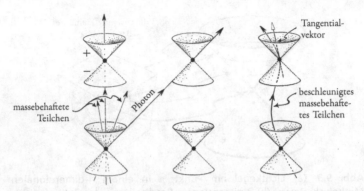

**Abb. 9.4** Gleichförmig angeordnete Lichtkegel in $\mathbb{M}$. Die Weltlinien von massebehafteten Teilchen liegen immer innerhalb der Lichtkegel und die von masselosen Teilchen auf dem Lichtkegel.

Photon, muss die Weltlinie an jedem ihrer Punkte genau *auf* dem Lichtkegel liegen, da in diesem Fall die Geschwindigkeit an jedem Ereignis gleich der Lichtgeschwindigkeit ist.

Den Lichtkegeln können wir auch etwas über die *Kausalität* entnehmen, d. h. der Frage welche Ereignisse ein bestimmtes Ereignis beeinflussen können. Zu den Dogmen der (Speziellen) Relativitätstheorie gehört, dass sich Signale nicht schneller als mit Lichtgeschwindigkeit ausbreiten können. Ausgedrückt durch die Geometrie von $\mathbb{M}$ bedeutet das, dass ein Ereignis $p$ nur dann einen kausalen Einfluss auf ein anderes Ereignis $q$ ausgeübt haben könnte, wenn es eine Weltlinie von $p$ nach $q$ gibt, also einen (glatten) Weg von $p$ nach $q$, der überall innerhalb oder auf den Lichtkegeln liegt. Dazu müssen wir dem Weg eine *Richtung* geben können (angedeutet durch einen „Pfeil"), die den gleichmäßigen Verlauf des Weges von der Vergangenheit in die Zukunft beschreibt. Somit muss für die Geometrie von $\mathbb{M}$ eine *Zeitrichtung* definiert sein, was wiederum bedeutet, dass wir an jedem Punkt sagen können, welche der beiden Komponenten des Lichtkegels der „Vergangenheit" und welche der „Zukunft" entspricht. Ich habe die Vergangenheitskomponenten mit einem „–" gekennzeichnet und die Zukunftskomponenten mit einem „+". All diese Konzepte werden in Abbildung 9.4 a verdeutlicht, wobei ich den Vergangenheitslichtkegel in meinen Zeichnungen immer durch gestrichelte Linien wiedergegeben habe. Gewöhnlich versteht man unter „Kausalität", dass sich kausale Einflüsse immer von der Vergangenheit in die Zukunft ausbreiten, d. h., entlang von Weltlinien, deren gerichtete Tangentenvektoren entweder auf dem *Zukunftslichtkegel* liegen oder innerhalb von ihm.[9.5]

Die Geometrie von $\mathbb{M}$ ist vollkommen gleichförmig – kein Ereignis ist in irgendeiner Form vor den anderen ausgezeichnet. In Einsteins *Allgemeiner* Relativitätstheorie gilt dies in der Regel nicht mehr. Es gibt jedoch immer noch eine stetige Zuordnung von zeitlich orientierten Lichtkegeln, und auch hier gehört zu jedem massebehafteten Teilchen eine Weltlinie, deren (in die Zukunft gerichtete) Tangentialvektoren immer innerhalb dieser Zukunftslichtkegel liegen, und für masselose Teilchen (beispielsweise Photonen) liegen die Tangentialvektoren der Weltlinien immer auf dem Lichtkegel. Abbildung 9.5 zeigt eine solche Situation, wie sie in der Allgemeinen Relativitätstheorie auftreten kann und bei der die Lichtkegel nicht vollkommen gleichförmig ausgerichtet sind.

Wir sollten uns diese Lichtkegel auf einer Art von „Gummituch" gezeichnet denken. Dieses Gummituch dürfen wir beliebig verzerren und verbiegen, allerdings sollten diese Verformungen glatt sein, d. h., wir dürfen nichts zerschneiden oder zerreißen. Die Lichtkegel bestimmen die „Kausalitätsstruktur" zwischen Ereignissen, und die ändert sich durch solche Verformungen nicht, solange sich die Lichtkegel mit dem Gummituch verformen.

Eine ganz ähnliche Situation finden wir auch bei der Darstellung einer hyperbolischen Ebene von Escher in Abbildung 7.3 c in Kapitel 7. Denken wir uns Eschers Bild als Druck auf einem entsprechenden idealen Gummituch. Nun wählen wir beispielsweise einen Teufel in der Nähe des Randes und verschieben ihn durch eine sol-

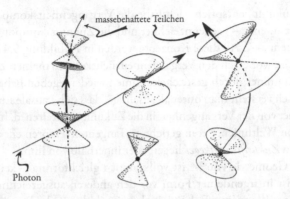

**Abb. 9.5** In der Allgemeinen Relativitätstheorie müssen die Lichtkegel nicht gleichförmig ausgerichtet sein.

che glatte Verformung der Fläche an eine Stelle, die ursprünglich von einem Teufel näher am Zentrum eingenommen wurde. Durch eine Bewegung dieser Art können wir sämtliche Teufel an Orte verschieben, an denen sich ursprünglich andere Teufel befanden, und eine solche Bewegung entspräche einer Symmetrie der zugrunde liegenden hyperbolischen Geometrie, die in Eschers Bild dargestellt ist. In der Allgemeinen Relativitätstheorie können solche Symmetrien auftreten (beispielsweise auch in den Friedmann-Modellen, die wir in Kapitel 7 beschrieben haben), doch das ist eher die Ausnahme. Die reine Möglichkeit solcher „Gummituch"-Verformungen ist allerdings ein fester Bestandteil der Allgemeinen Relativitätstheorie, und man bezeichnet sie als „Diffeomorphismen" (oder auch „allgemeine Koordinatentransformationen"). Grundsätzlich sollte eine eine solche Verformung an der physikalischen Situation nichts ändern. Das Prinzip der „allgemeinen Kovarianz" – eines der Grundprinzipien der Einstein'schen Allgemeinen Relativitätstheorie – besagt, dass wir die physikalischen Gesetze so formulieren können, dass „Gummituch-Verformungen" (Diffeomorphismen) die physikalisch sinnvollen Eigenschaften des Raums und seiner Inhalte nicht verändern.

Das bedeutet jedoch nicht, dass sämtliche geometrischen Strukturen verloren gegangen sind, und die einzige verbliebene Struktur unseres Raums lediglich seine *Topologie* ist (tatsächlich spricht man im Zusammenhang von topologieerhaltenden Verformungen manchmal von einer „Gummituch-Geometrie", bezüglich der z. B. die Oberfläche einer Teetasse identisch mit der eines Rings ist). Wir müssen uns sehr genau überlegen, von welcher Struktur wir sprechen. Allgemein bezeichnet man einen solchen Raum oft als *Mannigfaltigkeit* mit einer bestimmten Dimension (und eine Mannigfaltigkeit mit $n$ Dimensionen nennen wir auch kurz eine $n$-Mannigfaltigkeit). Eine solche Mannigfaltigkeit muss *glatt* (stetig) sein; sie besitzt jedoch außer dieser Glattheit und ihrer Topologie keine weitere Struktur. Für eine hyperbolische Geometrie ist auf der Mannigfaltigkeit zusätzlich noch eine *Metrik* definiert – eine mathematische „Tensor"-Größe (siehe auch Kapitel 12), die man gewöhnlich mit dem Buchstaben **g** bezeichnet und von der man sich vorstellen kann, dass sie jeder glatten Kurve auf dem Raum eine *Länge*[9.6] zuordnet. Eine Verformung des Gummituchs, das diese Mannigfaltigkeit darstellt, würde im Allgemeinen auch eine Kurve C zwischen zwei Punkten $p$ und $q$ verformen (und die Punkte $p$ und $q$ verschieben). Die durch **g** definierte Länge des Kurvenabschnitts von C zwischen $p$ und $q$ soll jedoch durch eine solche Verformung unverändert bleiben (und in diesem Sinne wird auch **g** „verformt").

Wenn das Konzept einer Länge gegeben ist, können wir auch das Konzept einer *geraden Linie* definieren, die man in diesem Fall als *Geodäte* bezeichnet. Eine solche Linie $l$ zeichnet sich dadurch aus, dass sie für je zwei Punkte $p$ und $q$, die nicht zu weit voneinander entfernt sein sollen, die *kürzeste Verbindungskurve* (im Sinne der durch **g** definierten Länge) von $p$ nach $q$ darstellt (siehe Abb. 9.6). Wir können an den Schnittpunkten solcher glatten Kurven auch *Winkel* definieren (auch sie liegen fest, wenn **g** gegeben ist), sodass

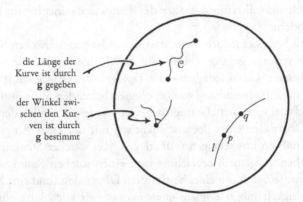

**Abb. 9.6** Durch die Metrik g können wir Kurvenabschnitten eine Länge zuschreiben und zwischen zwei Kurven einen Winkel bestimmen. Eine Geodäte ist die „kürzeste Verbindung zwischen $p$ und $q$" bezüglich dieser Metrik g.

uns die gewöhnlichen Konzepte einer Geometrie zur Verfügung stehen, sofern g definiert wurde. Allerdings würde sich eine solche Geometrie im Allgemeinen von der uns vertrauten euklidischen Geometrie unterscheiden.

In der hyperbolischen Geometrie in Eschers Bild (Abb. 7.3 c in der konformen Beltrami-Poincaré-Darstellung) gibt es somit ebenfalls gerade Linien (Geodäten). Ausgedrückt durch die euklidische Geometrie des Hintergrunds, in der diese Abbildung wiedergegeben ist, lassen sich diese als Kreisausschnitte wiedergeben, die unter einem rechten Winkel auf den Rand treffen (siehe Abb. 9.7). Wenn wir mit $a$ und $b$ die Endpunkte eines solchen Kreisausschnitts durch zwei gegebene Punkte $p$ und $q$ bezeichnen, dann ist der hyperbolische g-Abstand zwischen $p$ und $q$ durch folgenden Ausdruck gegeben:

$$C \ln \frac{|qa||pb|}{|qb||pa|},$$

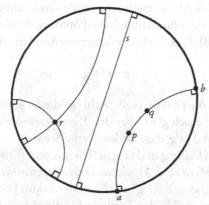

**Abb. 9.7** In der konformen Darstellung der hyperbolischen Geometrie sind „gerade Linien" (Geodäten) Kreisausschnitte, die unter einem rechten Winkel auf den Rand treffen.

wobei sich die Bezeichnung „ln" hier auf den *natürlichen* Logarithmus bezieht (2,302 585 ... mal der „$\log_{10}$" aus Kapitel 2), und „$|qa|$" etc. sind die gewöhnlichen euklidischen Abstände in dem Hintergrundraum. $C$ ist eine positive Konstante (die man manchmal auch als *Pseudoradius* des hyperbolischen Raumes bezeichnet).

Doch statt die Struktur festzulegen, die durch eine solche Metrik g definiert ist, kann man auch eine andere Art von Geometrie vorgeben. Die für uns wichtigste Form einer Geometrie ist die so genannte *konforme* Geometrie. Diese Struktur definiert zwar ein Maß für den *Winkel* an einem Schnittpunkt zwischen zwei glatten Kurven, aber es gibt noch *kein* Konzept für einen „Abstand" oder eine „Länge". Wie schon erwähnt, erlaubt eine Metrik g zwar die Messung von Winkeln, doch umgekehrt ist g noch *nicht* festgelegt, wenn man alle Winkel kennt. Die konforme Struktur definiert somit noch kein Längenmaß, allerdings ist an jedem Punkt das *Verhältnis* von zwei Längenmaßen in unterschiedlichen Richtungen bekannt, und in diesem Sinne sind auch infinitesimal kleine *Formen* festgelegt. Wir können die Längen an verschiedenen Punkten umskalieren (nach oben oder unten), ohne dadurch die konforme Struktur zu ändern (siehe Abb. 9.8). Eine solche Reskalierung drücken wir durch

$$g \mapsto \Omega^2 g$$

aus, wobei $\Omega$ eine positive reelle Zahl ist, die an jedem Punkt definiert ist und die sich glatt über den Raum verändern kann. Somit definieren g und $\Omega^2 g$ dieselbe konforme Stuktur, unabhängig von der Wahl von $\Omega$, aber g und $\Omega^2 g$ liefern uns verschiedene metrische Strukturen (sofern $\Omega \neq 1$), wobei $\Omega$ der sogenannte Skalenfaktor ist. (In dem Ausdruck „$\Omega^2 g$" erscheint der Faktor $\Omega$ in seiner „quadrierten" Form, weil in den Formeln für die räumlichen oder zeitlichen Abstände, die von g abhängen, eine *Quadratwurzel* auftritt (siehe Anmerkung 2.30).) Betrachten wir nun nochmals Eschers Bild 7.3(c), so finden wir, dass die konforme Struktur der hyperbolischen Ebene (*nicht* allerdings ihre metrische Struktur) identisch ist mit der konformen Struktur der euklidischen Ebene im Inneren des Randkreises (sie unterscheidet sich allerdings von der konformen Struktur der *gesamten* euklidischen Ebene).

In der Geometrie der *Raumzeit* sind diese Vorstellungen immer noch richtig, es gibt allerdings ein paar wichtige Unterschiede, die mit dem „Dreh" zusammenhängen, den Minkowski der Vorstellung einer euklidischen Geometrie verliehen hatte. Diesen Dreh nennen die Mathematiker einen *Signaturwechsel* der Metrik. Algebraisch bedeutet das einfach, einige der Pluszeichen werden durch Minuszeichen ersetzt, und dadurch wird zum Ausdruck gebracht, wie viele Richtungen in einem $n$-dimensionalen Raum (aus einer Menge von $n$ jeweils orthogonalen Richtungen) als „zeitartig" (also innerhalb des Lichtkegels) und wie viele als „raumartig" (außerhalb des Lichtkegels) angesehen werden müssen. In der euklidischen Geometrie und ebenso in ihrer gekrümmten Variante, der *Riemann'schen* Geometrie, stellen wir uns *alle* Richtungen als raumartig vor. In der gängigen Vorstellung einer „Raumzeit" ist nur eine Richtung

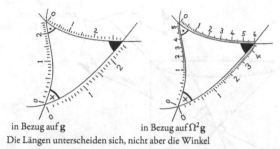

in Bezug auf g          in Bezug auf $\Omega^2$ g
Die Längen unterscheiden sich, nicht aber die Winkel

**Abb. 9.8** Konforme Strukturen legen das Längenmaß nicht fest, wohl aber die Winkel über das Verhältnis von Längenmaßen in verschiedenen Richtungen an jedem Punkt. Längenmaße können an verschiedenen Punkten unterschiedlich nach oben oder unten skaliert werden, ohne dass sich die konforme Struktur ändert.

in einer solchen Menge orthogonaler Richtungen zeitartig, der Rest ist raumartig. Ist eine solche Raumzeit flach, bezeichnen wir sie als *Minkowksi-Raum*, ist sie gekrümmt, heißt sie *Lorentz-Raum* oder *Lorentz'sche* Raumzeit. In der üblichen (Lorentz'schen) Raumzeit, die wir hier betrachten, ist $n = 4$ und die Signatur ist „3 + 1". Dadurch werden unsere vier jeweils orthogonalen Richtungen in eine zeitartige Richtung und drei raumartige Richtungen aufgeteilt. „Orthogonalität" zwischen raumartigen Richtungen (und auch zwischen zeitartigen Richtungen, sofern es mehr als eine gibt) bedeutet einfach „unter einem rechten Winkel", wohingegen „orthogonal" zwischen einer zeitartigen und einer raumartigen Richtung geometrisch eher der Situation in Abbildung 9.9 entspricht: Die orthogonalen Richtungen liegen symmetrisch zu der Richtung des Lichtkegels zwischen ihnen. *Physikalisch* interpretiert ein Beobachter, dessen Weltlinie in die zeitartige Richtung zeigt, die Ereignisse in einer orthogonalen raumartigen Richtung als *gleichzeitig*.

In der gewöhnlichen (euklidischen oder Riemann'schen) Geometrie denken wir bei Längen oder Abständen gerne an eine räumliche Trennung, die wir beispielsweise mit einem *Lineal* messen können.

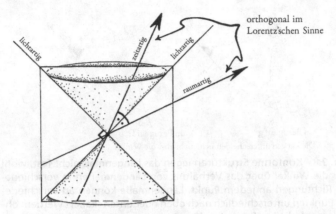

**Abb. 9.9** „Orthogonalität" von zeitartigen und raumartigen Richtungen in einer Lorentz'schen Raumzeit, dargestellt in einem euklidischen Bild, bei dem die Lichtkegel im rechten Winkel stehen.

Doch was ist ein Lineal, vom Standpunkt einer (Minkowski'schen oder Lorentz'schen) Raumzeit aus betrachtet? Es ist ein *Streifen* – nicht gerade das naheliegendste Hilfsmittel zum Ausmessen des Abstands zwischen zwei Ereignissen $p$ und $q$ (siehe Abb. 9.10). Wir legen $p$ an die eine Kante des Streifens und $q$ an die andere. Außerdem nehmen wir an, dass das Lineal schmal ist und nicht beschleunigt wird, sodass die Raumzeitkrümmung der Einstein'schen (Lorentz'schen) Allgemeinen Relativitätstheorie hier keine Rolle spielt und wir die Situation wie in der Speziellen Relativitätstheorie behandeln können. Doch damit auch in der Relativitätstheorie die Messung des Abstands mit einem Lineal den richtigen Raumzeit-Abstand zwischen $p$ und $q$ liefert, müssen wir noch fordern, dass diese Ereignisse im Ruhesystem des Lineals *gleichzeitig* stattfinden. Wie können wir aber sicherstellen, dass die Ereignisse im Ruhesystem des Lineals tatsächlich gleichzeitig sind? Dazu verwenden wir Einsteins ursprüngliches Gedankenspiel, wobei er weniger an ein Lineal als an einen *Zug* dachte, der sich gleichförmig bewegt. Dieses

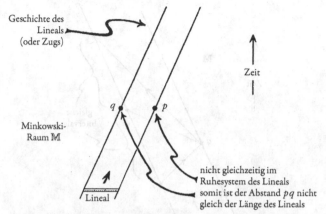

**Abb. 9.10** Der raumartige Abstand zwischen zwei Punkten $p$ und $q$ in $\mathbb{M}$ lässt sich nicht direkt durch ein Lineal messen, das einem 2-dimensionalen Streifen entspricht.

Bild wollen wir nun ebenfalls verwenden, um die Zusammenhänge zu beschreiben.

Für das Folgende befinde sich das Ereignis $p$ auf der Weltlinie der *Spitze des Zugs* und das Ereignis $q$ auf der Weltlinie des *Zugendes*. Wir stellen uns an der Zugspitze einen Beobachter vor, der ein Lichtsignal von einem Ereignis $r$ nach hinten an das Zugende schickt. Dieses Signal soll so abgeschickt werden, dass es genau bei dem Ereignis $q$ am hinteren Ende ankommt, worauf das Signal sofort wieder nach vorne reflektiert wird und den Beobachter bei dem Ereignis $s$ erreicht (siehe Abb. 9.11). Der Beobachter schließt nun, dass das Ereignis $q$ in dem Bezugssystem des Zuges gleichzeitig mit dem Ereignis $p$ stattgefunden hat, wenn $p$ zeitlich genau zwischen dem Augenblick der Emission des Signals und dem Augenblick des abschließenden Empfangs liegt, d. h., wenn das Zeitintervall zwischen den Ereignissen $r$ und $p$ genauso lang ist wie das zwischen $p$ und $s$. Die Länge des Zuges (d. h., des Lineals) entspricht dann (und nur dann) dem räumlichen Abstand zwischen $p$ und $q$.

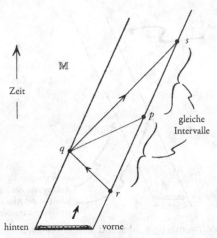

**Abb. 9.11** Das Lineal (oder der Zug) misst den Abstand zwischen $p$ und $q$ nur, wenn diese beiden Ereignisse gleichzeitig sind, deshalb verwendet man statt dessen Lichtsignale und Uhren.

Wir stellen fest, um den räumlichen Abstand zwischen zwei Ereignissen zu messen, muss man nicht nur komplizierter vorgehen, als einfach „ein Lineal anzulegen", sondern eigentlich misst der Beobachter *Zeit*invervalle $r\,p$ und $ps$. Aus diesen (gleichen) Zeitintervallen erhält man *direkt* das Maß für den räumlichen Abstand $pq$, der bestimmt werden sollte (in Einheiten, bei denen die Lichtgeschwindigkeit $c$ den Wert eins annimmt). In diesem Beispiel erkennen wir eine wichtige Eigenschaft der Raumzeit-Metrik, nämlich dass es in Wirklichkeit eher um die Messung von *Zeit* als die Messung räumlicher Abstände geht. Statt eines *Längen*maßes für Kurven, verwenden wir *direkt* ein *Zeit*maß. Außerdem wird nicht *allen* Kurven ein Zeitmaß zugewiesen, sondern nur solchen, die entweder *zeitartig* sind (Tangentenvektoren innerhalb der Lichtkegel, wie bei massebehafteten Teilchen) oder *lichtartig* (Tangentenvektoren auf dem Lichtkegel, wie bei masselosen Teilchen). Die Raumzeit-Metrik **g** ordnet jedem endlichen Abschnitt einer kausalen Kurve ein Zeitmaß zu (und ist ein Abschnitt einer Kurve lichtartig, so ist das zuge-hörige Zeitmaß null). In diesem Sinne sollte man die „Geometrie" einer Raumzeit, die man durch eine Metrik erhält, eher eine „Chro-nometrie" nennen, wie es der herausragende irische Theoretiker der Relativitätstheorie John L. Synge einmal vorgeschlagen hat.[9.10]

Für die physikalischen Grundlagen der Allgemeinen Relativitäts-theorie ist es wichtig, dass es in der Natur sehr genaue Uhren gibt, und zwar auch auf einem fundamentalen Level, denn die ganze Theorie beruht auf einer natürlich definierten Metrik g.[9.11] Dieses Zeitmaß ist für die gesamte Physik von zentraler Bedeutung, denn es gibt eine klare Vorschrift, in welchem Sinne jedes einzelne (stabi-le) massebehaftete Teilchen die Rolle einer praktisch perfekten Uhr übernehmen kann. Wenn $m$ die Masse des Teilchens ist (die wir als konstant annehmen), dann besitzt dieses Teilchen eine *Ruheener-gie*[9.12] $E$, gegeben durch die für die Relativitätstheorie so funda-mentale Formel Einsteins

$$E = mc^2.$$

Die zweite, beinahe ebenso berühmte Formel – von grundlegender Bedeutung für die *Quantentheorie* – geht auf Planck zurück:

$$E = h\nu$$

(wobei $h$ die Planck'sche Konstante ist). Ihr können wir entnehmen, dass die Ruheenergie eines Teilchens eine bestimmte Frequenz $\nu$ ei-ner Quantenschwingung definiert (siehe Abb. 9.12). Mit anderen Worten, jedes stabile massebehaftete Teilchen verhält sich wie eine sehr genaue Quanten*uhr* mit der ganz bestimmten Frequenz

$$\nu = m \left( \frac{c^2}{h} \right).$$

Diese Frequenz ist proportional zur Masse, und die Proportionali-tätskonstante ist die (fundamentale) Größe $c^2/h$.

Allerdings ist die Quantenfrequenz eines einzelnen Teilchens außerordentlich hoch, und sie lässt sich auch nicht direkt für eine einsetzbare Uhr ausnutzen. Eine in der Praxis verwendbare Uhr muss aus sehr vielen miteinander gekoppelten Teilchen bestehen, die im Einklang agieren. Der wichtige Punkt an dieser Stelle ist jedoch, dass wir zum Bau einer Uhr eine *Masse* benötigen. Ausschließlich aus masselosen Teilchen (z. B. Photonen) kann man keine Uhr bauen, denn ihre Frequenz wäre *null*; es dauert *unendlich* lange, bis die innere „Uhr" eines Photons auch nur den ersten „Tick" gemacht hat! Diese Tatsache wird später noch von großer Bedeutung sein.

Die beschriebenen Zusammenhänge bringt Abbildung 9.13 nochmals zum Ausdruck. Wir sehen hier verschiedene gleichartige Uhren, die alle demselben Ereignis $p$ entstammen, sich aber von diesem Ereignis mit verschiedenen Geschwindigkeiten, durchaus von der Größenordnung der Lichtgeschwindigkeit (aber kleiner als diese), fortbewegen. Die schalenförmigen 3-dimensionalen Flächen (in der gewöhnlichen Geometrie *Hyperboloide*) kennzeichnen aufeinanderfolgende „Ticks" der gleichartigen Uhren. (In der Minkowski-Geometrie entsprechen diese 3-dimensionalen Flächen *Sphären*, da es sich um Flächen handelt, die von einem festen Punkt einen konstantem „Abstand" haben.) Wir sehen, dass ein masseloses Teilchen, dessen Weltlinie genau *auf* dem Lichtkegel liegt, nie auch nur die erste dieser schalenförmigen Flächen erreicht, wie es nach dem oben Gesagten auch sein sollte.

Schließlich lässt sich eine zeitartige *Geodäte* physikalisch als die Weltlinie eines massebehafteten Teilchens interpretieren, das *unter dem Einfluss der Gravitation frei fällt*. Mathematisch ist eine zeitartige Geodäte $l$ dadurch charakterisiert, dass für je zwei Punkte $p$ und $q$, die nicht zu weit auseinanderliegen, die *längste* Verbindungskurve von $p$ nach $q$ (im Sinne von einer *zeitlichen* Länge, wie sie aus **g** folgt) ein Ausschnitt von $l$ ist (siehe Abb. 9.14) – eine kuriose Umkehrung der *minimalen* Längen von Geodäten in euklidischen oder Riemann'schen Räumen. Diese Definition gilt auch für

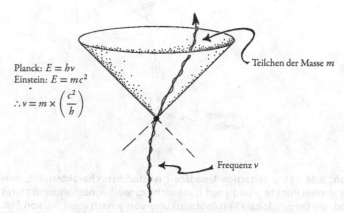

**Abb. 9.12** Ein stabiles massebehaftetes Teilchen verhält sich wie eine sehr genaue Quantenuhr.

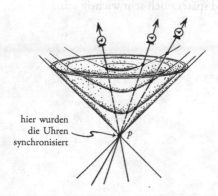

**Abb. 9.13** Schalenförmige 3-dimensionale Flächen kennzeichnen die Ereignisse zu aufeinanderfolgenden „Ticks" gleichartiger Uhren.

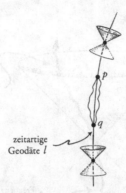

zeitartige
Geodäte $l$

**Abb. 9.14** Eine zeitartige Geodäte $l$ ist dadurch charakterisiert, dass für je zwei Punkte $p$ und $q$ auf $l$, die nicht zu weit voneinander entfernt sind, die *längste* lokale Verbindungskurve von $p$ nach $q$ ein Teil von $l$ ist.

zeitartige Geodäten, deren „Länge" null ist, und dafür benötigen wir nur die Lichtkegelstruktur der Raumzeit. Die Lichtkegelstruktur ist gleichbedeutend mit der *konformen* Struktur der Raumzeit, und diese Tatsache wird später noch sehr wichtig sein.

# 10

## Schwarze Löcher und Singularitäten der Raumzeit

In den meisten physikalischen Situationen, bei denen der Einfluss der Gravitation vergleichsweise klein ist, unterscheiden sich die Orientierungen der Lichtkegel nur wenig von ihren Lagen im Minkowski-Raum $\mathbb{M}$. Bei einem *Schwarzen Loch* liegt die Sache jedoch vollkommen anders, wie Abbildung 10.1 deutlich machen soll. In diesem Raumzeit-Bild ist der Kollaps eines besonders massereichen Sterns dargestellt (vielleicht zehnmal so schwer wie die Sonne, oder auch noch schwerer). Seine Vorräte an innerer (nuklearer) Energie sind verbraucht, und er fällt unaufhaltsam in sich zusammen. In einem bestimmten Augenblick, den man z. B. dadurch identifizieren könnte, dass die Fluchtgeschwindigkeit[10.1] von der Oberfläche des Sterns gleich der Lichtgeschwindigkeit ist, neigt sich der Lichtkegel derart weit nach innen, dass der äußere Rand des Zukunftskegels in der Zeichnung vertikal wird. Die einhüllende Ereignismenge zu all diesen speziellen Lichtkegeln bildet eine 3-dimensionale Fläche, die man als *Ereignishorizont* bezeichnet und in die der Körper des Sterns hineinfällt. (Natürlich musste ich in der Zeichnung eine Dimension weglassen, sodass der Horizont wie eine gewöhnliche 2-dimensionale Fläche erscheint, doch das sollte den Leser nicht verwirren.)

Der Neigung der Lichtkegel können wir sofort entnehmen, dass eine Weltlinie (für ein Teilchen oder Lichtsignal), die innerhalb des Ereignishorizonts beginnt, nicht in den äußeren Bereich gelangen kann, denn um den Horizont überqueren zu können, müsste sie die

Bedingungen aus Kapitel 9 verletzten. Betrachten wir nun umgekehrt einen Lichtstrahl, der in das Auge eines Beobachters in siche-
rer Entfernung von dem Schwarzen Loch dringt. Wenn wir diesen
Strahl zurückverfolgen, finden wir, dass er nicht hinter den Horizont ins Innere dringt, sondern ganz knapp über der Oberfläche verbleibt und einen Augenblick, bevor der Stern hinter seinen Horizont hineintaucht, auf den Stern trifft. Theoretisch bleibt das auch
so, unabhängig davon, wie lange der äußere Beobachter wartet (d. h.,
egal wie weit oben in der Zeichnung wir das Auge des Beobachters
platzieren). In der Praxis jedoch wäre das Bild, das der Beobachter
empfängt, immer stärker rotverschoben und sehr schnell aus seinem
Blick verschwunden, je länger er wartet. Nach kurzer Zeit würde
der Stern somit vollkommen schwarz erscheinen – in Übereinstimmung mit der Bezeichnung „Schwarzes Loch".

Damit ergibt sich die naheliegende Frage: Welches Schicksal er-
leidet die nach innen fallende Sternmaterie, nachdem sie den Horizont überschritten hat? Setzt plötzlich irgendein komplizierter Prozess ein, bei dem die Materie wild umhergewirbelt wird, wenn sie
sich dem Zentrum nähert, und wird sie am Ende vielleicht sogar
wieder zurückgeworfen? Das Modell für einen solchen Kollaps, wie
er in Abbildung 10.1 dargestellt ist, wurde ursprünglich, im Jahre
1939, von J. Robert Oppenheimer und seinem Studenten Hartland
Snyder entwickelt, und es beruhte auf einer exakten Lösung der Einstein'schen Gleichungen. Damit sie diese Lösung aber exakt angeben konnten, mussten sie verschiedene vereinfachende Annahmen
machen. Die wichtigste (und einschränkendste) dieser Annahmen
war die einer *exakten Symmetrie*, sodass ein asysmmetrisches „Um-
herwirbeln" nicht mehr beschrieben werden konnte. Außerdem gin-
gen sie davon aus, dass sich das Material des Sterns näherungsweise
durch ein *druckloses Fluid* beschreiben lässt - das ist die Bezeichnung
der Relativitätstheoretiker für das, was wir „Staub" nennen würden
(siehe auch Kapitel 7). Unter diesen Annahmen fanden Oppenheimer und Snyder, dass sich der nach innen gerichtete Kollaps einfach

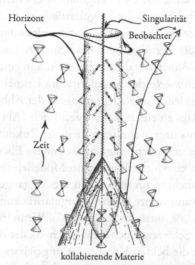

**Abb. 10.1** Der Kollaps eines sehr massereichen Sterns zu einem Schwarzen Loch. Wenn sich die Zukunftslichtkegel in diesem Bild so weit nach innen geneigt haben, dass der äußere Rand vertikal wird, kann das Licht des Sterns der Gravitation nicht mehr entfliehen. Die Einhüllende dieser Lichtkegel bildet den Ereignishorizont.

fortsetzt, bis die Dichte des Materials und damit auch die zugehörige Krümmung der Raumzeit an einem Punkt im Zentrum *unendlich wird.* Diesen zentralen Punkt ihrer Lösung – in Abbildung 10.1 durch die vertikale geschlängelte Linie in der Mitte dargestellt – bezeichnet man daher als *Raumzeitsingularität.* Hier „versagt" die Einstein'sche Theorie ebenso wie die herkömmliche Physik, und in ihrem Rahmen gibt es keine Möglichkeit, die Lösung weiter verfolgen zu können.

Das Vorhandensein solcher Raumzeitsingularitäten stellte die Physiker vor ein grundlegendes Problem, und in gewisser Hinsicht sieht man in ihm oft das umgekehrte Problem wie beim Urknall.

Während der Urknall wie eine Singularität erscheint, bei der die Zeit anfängt, verhalten sich die Singularitäten in einem Schwarzen Loch wie das *Ende* der Zeit – zumindest soweit es das Schicksal der Materie betrifft, die irgendwann in das Schwarze Loch gefallen ist. In diesem Sinne können wir die Singularitäten in einem Schwarzen Loch mit der *Zeitumkehr* der Singularität im Urknall vergleichen.

In der Tat muss jede kausale Kurve, die in der Abbildung von einem Sternenkollaps zu einem Schwarzen Loch (Abb. 10.1) innerhalb des Horizonts liegt, wenn man sie in die Zukunft fortsetzt, irgendwann an der zentralen Singularität enden. Ebenso muss jede kausale Kurve in einem der Friedmann-Modelle, die wir in Kapitel 7 erwähnt haben, wenn man sie in die Vergangenheit zurückverfolgt, irgendwann an der Urknall-Singularität enden (eigentlich sollte man sagen „sie muss dort beginnen"). Wenn man einmal davon absieht, dass Schwarze Löcher räumlich lokaler sind, hat es den Anschein, als ob die beiden Situationen in gewisser Hinsicht zeitliche Spiegelbilder voneinander sind. Und doch sagen uns unsere Überlegungen zum Zweiten Hauptsatz, dass dies nicht ganz richtig sein kann. Im Vergleich zu der Situation bei einem Schwarzen Loch muss sich der Urknall auf einen Zustand mit einer außerordentlich niedrigen Entropie beziehen, und der Unterschied zwischen der einen und der anderen, zeitlich gespiegelten Situation muss für unsere Überlegungen eine Schlüsselrolle spielen.

Bevor wir in Kapitel 12 auf diesen Unterschied eingehen, müssen wir zunächst eine wichtige Sache klären, nämlich ob bzw. in welchem Ausmaß wir diesen Modellen *trauen* dürfen - sowohl dem von Oppenheimer und Snyder auf der einen Seite als auch den sehr symmetrischen kosmologischen Modellen wie dem von Friedmann auf der anderen. Wir müssen die beiden wichtigen Annahmen, die dem Modell von Oppenheimer und Snyder für den Gravitationskollaps zugrunde liegen, unter die Lupe nehmen. Dabei handelt es sich um die *sphärische Symmetrie* (oder auch Rotations- oder Kugelsymmetrie) sowie die idealisierende Annahme über die Materie, aus welcher der kollabierende Körper besteht, die vollkommen *druck-frei* sein soll. Beide Annahmen gehen auch in die kosmologischen Modelle von Friedmann ein, und die sphärische Symmetrie wird sogar für *alle* FLRW-Modelle vorausgesetzt. Wir haben also durchaus Grund zu der Frage, inwieweit diese idealisierten Modelle tatsächlich ein unausweichliches Verhalten von kollabierender (oder explodierender) Materie in solchen extremen Situationen im Sinne der Einstein'schen Allgemeinen Relativitätstheorie beschreiben.

Beide Probleme hatten mich zutiefst beunruhigt, als ich im Herbst 1964 ernsthaft über den Gravitationskollaps nachzudenken begann. Angeregt wurde ich dazu durch Bedenken, die der tiefsinnige amerikanische Physiker John A. Wheeler mir gegenüber geäußert hatte, und die im Zusammenhang mit der kurz zuvor erfolgten Entdeckung eines bemerkenswerten Objekts [10.2] durch Maarten Schmidt aufgekommen waren. Dieses Objekt zeigte eine ungewöhnliche Helligkeit und Variabilität, und man hatte die Vermutung, dass es irgendetwas mit dem, was wir heute ein „Schwarzes Loch" nennen, zu tun haben könnte. Hauptsächlich aufgrund einiger theoretischer Arbeiten von zwei russischen Physikern, Jewgeni Michailowitsch Lifschitz und Isaak Markowitsch Chalatnikow, war man damals der Meinung, dass es bei einem allgemeinen Gravitationskollaps, ohne die besonderen Bedingungen hinsichtlich der Symmetrie, *nicht* zu den Raumzeitsingularitäten kommen würde. Ich kannte die russischen Arbeiten zwar nur flüchtig, aber ich hatte meine Zweifel, dass die hier angewandten mathematischen Verfahren in dieser Angelegenheit zu einem klaren Ergebnis führen könnten, und so begann ich auf meine eigene, eher geometrische Weise über dieses Problem nachzudenken. In diesem Zusammenhang wollte ich auch verschiedene globale Aspekte der Ausbreitung von Lichtstrahlen besser verstehen, beispielsweise wie sie durch die Raumzeitkrümmung fokussiert werden und welche Arten von singulären Flächen entstehen können, wenn sie abgelenkt werden und einander kreuzen.

Ich hatte schon früher Überlegungen in diese Richtung ange-
stellt, hauptsächlich im Zusammenhang mit dem Steady-State-
Modell des Universums, von dem ich zu Beginn von Kapitel 8
gesprochen habe. Damals empfand ich dieses Modell als sehr überzeugend, allerdings nicht so überzeugend wie Einsteins Allgemeine
Relativitätstheorie mit ihrer beeindruckenden Verbindung von geometrischen Konzepten für die Raumzeit mit grundlegenden physikalischen Prinzipien, und so hatte ich mich gefragt, ob man diese
beiden Theorien nicht irgendwie miteinander in Einklang bringen
könnte. Beschränkt man sich auf das reine geglättete Steady-State-
Modell, so findet man sehr rasch, dass diese Widerspruchsfreiheit
ohne die Einführung einer *negativen Energiedichte* nicht möglich
ist. In der Einstein'schen Theorie können negative Energiedichten
Lichtstrahlen auseinanderlenken, und damit kann man dem perma-
nenten Einfluss der positiven Energiedichte durch die gewöhnliche
Materie, die zu einer nach innen gerichteten Krümmung führt,
entgegenwirken (siehe Kapitel 12). Ganz allgemein ist jedoch das
Vorhandensein von negativer Energie in physikalischen Systemen
eine „schlechte Nachricht", denn sie führt leicht zu unkontrollierba-
ren Instabilitäten. Also fragte ich mich, ob man ohne die Annahme
der hohen Symmetrie diese unangenehme Schlussfolgerung nicht
vermeiden könne. Doch dann erwiesen sich bei genauerer Untersuchung die globalen Argumente, mit denen man das topologische
Verhalten solcher Flächen von Lichstrahlen behandeln kann, als
derart weitreichend, dass sie auch in sehr allgemeinen Situationen
zu denselben Schlussfolgerungen führen, zu denen man auch *mit*
der Annahme hoher Symmetrien gelangt. Ich habe diese Ergebnisse
zwar nie veröffentlicht, aber die Schlussfolgerung war, dass die Aufgabe der Symmetrie in vernünftigem Rahmen nicht wirklich hilft
und sich somit das Steady-State-Modell, selbst wenn man erheblich
von dem geglätteten symmetrischen Modell abweicht, nicht mit
der Allgemeinen Relativitätstheorie vereinen lässt, es sei denn, man
fordert das Vorhandensein von negativer Energie.

Mit ähnlichen Argumenten hatte ich auch untersucht, was alles passieren kann, wenn man die ferne Zukunft von gravitierenden Systemen betrachtet. In diesem Zusammenhang erwiesen sich mathematische Techniken als hilfreich, die auch mit konformen Raumzeit-Geometrien zu tun haben (die schon in Kapitel 9 erwähnt wurden und die in Teil 3 besonders wichtig werden), und mit diesen Verfahren hatte ich die fokussierenden Eigenschaften von Systemen aus Lichtstrahlen [10.3] für allgemeine Situationen untersucht. Daher war ich überzeugt, mich in diesen Dingen recht gut auszukennen, und so wandte ich meine Aufmerksamkeit der Frage nach dem Gravitationskollaps zu. Eine der Hauptschwierigkeiten in diesem Zusammenhang war die Suche nach einem guten Kriterium für solche Situationen, bei denen der Kollaps bereits einen „Grenzpunkt" erreicht hat, nach dem es kein Zurück mehr gibt. In vielen Situationen wird der Kollaps eines Körpers nämlich verhindert, weil die Druckkräfte derart groß werden, dass die Materie wieder nach außen „zurückprallt". Ein solcher Grenzpunkt scheint erreicht, wenn sich ein Horizont bildet, da in diesem Fall die Gravitation so stark geworden ist, dass sie alles andere übertrumpft. Es zeigt sich jedoch, dass das Vorhandensein und die Lage eines Horizonts mathmatisch nur sehr schlecht spezifiziert werden können, denn eine exakte Definition erfordert eine genaue Untersuchung des Verhaltens bis ins Unendliche. Glücklicherweise war ich jedoch auf die Idee[10.4] einer sogenannten „eingefangenen Fläche" (engl. *trapped surface*) gekommen, die wesentlich lokalere Eigenschaften hat[10.5] und deren Vorhandensein in einer Raumzeit als eine Bedingung dafür angesehen werden kann, dass ein unaufhaltsamer Gravitationskollaps tatsächlich stattgefunden hat.

Mit diesen „Lichtstrahl/Topologie"-Argumenten konnte ich ein Theorem beweisen,[10.6] das im Wesentlichen besagt, dass sich Singularitäten bei einem solchen Gravitationskollaps nicht vermeiden lassen, zumindest wenn die Raumzeit einige „vernünftige" Bedingungen erfüllt. Eine dieser Bedingungen lautet, dass die Lichtstrahl-

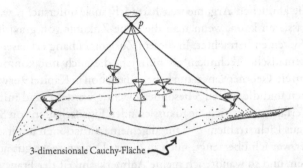

3-dimensionale Cauchy-Fläche

**Abb. 10.2** Eine anfängliche „Cauchy-Fläche"; jeder Punkt $p$ in ihrer Zukunft hat die Eigenschaft, dass jede kausale Kurve, die bei $p$ endet, wenn man sie weit genug in die Vergangenheit fortsetzt, auf diese Fläche trifft.

fokussierung niemals negativ sein kann, oder, ausgedrückt in einer physikalischeren Sprechweise, dass unter Annahme der Gültigkeit der Einstein'schen Gleichungen (mit oder ohne eine kosmologische Konstante $\Lambda$) der *Energiefluss* durch einen Lichtstrahl niemals negativ sein kann. Eine zweite Bedingung ist, dass das ganze System die Eigenschaft haben muss, aus einer offenen (einer sogenannten „nicht kompakten") 3-dimensionalen raumartigen Fläche $\Sigma$ entstanden zu sein. Das ist der übliche Fall, wenn man die Entwicklung von vergleichsweise lokalisierten (d. h. nicht kosmologischen) physikalischen Systemen betrachtet. Geometrisch verlangen wir, dass jede kausale Kurve in der betrachteten Raumzeit, die in der Zukunft von $\Sigma$ liegt, irgendwann die Fläche $\Sigma$ schneiden muss, wenn man sie in der Zeit soweit als möglich zurückverfolgt (siehe Abb. 10.2). Die einzige andere Bedingung (abgesehen von der angenommenen Existenz einer *trapped surface*) bezieht sich auf die Definition dessen, was man in diesem Zusammenhang eigentlich unter einer „Sigularität" versteht. Im Wesentlichen bedeutet eine Singularität eine Einschränkung an eine glatte Fortsetzbarkeit der Raumzeit beliebig weit in die Zukunft unter den genannten Annahmen.[10.7]

Die Stärke dieses Ergebnisses liegt in seiner Allgemeinheit. Es gibt keine Annahmen bezüglich einer Symmetrie und auch keine anderen Bedingungen, durch welche die Gleichungen leichter lösbar werden. Außerdem wird von der materiellen Quelle des Gravitationsfelds lediglich gefordert, dass sie „physikalisch vernünftig" ist, was im vorliegenden Fall bedeutet, dass der Energiefluss dieser Materie durch einen Lichtstrahl niemals negativ sein darf. Diese Forderung wird manchmal auch als „schwache Energiebedingung" bezeichnet, und sie gilt sicherlich für den druckfreien Staub, wie er von Oppenheimer und Snyder sowie auch von Friedmann angenommen wurde. Sie ist jedoch sehr viel allgemeiner und umfasst jede Form von physikalisch realistischer klassischer Materie, die für die Relativitätstheoretiker von Belang ist.

Dieser Stärke steht jedoch eine gewisse Schwäche gegenüber, denn die Ergebnisse sagen uns nur wenig über die genaue Natur des Problems in Bezug auf unseren kollabierenden Stern. Sie geben uns keinerlei Hinweis auf die geometrische Form der Singularität, ja, sie sagen uns noch nicht einmal, ob die Materie irgendwann eine unendliche Dichte annimmt oder ob die Krümmung der Raumzeit in der ein oder anderen Form unendlich wird. Ebenso wenig erfahren wir, *wo* sich das singuläre Verhalten als Erstes zeigen wird.

Möchte man solche Fragen beantwortet haben, benötigt man eher die Art von Aussagen, wie sie die schon erwähnten russischen Physiker Lifschitz und Chalatnikow aus ihren ausführlichen Untersuchungen gewonnen haben. Allerdings stand das mathematische Ergebnis, das ich in den späten Monaten des Jahres 1964 gefunden hatte, in direktem Widerspruch zu ihren Behauptungen, und so kam es in den folgenden Monaten zu einer gewissen Aufregung und Verwirrung. Die Probleme ließen sich jedoch lösen, nachdem die Russen mit der Hilfe eines jüngeren Kollegen, Wladimir A. Belinski, einen Fehler in ihrer ursprünglichen Arbeit finden und beheben konnten. Während es ursprünglich danach aussah, als ob nur sehr spezielle Lösungen der Einstein'schen Gleichungen von den

Singularitäten betroffen waren, stimmte die berichtigte Arbeit mit meinen Ergebnissen überein, und das Vorhandensein von Singularitäten war tatsächlich der Allgemeinfall. Darüber hinaus deutete die Arbeit von Belinski-Chalatnikow-Lifschitz darauf hin, dass sich die Systeme, wenn sie auf die Singularität zusteuern, sehr chaotisch und kompliziert verhalten. Dies bezeichnet man heute als die BKL-*Vermutung*. Schon der amerikanische Relativitätstheoretiker Charles W. Misner hatte Vermutungen in diese Richtung geäußert, und in diesem Zusammenhang von einem *Mixmaster*-Universum gesprochen. Es erscheint sehr plausibel, dass dieses wilde und chaotische „Mixmaster"-Verhalten zumindest für eine große Klasse von Situationen der allgemeine Fall sein dürfte.

Ich werde später noch genauer auf diese Dinge eingehen (Kapitel 12), doch für den Augenblick ist eine andere Frage wichtig, nämlich ob es unter plausiblen physikalischen Bedingungen überhaupt so etwas wie eine „gefangene Fläche" geben kann. Die Vermutung, dass sehr schwere Sterne in einem späten Entwicklungsstadium einen katastrophalen Kollaps erleiden können, geht ursprünglich auf eine Arbeit von Subrahmanyan Chandrasekhar aus dem Jahre 1930 zurück. Chandrasekhar untersuchte damals die kleinen, aber sehr dichten Sterne, die man als *Weiße Zwerge* bezeichnet (das erste bekannte Beispiel dafür ist der geheimnisvolle dunkle Begleiter des hellen Sterns Sirius) und deren Masse mit der Sonne vergleichbar ist, deren Radius aber ungefähr dem Erdradius entspricht, Weiße Zwerge werden durch den *Entartungsdruck der Elektronen* am Kollaps gehindert. Dieser beruht auf einem quantenmechanischen Prinzip, wonach Elektronen nicht zu dicht aufeinandersitzen dürfen. Chandrasekhar konnte zeigen, dass es im Rahmen der (Speziellen) Relativitätstheorie eine Massengrenze gibt, unterhalb der sich die Materie auf diese Weise noch selbst gegen die Gravitation halten kann, und dadurch lenkte er die Aufmerksamkeit auf die Frage, was passieren könnte, wenn die kalte Masse größer wird als diese „Chandrasekhar-

Grenze". Diese Grenze liegt bei rund $1,4\,M_\odot$ (wobei $M_\odot$ die Sonnenmasse bezeichnet).

Ein gewöhnlicher („Hauptreihen")-Stern wie unsere Sonne erreicht irgendwann ein Stadium, wo seine äußeren Schichten anschwellen und er zu einem voluminösen *Roten Riesen* wird, der einen bezüglich seiner Elektronen entarteten Kern besitzt. Dieser Kern wird nach und nach größer und nimmt immer mehr Sternmaterie in sich auf, und wenn dabei die Chandrasekhar-Grenze nicht überschritten wird, wird der gesamte Stern irgendwann zu einem Weißen Zwerg, der sich im Verlauf der Zeit langsam abkühlt und als Schwarzer Zwerg endet. Das ist vermutlich auch das Schicksal unserer Sonne. Doch bei sehr viel größeren Sternen kann der entartete Kern irgendwann die Chandrasekhar-Grenze überschreiten und kollabieren. Die in den Stern hineinfallende Sternmaterie löst eine gewaltige *Supernova*-Explosion aus (die für einige Tage heller leuchten kann als eine ganze Galaxie). Während dieses Vorgangs kann soviel Materie in den Weltraum hinausgeschleudert werden, dass der übrig gebliebene Kern noch in der Lage ist, sich selbst zu halten, allerdings bei einer sehr viel größeren Dichte (bei der beispielsweise $1,5\,M_\odot$ auf ein Gebiet mit einem Durchmesser von rund 10 km zusammengedrückt werden). Er bildet nun einen *Neutronenstern*, der durch den *Entartungsdruck der Neutronen* am weiteren Kollaps gehindert wird.

Neutronensterne zeigen sich manchmal als *Pulsare* (siehe Kapitel 7 und Anmerkung 7.6), und bis heute kennt man viele Sterne dieser Art in unserer Galaxie. Es gibt jedoch erneut eine Grenze für die mögliche Masse eines solchen Sterns, die nun bei $1,5\,M_\odot$ liegt (manchmal spricht man hier von der *Landau-Grenze*). Falls der ursprüngliche Stern ausreichend massereich war (beispielsweise schwerer als $10\,M_\odot$), kann es vorkommen, dass er bei der Explosion nicht genügend Sternmaterial verliert, und der Kern ist zu schwer, um sich als Neutronenstern halten zu können. Dann kann nichts mehr einen Kollaps aufhalten, und mit großer Wahrscheinlichkeit erreicht er ein Stadium, bei dem eine gefangene Fläche auftritt.

Natürlich handelt es sich hierbei nicht um absolute Gewissheit, und man könnte durchaus argumentieren, dass wir die Physik von Materie unter solch extrem kompakten Bedingungen, bevor sich eine gefangene Fläche gebildet hat, nicht genau genug kennen (allerdings muss der Radius im Vergleich zu einem Neutronenstern nur um rund einen Faktor 3 kleiner sein). Es gibt jedoch weitaus überzeugendere Argumente für die Existenz von Schwarzen Löchern, wenn wir die sehr viel größeren Massenkonzentrationen riesiger dichter Sternenhaufen in der Nähe von galaktischen Zentren betrachten. Bei größeren Systemen kommt es bereits bei geringeren Dichten zu gefangenen Flächen. Beispielsweise könnten rund eine Millionen Weißer Zwerge ein Volumen mit einem Durchmesser von $10^6$ Kilometern ausfüllen, sodass keiner den anderen tatsächlich berühren muss, und trotzdem wäre dieses Gebiet klein genug, dass sich um dieses Gebiet eine gefangene Fläche bilden würde. Der Einwand, wir würden die Physik bei sehr hohen Dichten nicht gut genug verstehen, ist nicht wirklich entscheidend, wenn es um die Entstehung Schwarzer Löcher geht.

Noch einen weiteren theoretischen Punkt habe ich bisher übergangen: Ich habe stillschweigend angenommen, das Vorhandensein einer gefangenen Fläche impliziere bereits die Entstehung eines Schwarzen Lochs. Dieser Schluss hängt jedoch von einer Annahme ab, die unter der Bezeichnung „kosmische Zensur" bekannt ist. Dieses Prinzip wird zwar allgemein akzeptiert, aber es handelt sich immer noch um eine unbewiesene Vermutung.[10.8] Die kosmische Zensur und die BKL-Vermutung sind vermutlich die wichtigsten derzeit ungelösten Probleme der klassischen Allgemeinen Relativitätstheorie. Die kosmische Zensur besagt, dass im Allgemeinen bei einem Gravitationskollaps keine *nackten* Raumzeitsingularitäten auftreten dürfen, wobei „nackt" bedeutet, dass kausale Kurven, die an der Singularität beginnen, entweichen und einen entfernten

Beobachter erreichen können (diese Singularität also nicht von der Außenwelt durch einen Ereignishorizont abgeschirmt ist). Ich werde auf das Thema der kosmischen Zensur in Kapitel 12 zurückkommen.

In jedem Fall wird die Existenz Schwarzer Löcher durch die heute möglichen *Beobachtungen* weitgehend unterstützt. Es gibt beeindruckende Hinweise darauf, dass bestimmte Doppelsternsysteme Schwarze Löcher von einigen Sonnenmassen enthalten, auch wenn diese Hinweise eher indirekter Natur sind in dem Sinne, dass sich eine unsichtbare Systemkomponente durch das dynamische Verhalten des sichtbaren Teils bemerkbar macht. In diesen Fällen scheint die Masse der unsichtbaren Komponente erheblich größer zu sein, als es nach unseren heutigen Vorstellungen für irgendein anderes kompaktes Objekt möglich wäre. Die überzeugendsten Beobachtungen dieser Art beziehen sich auf die sehr schnellen Bahnbewegungen von Sternen um irgendetwas Unsichtbares, aber extrem Massereiches und Kompaktes im Zentrum unserer Milchstraße. Die Geschwindigkeiten der sichtbaren Sterne sind so groß, dass man für die Masse dieses unsichtbaren Etwas rund $4\,000\,000\,M_\odot$ berechnet! Es ist nur schwer vorstellbar, dass es sich hierbei um irgendetwas anderes handeln könnte als ein Schwarzes Loch. Abgesehen von diesen indirekten Anzeichen gibt es auch Objekte dieser Art, bei denen man beobachten kann, dass sie Material aus der Umgebung in sich hineinsaugen, dieses Material die „Oberfläche" dieser Objekte aber nicht zu erwärmen scheint. Das Fehlen einer materiellen Oberfläche ist ebenfalls ein indirekter Hinweis auf ein Schwarzes Loch.[10.9]

# 11

## Konforme Diagramme und konforme Ränder

Es gibt eine sehr anschauliche Möglichkeit, Raumzeit-Modelle in ihrer Gesamtheit darzustellen, besonders für Modelle mit einer Kugelsymmetrie wie beispielsweise die Oppenheimer-Snyder- und die Friedmann-Raumzeiten. Man verwendet dazu *konforme Diagramme*. Ich werde im Folgenden zwei Arten von konformen Diagrammen unterscheiden, die *streng konformen* und die *schematisch konformen* Diagramme.[11-1] Beide werden sich als sehr nützlich erweisen.

Beginnen wir mit den streng konformen Diagrammen. Sie eignen sich besonders zur Darstellung von Raumzeiten (die wir mit $\mathcal{M}$ bezeichnen) mit einer exakten Kugelsymmetrie. Bei einem solchen Diagramm handelt es sich um eine Darstellung in einem Bereich $\mathcal{D}$ in der Ebene, und jeder Punkt im Inneren von $\mathcal{D}$ entspricht einer ganzen Kugeloberfläche (d. h. einer ganzen $S^2$) von Punkten in $\mathcal{M}$. Um eine bessere Vorstellung davon zu bekommen, worum es hier geht, vergessen wir für den Augenblick eine räumliche Dimension und stellen uns vor, wir *drehen* das Gebiet $\mathcal{D}$ um eine vertikale Linie auf der linken Seite des Diagramms (siehe Abb. 11.1). Diese Linie bezeichnen wir als die *Drehachse*. Nun überstreicht jeder Punkt von $\mathcal{D}$ einen *Kreis* (eine $S^1$). Für eine anschauliche Vorstellung reicht das vollkommen. Das volle 4-dimensionale Bild unserer Raumzeit $\mathcal{M}$ erhielten wir durch eine *2-dimensionale* Drehung, sodass jeder Punkt im Inneren von $\mathcal{D}$ nun eine *Kugeloberfläche* (eine $S^2$) in $\mathcal{M}$ überstreicht.

Häufig finden wir in unseren streng konformen Diagrammen,

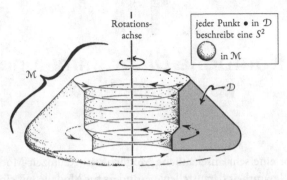

**Abb. 11.1** Streng konforme Diagramme $\mathcal{D}$ stellen Raumzeiten dar (hier mit $\mathcal{M}$ bezeichnet), die eine exakte Kugelsymmetrie besitzen. Das 2-dimensionale Gebiet $\mathcal{D}$ wird so rotiert, dass jeder Punkt eine 2-dimensionale Kugeloberfläche $S^2$ überstreicht. Dabei erzeugt es die 4-dimensionale Raumzeit $\mathcal{M}$.

dass die Drehachse selbst Teil des *Randes* von $\mathcal{D}$ ist. In einem solchen Fall entsprechen diese Randpunkte auf der Drehachse – in dem Diagramm als *gestrichelte* Linie wiedergegeben - einem einzelnen *Punkt* (statt einer $S^2$) der 4-dimensionalen Raumzeit, sodass die gesamte gestrichelte Linie ebenfalls eine einzelne Linie in $\mathcal{M}$ darstellt. Abbildung 11.2 vermittelt eine Vorstellung, wie die gesamte Raumzeit $\mathcal{M}$ durch eine Drehung um die gestrichelte Achse aus einer Familie von 2-dimensionalen Räumen, die alle identisch mit $\mathcal{D}$ sind, zusammengesetzt werden kann.

Wir denken uns $\mathcal{M}$ als eine *konforme* Raumzeit und kümmern uns nicht weiter darum, wie man durch eine bestimmte Skalierung zu einer Metrik **g** für die Raumzeit $\mathcal{M}$ gelangt. In Anlehnung an die abschließende Bemerkung in Kapitel 9 nehmen wir somit an, dass $\mathcal{M}$ mit einer vollständigen Familie von (zeitlich gerichteten) Lichtkegeln ausgestattet ist. Dementsprechend besitzt $\mathcal{D}$ als 2-dimensionaler Teilraum von $\mathcal{M}$ ebenfalls eine (2-dimensionale) konforme Raumzeitstruktur und ist mit seinen eigenen „zeitlich gerich-

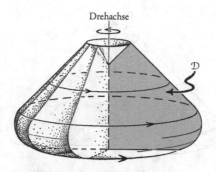

**Abb. 11.2** Die gestrichelte Linie auf dem Rand von $\mathcal{D}$ deutet eine Symmetrieachse an, von der jeder Punkt einem einzelnen Raumzeitpunkt entspricht (statt einer ganzen $S^2$).

teten Lichtkegeln" ausgestattet. Das bedeutet, an jedem Punkt von $\mathcal{D}$ haben wir zwei (verschiedene) lichtartige Richtungen, die in die Zukunft zeigen. Dabei handelt es sich einfach um die Schnitte der Lichtkegel von $\mathbb{M}$ mit der Ebene, die dem Gebiet $\mathcal{D}$ entspricht (siehe Abb. 11.3.)

In einem streng konformen Diagramm versucht man, sämtliche Zukunftslichtkegelrichtungen in $\mathcal{D}$ unter einem Winkel von 45° zur Vertikalen nach oben verlaufen zu lassen. Zur Veranschaulichung habe ich in Abbildung 11.4 ein konformes Diagramm für den gesamten Minkowski-Raum $\mathbb{M}$ gezeichnet, wobei die radialen Lichtkegel tatsächlich unter einem Winkel von 45° zur Vertikalen stehen. Abbildung 11.5 zeigt, wie man zu einer solchen Darstellung gelangt. Wir erkennen in Abbildung 11.4 eine wichtige Eigenschaft konformer Diagramme: Die Zeichnung besteht lediglich aus einem *endlichen* (rechtwinkligen) Dreieck, obwohl in diesem Diagramm die gesamte unendliche Raumzeit $\mathbb{M}$ erfasst wird. Zu den besonderen Eigenschaften von konformen Diagrammen gehört, dass sie die unendlichen Gebiete der Raumzeit „zusammenstauchen" können, sodass sie in ein endliches Bild hineinpassen. Punkte im Unendlichen

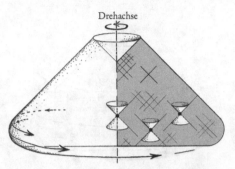

**Abb. 11.3** Die unter einem Winkel von 45° zur Vertikalen gezeichneten „Lichtkegel" in $\mathcal{D}$ sind die Schnittpunkte der Lichtkegel in $\mathbb{M}$ mit einer eingebetteten Kopie von $\mathcal{D}$.

sind ebenfalls in diesem Diagramm dargestellt. Die beiden fett gezeichneten geneigten Linien stellen die vergangene Unendlichkeit in lichtartiger Richtung ($\mathcal{I}^-$) und die zukünftige Unendlichkeit in lichtartiger Richtung ($\mathcal{I}^+$) dar, und jede lichtartige Geodäte (d. h., lichtartige gerade Linie) in $\mathbb{M}$ trifft in der Vergangenheit auf einen Endpunkt auf $\mathcal{I}^-$ sowie in der Zukunft auf einen Punkt auf $\mathcal{I}^+$. (Gewöhnlich spricht man das Symbol $\mathcal{I}$ als „scri" aus und meint damit „Skript I".)[11.2] Außerdem sind auf dem Rand drei Punkte ausgezeichnet – $i^-$, $i^0$ und $i^+$; sie stellen jeweils die vergangene zeitartige Unendlichkeit, die raumartige Unendlichkeit und die zukünftige zeitartige Unendlichkeit dar. Jede zeitartige Geodäte in $\mathbb{M}$ endet in der Vergangenheit bei $i^-$ und in der Zukunft bei $i^+$, und jede raumartige Geodäte wird über den Punkt $i^0$ zu einer geschlossenen Schleife. (Wir werden bald sehen, weshalb man $i^0$ nur als einen Punkt ansehen sollte.)

Dieser Punkt ist sehr wichtig, und da ist es vielleicht hilfreich, sich an den Druck von Escher in Abbildung 7.3 c zu erinnern, bei dem es sich um eine konforme Darstellung der gesamten hyperbolischen Ebene handelt. Dort entspricht der Randkreis – in konformer Weise – dem *Unendlichen*, und ganz ähnlich entsprechen $\mathcal{I}^+$,

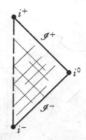

**Abb. 11.4** Ein streng konformes Diagramm des Minkowski-Raums $\mathbb{M}$.

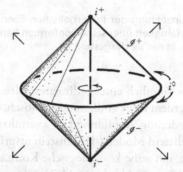

**Abb. 11.5** Möchte man das gewöhnliche Bild von $\mathbb{M}$ zurückgewinnen, ziehe man (in Gedanken) die geneigten (kegelartigen) Ränder unendlich weit nach außen.

$\mathscr{I}^-$, $i^-$, $i^0$ und $i^+$ zusammen den Punkten im Unendlichen von $\mathbb{M}$. Und ebenso, wie wir die hyperbolische Ebene als glatte konforme Mannigfaltigkeit über ihren konformen Rand hinaus in die gesamte euklidische Ebene, in der sie dargestellt ist, *fortsetzen* können (Abb. 11.6), können wir auch $\mathbb{M}$ glatt über ihren Rand hinaus zu einer größeren konformen Mannigfaltigkeit fortsetzen. In der Tat ist $\mathbb{M}$ konform identisch mit einem Ausschnitt eines Raumzeit-Modells, das man als *Einstein-Universum* $\mathcal{E}$ bezeichnet (oder auch „Einstein-Zylinder"). Hierbei handelt es sich um ein kosmologi-

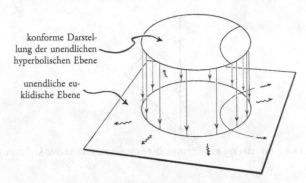

konforme Darstel-
lung der unendlichen
hyperbolischen Ebene

unendliche eu-
klidische Ebene

**Abb. 11.6** Die Fortsetzung der hyperbolischen Ebene als eine glatte konforme Mannigfaltigkeit über seine konformen Ränder hinaus in die euklidische Ebene, in der sie dargestellt ist.

sches Modell, das räumlich einer 3-dimensionalen Kugel ($S^3$) entspricht, und außerdem ist es vollkommen statisch, erfährt also keine zeitliche Veränderung. Abbildung 11.7 a vermittelt eine intuitive Vorstellung von diesem Modell (das Einstein ursprünglich im Jahre 1917 formulierte, um seine kosmologische Konstante $\Lambda$ einzuführen; siehe Kapitel 7), und Abbildung 11.7 b zeigt ein streng konformes Diagramm dieses Modells. Man beachte, dass es in diesem Diagramm zwei getrennte „Drehachsen" gibt, die durch zwei senkrechte gestrichelte Linien dargestellt sind. Das ist kein Fehler, sondern wir müssen uns lediglich vorstellen, dass der Radius der $S^2$, die von jedem Punkt im Inneren des Diagramms dargestellt wird, bei Annäherung an diese Linie zu null schrumpft. Anhand dieser Abbildung kann man auch die zunächst seltsam anmutende Tatsache verdeutlichen, dass die räumliche Unendlichkeit von $\mathbb{M}$ konform nur dem *einzelnen Punkt* $i^0$ entspricht, denn der Radius der $S^2$, die dieser Punkt darstellt, ist ebenfalls null. Aus dieser Vorschrift ergeben sich die räumlichen $S^3$-Schnitte der Raumzeit $\mathcal{E}$. Abbildung 11.8 a zeigt $\mathbb{M}$ als konformes Teilgebiet von $\mathcal{E}$, außerdem wird deutlich, wie wir uns die gesamte Mannigfaltigkeit $\mathcal{E}$ als konformes Bild einer un-

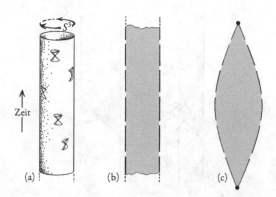

**Abb. 11.7** (a) Intuitive Darstellung des Einstein-Universums $\mathcal{E}$ („Einstein-Zylinder"); (b), (c) streng konforme Diagramme desselben Modells.

endlichen Aneinanderreihung von Räumen $\mathbb{M}$ vorstellen können, wobei jeweils die Fläche $\mathscr{I}^+$ mit der Fläche $\mathscr{I}^-$ der nächsten Kopie von $\mathbb{M}$ zusammenfällt. Abbildung 11.8 b zeigt dieselbe Situation als streng konformes Diagramm. Wenn wir in Teil 3 auf das von mir vorgeschlagene Modell zu sprechen kommen, wird es ganz hilfreich sein, sich diese Bilder vor Augen zu halten.

Wir betrachten nun die Friedmann-Kosmologien aus Kapitel 7. Die verschiedenen Fälle $K > 0$, $K = 0$ und $K < 0$ für $\Lambda = 0$ sind in den Abbildungen 11.9 a–c wiedergegeben. Die Singularitäten werden durch Schlangenlinien dargestellt. In diesen Bildern habe ich eine Symbolik eingeführt, bei der ein weißer Punkt „o" auf dem Rand eine volle Kugelfläche $S^2$ darstellt, wohingegen die schwarzen Punkte „•" (die wir schon bei $\mathbb{M}$ kennengelernt haben) einzelnen Punkten entsprechen. Die weißen Punkte sind eigentlich die Randsphären von hyperbolischen Räumen, wie sie in der konformen Darstellung von Escher für den 2-dimensionalen Fall auftreten. Die entsprechenden Fälle für eine positive kosmologische Konstante ($\Lambda > 0$, wobei wir für den Fall $K > 0$ angenommen haben, dass

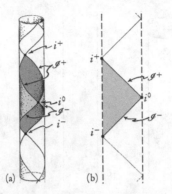

**Abb. 11.8**   Zur Verdeutlichung, dass es sich bei $i^0$ um einen einzelnen Punkt handelt. (a) $\mathbb{M}$ entsteht als ein konformes Teilgebiet von $\mathcal{E}$. Man kann sich die gesamte Mannigfaltigkeit $\mathcal{E}$ konform als eine unendliche Aneinanderreihung von Räumen $\mathbb{M}$ vorstellen; (b) dieselbe Situation als streng konformes Diagramm.

die räumliche Krümmung nicht so groß ist, dass sie $\Lambda$ übertrumpfen und schließlich zu einem Kollaps führen kann) sind in den Abbildungen 11.10 a–c wiedergegeben. Ich möchte hier auf eine wichtige Eigenschaft dieser Diagramme hinweisen: In all diesen Modellen ist das zukünftig Unendliche $\mathscr{I}^+$ *raumartig*, was dadurch angedeutet wurde, dass die abschließende dicke Randlinie immer flacher als die 45° der Lichtkegel gezeichnet wurde, im Gegensatz zu den Zukunfts-Unendlichkeiten für die Fälle $\Lambda = 0$ (in den Abb. 11.9 b, c sowie in Abbildung 11.4), bei denen der Rand unter einem Winkel von 45° geneigt ist, sodass in diesen Fällen $\mathscr{I}^+$ eine lichtartige Hyperfläche darstellt. Diese Beziehung zwischen der geometrischen Natur von $\mathscr{I}^+$ und dem Wert der kosmologischen Konstanten $\Lambda$ gilt allgemein, und sie wird in Teil 3 eine Schlüsselrolle spielen.

Diese Friedmann-Modelle mit $\Lambda > 0$ zeigen für ihre ferne Zukunft (d. h. in der Nähe von $\mathscr{I}^+$) alle ein Verhalten, das sich dem einer sogenannten *De-Sitter-Raumzeit* $\mathbb{D}$ nähert. Dabei handelt es

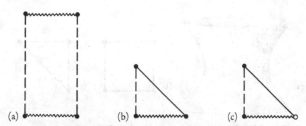

**Abb. 11.9**   Streng konforme Diagramme der Friedmann-Kosmologien für die Fälle $K > 0$, $K = 0$ und $K < 0$ sowie $\Lambda = 0$.

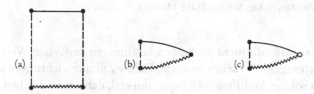

**Abb. 11.10**   Streng konforme Diagramme für die Friedmann-Modelle mit $\Lambda > 0$. (a) $K > 0$, (b) $K = 0$, (c) $K < 0$.

sich um ein Modell für ein Universum, das keinerlei Materie enthält und eine besonders hohe Symmetrie besitzt (es ist das Analogon einer 4-dimensionalen Kugelfläche für die Minkowski-Geometrie). In Abbildung 11.11 a habe ich eine 2-dimensionale Version von $\mathbb{D}$ mit nur einer räumlichen Dimension skizziert (der volle 4-dimensionale De-Sitter-Raum $\mathbb{D}$ ist eine Hyperfläche in einem 5-dimensionalen Minkowski-Raum). Abbildung 11.11 b zeigt ein streng konformes Diagramm dieser Fläche. Das Steady-State-Modell aus Kapitel 8 entspricht gerade einer Hälfte von $\mathbb{D}$ und ist in Abbildung 11.11 c dargestellt. Wegen des dazu notwendigen „Schnitts" durch $\mathbb{D}$ (gezahnter Rand) handelt es sich bei dem Steady-State-Modell um eine sogenannte „unvollständige" Fläche in Bezug auf die Vergangenheitsrichtungen, d. h., es gibt gewöhnliche zeitartige Geodäten – beispielsweise zu freien Bewegungen massebehafteter Teilchen – de-

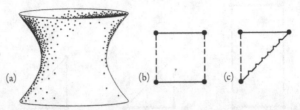

**Abb. 11.11** Die De-Sitter-Raumzeit: (a) Darstellung in einem 3-dimensionalen Minkowski-Raum (zwei räumliche Dimensionen wurden weggelassen); (b) streng konformes Diagramm; (c) durch eine Aufteilung in zwei Hälften erhalten wir für die eine Hälfte ein streng konformes Diagramm des Steady-State-Modells.

ren Zeitmaß sich nicht über einen bestimmten endlichen Wert in die Vergangenheit zurück erstreckt. Für die Zukunftsrichtungen wäre ein solches Verhalten sehr beunruhigend, denn es würde bedeuten, dass die Zukunft eines Teilchens oder Raumreisenden bei einem endlichen Zeitwert endet.[11.3] In Bezug auf die Vergangenheit können wir einfach sagen, dass es solche Teilchenbewegungen eben nicht gegeben hat.

Wie auch immer man die Physik intepretieren mag, ich werde diese Art von Unvollständigkeiten in meinen streng konformen Diagrammen immer durch eine leicht gezackte Linie darstellen. Es gibt noch einen weiteren Typ von Linie, der in meinen Diagrammen auftreten wird, und das ist eine gepunktete Linie. Dabei handelt es sich um den Ereignishorizont von einem Schwarzen Loch. Ich werde diese Konventionen für fünf verschiedene Arten von Linien („gestrichelt" für eine Symmetrieachse, „fett durchgezogen" für Unendlichkeit, „geschlängelt" für eine Singulariät, „leicht gezackt" für Unvollständigkeit und „gepunktet" für den Horizont eines Schwarzen Lochs) sowie zwei Arten von Punkten („schwarz" für einen Punkt in der 4-dimensionalen Mannigfaltigkeit und „weiß " für einen Punkt, der eine $S^2$ darstellt) in meinen streng konformen Diagrammen durchweg beibehalten. Abbildung 11.12 fasst die Symbole nochmals zusammen.

Abbildung 11.13 a zeigt ein streng konformes Diagramm für den Oppenheimer-Snyder-Kollaps zu einem Schwarzen Loch. Man erhält es, indem man einen Teil eines kollabierenden Friedmann-Modells und einen Teil der sogenannten Eddington-Finkelstein-Erweiterung für die ursprüngliche Lösung zu einem Schwarzen Loch „zusammenklebt", dargestellt in den streng konformen Diagrammen in Abbildung 11.13 b, c; siehe auch Abbildung 11.14. Schwarzschild fand seine Lösung für die Einstein'schen Gleichungen im Jahre 1916, kurz nachdem Einstein seine Feldgleichungen für die Allgemeine Relativitätstheorie publiziert hatte. Diese Lösung beschreibt den äußeren Teil des Gravitationsfelds für einen statischen, kugelsymmetrischen Körper (beispielsweise einen Stern), und sie lässt sich nach innen zu einer statischen Raumzeit fortsetzen, bis zu seinem *Schwarzschild-Radius*

$$\frac{2MG}{c^2},$$

wobei $M$ die Masse des Körpers und $G$ die Newton'sche Gravitationskonstante sind. Für die Masse der Erde beträgt dieser Radius rund 5 Zentimeter, für die Sonne ungefähr 3 Kilometer – doch in beiden Fällen liegt der Schwarzschild-Radius weit innerhalb der Körper. Er entspricht nur einem theoretischen Abstand, der für die Geometrie der Raumzeit ohne Bedeutung ist, da die Schwarzschild-Metrik ohnehin nur für die äußeren Bereiche gilt. Das zugehörige streng konforme Diagramm zeigt Abbildung 11.14 a.

Für ein Schwarzes Loch ist der Schwarzschild-Radius gleichzeitig der Ereignishorizont. Bei diesem Radius wird die Schwarzschild'sche Form der Metrik singulär, und ursprünglich glaubte man auch, dass der Schwarzschild-Radius tatsächlich einer Singularität der Raumzeit entspricht. Doch im Jahre 1927 hatte Georges Lemaître herausgefunden, dass sich diese Metrik vollkommen glatt

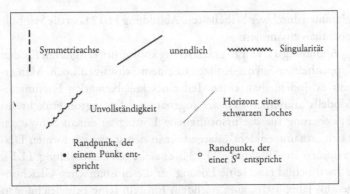

**Abb. 11.12**   Symbole für streng konforme Diagramme.

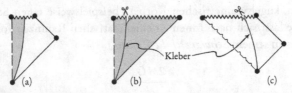

**Abb. 11.13**   Das Oppenheimer-Snyder-Modell für den Kollaps eines Schwarzen Lochs: (a) Streng konformes Diagramm, das man durch Verkleben von zwei anderen Teilräumen erhält; (b) der linke Teil eines zeitlich umgekehrten Friedmann-Modells (Abb. 11.9 b) und (c) der rechte Teil des Eddington-Finkelstein-Modells (Abb. 11.14 b). In lokalen Modellen wie diesen wird $\Lambda$ nicht berücksichtigt und somit ist $\mathscr{I}$ lichtartig.

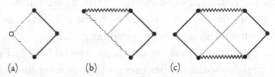

**Abb. 11.14**   Streng konforme Diagramme für ein kugelsymmetrisches Vakuum (mit $\Lambda = 0$): (a) Die ursprüngliche Schwarzschild-Lösung, sie gilt außerhalb des Schwarzschild-Radius; (b) die Erweiterung zur Kollaps-Metrik von Eddington und Finkelstein; (c) die volle Erweiterung zur Kruskal/Synge/Szekeres/Fronsdal-Form.

fortsetzen lässt, allerdings muss man dazu die Bedingung einer statischen Raumzeit aufgeben. Im Jahre 1930 fand Arthur Eddington eine einfachere Beschreibung dieser Fortsetzung (er unterließ es allerdings, die Bedeutung dieser Fortsetzung zu betonen), und im Jahre 1958 wurde diese Beschreibung von David Finkelstein wiederentdeckt, der auch die Bedeutung klar hervorhob. (Abb. 11.14 b zeigt das zugehörige streng konforme Diagramm.) Die sogenannte „maximale Erweiterung der Schwarzschild-Lösung" (die oft einfach Kruskal-Szekeres-Erweiterung genannt wird, obwohl J. L. Synge schon wesentlich früher eine äquivalente, allerdings kompliziertere Beschreibung gab[11.4]), sieht man in dem streng konformen Diagramm in Abbildung 11.14 c.

In Kapitel 16 werden wir auf eine weitere Eigenschaft von Schwarzen Löchern eingehen, deren Auswirkungen heute zwar vollkommen vernachlässigbar sind, in ferner Zukunft aber einmal sehr wichtig werden. Während ein Schwarzes Loch im Rahmen der klassischen Physik der Einstein'schen Allgemeinen Relativitätstheorie wirklich vollkommen schwarz sein sollte, zeigte Stephen Hawking im Jahre 1974,[11.5] dass bei einer Berücksichtigung der Quantenfeldtheorie in einer gekrümmten Hintergrundraumzeit ein Schwarzes Loch eine sehr kleine Temperatur $T$ haben sollte, die umgekehrt proportional zu seiner Masse ist. Für ein Schwarzes Loch von $10 M_\odot$ wäre diese Temperatur sehr klein und läge bei $6 \cdot 10^{-9}$ K. Das entspricht dem Rekord für die tiefste Temperatur, die je in einem Labor erzielt wurde (im Jahre 2006 erreichte man am MIT eine Temperatur von $10^{-9}$ K). Viele Schwarze Löcher dürften heute eine solche Temperatur haben. Größere Schwarze Löcher wären sogar noch kälter, und die Temperatur des $\sim 4\,000\,000 M_\odot$ schweren Schwarzen Lochs im Zentrum unserer Milchstraße läge bei ungefähr $1{,}5 \cdot 10^{-14}$ K. Der heutige Wert der Umgebungstemperatur in unserem Universum, die Temperatur der CMB, ist mit einem Wert von $\sim 2{,}7$ K im Vergleich dazu deutlich höher.

Wenn wir nun jedoch *sehr, sehr* weit in die Zukunft blicken und dabei berücksichtigen, dass die exponentielle Ausdehung unseres Universums, sofern sie sich uneingeschränkt fortsetzt, zu einer raschen Abkühlung der CMB führen wird, dann steht zu erwarten, dass die Umgebungstemperatur des Universums irgendwann sogar bis auf die Temperaturen der größten Schwarzen Löcher, die überhaupt jemals zu erwarten sind, abfallen wird. Nun beginnen die Schwarzen Löcher ihre Energie in die Umgebung abzustrahlen, und dieser Verlust an Energie bedeutet auch einen Verlust an Masse (im Sinne von Einsteins Formel $E = mc^2$). Durch diesen Massenverlust wird das Schwarze Loch heißer, und sehr, sehr langsam, nach einer unvorstellbar langen Zeit (für die größten heute existierenden Schwarzen Löcher könnten das rund $10^{100}$ Jahre sein, was man auch einen „Googol" nennt), schrumpft es vollkommen in sich zusammen und verschwindet schließlich mit einem harmlosen „Peng". Diese letzte kleine Explosion hat kaum die Bezeichnung „Knall" verdient, denn ihre Energie lässt sich vielleicht mit der Explosion einer Handgranate vergleichen. Nach der langen Warterei ist das eher ein unspektakuläres Ende!

Natürlich gehen wir hier weit über unser heutiges physikalisches Wissen und Verständnis hinaus, doch Hawkings Untersuchungen stehen im Einklang mit den allgemein anerkannten Grundlagen, und diese Grundlagen scheinen keine andere Möglichkeit zuzulassen. Also übernehme ich diese Vorstellung vom zukünftigen Schicksal eines Schwarzen Lochs als durchaus plausibel. Sie wird auch zu einem wichtigen Bestandteil des Modells, das ich in Teil 3 dieses Buches beschreiben werde, und daher möchte ich diese Vorgänge nochmals skizzieren – anschaulich in Abbildung 11.15 und in einem streng konformen Diagramm in Abbildung 11.16.

Natürlich besitzen die meisten Raumzeiten keine Kugelsymmetrie, und es könnte durchaus sein, dass eine Beschreibung durch ein streng konformes Diagramm noch nicht einmal halbwegs eine vernünftige Näherung darstellt. Trotzdem kann in solchen Fällen ein *schematisches* konformes Diagramm durchaus sinnvoll sein, um be-

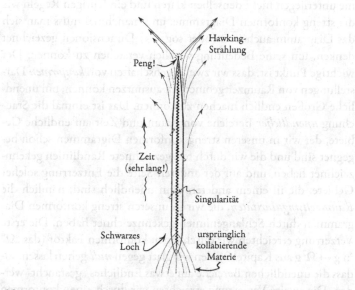

**Abb. 11.15** Die Hawking-Verdampfung eines schwarzen Lochs.

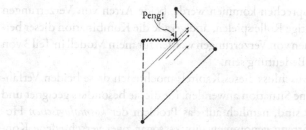

**Abb. 11.16** Streng konformes Diagramm eines schwarzen Lochs, das aufgrund der Hawking-Strahlung verdampft.

stimmte Ideen zu verdeutlichen. Schematisch konforme Diagramme unterliegen nicht denselben klaren und eindeutigen Regeln wie die streng konformen Diagramme, und manchmal muss man sich das Diagramm auch in 3 (oder sogar 4) Dimensionen gezeichnet denken, um seine Bedeutung wirklich verstehen zu können. Der wichtige Punkt ist, dass wir zwei Eigenschaften von *konformen* Darstellungen von Raumzeitgeometrien ausnutzen können, um unendliche Größen endlich machen zu können. Das ist einmal die Stauchung *unendlicher* Bereiche von Raum und Zeit auf endliche Gebiete, der wir in unseren streng konformen Digrammen schon begegnet sind und die wir durch fett gezeichnete Randlinien gekennzeichnet haben, und auf der anderen Seite die Entzerrung solcher Gebiete, die in einem anderen Sinn unendlich sind, nämlich die *Raumzeitsingularitäten*, die wir in unseren streng konformen Diagrammen durch Schlangenlinien gekennzeichnet haben. Die erste Verzerrung erreichten wir durch einen konformen Faktor (das „$\Omega$" in $g \mapsto \Omega^2 g$ aus Kapitel 9), den wir glatt gegen *null* gehen lassen, sodass die unendlichen Bereiche auf etwas Endliches „gestaucht" werden. Die zweite Verzerrung erreichten wir durch einen konformen Faktor, den wir *unendlich* werden lassen, sodass die singulären Gebiete endlich und glatt werden, indem man sie „auseinanderzieht". Natürlich gibt es keine Garantie, dass diese beiden Verfahren immer funktionieren, aber wir werden sehen, dass für die Ideen, auf die ich noch zu sprechen kommen werde, beide Arten von Verzerrungen eine wichtige Rolle spielen, und gerade die Kombination dieser beiden Formen von Verzerrungen werden für mein Modell in Teil 3 von zentraler Bedeutung sein.

Zum Abschluss dieses Kapitels möchte ich diese beiden Verfahren auf eine Situation anwenden, für die sie besonders geeignet und illustrativ sind, nämlich auf das Problem der *kosmologischen* Horizonte. Streng genommen gibt es sogar zwei verschiedene Konzepte, die man im kosmologischen Zusammenhang als „Horizont"

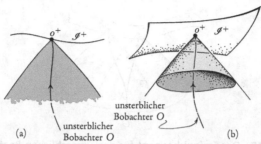

**Abb. 11.17** Schematische konforme Diagramme der kosmologischen Ereignishorizonte für eine Raumzeit mit $\Lambda > 0$: (a) 2-dimensional; (b) 3-dimensional.

bezeichnet.[11.6] In dem einen Fall spricht man genauer von einem *Ereignishorizont* und in dem anderen von einem *Teilchenhorizont*.

Betrachten wir zunächst den Begriff des kosmologischen Ereignishorizonts. Er hängt eng mit dem Ereignishorizont von Schwarzen Löchern zusammen, wobei dieser jedoch etwas „absoluter" ist, da er weniger von der Perspektive eines Beobachters abhängt. Kosmologische Ereignishorizonte treten auf, wenn es in einem Modell ein *raumartiges* $\mathscr{I}^+$ gibt. Das gilt beispielsweise für alle Friedmann-Modelle mit $\Lambda > 0$, die in den streng konformen Diagrammen von Abbildung 11.10 dargestellt sind, sowie in dem De-Sitter-Modell $\mathbb{D}$ aus Abbildung 11.11 b. Solche kosmologischen Ereignishorizonte gibt es allerdings auch in Situationen mit raumartigem $\mathscr{I}^+$, wenn keine Symmetrie angenommen wird (was für $\Lambda > 0$ im Allgemeinen der Fall ist). In den schematischen konformen Diagrammen der Abbildung 11.17 a, b habe ich (jeweils für zwei oder drei Raumzeit-Dimensionen) den Teil der Raumzeit angedeutet, der im Prinzip für einen (unsterblichen!) Beobachter $O$ mit der Weltlinie $l$, die an einem Punkt $o^+$ auf $\mathscr{I}^+$ endet, beobachtbar ist. Der kosmologische *Ereignishorizont* $\mathfrak{C}^-(o^+)$ für diesen Beobachter ist der Vergan-

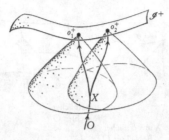

**Abb. 11.18** Der Ereignishorizont für den unsterblichen Beobachter $O$ bildet eine absolute Grenze zu solchen Ereignissen, die für $O$ niemals beobachtbar sind. Dieser Horizont hängt allerdings von der Weltlinie ab, die $O$ für sich wählt. Eine Meinungsänderung bei $X$ kann den Ereignishorizont ändern.

genheitslichtkegel von $o^+$.[11.7] Alle Ereignisse, die außerhalb von $\mathcal{C}^-(o^+)$ liegen, sind für den Beobachter $O$ für alle Zeiten unbeobachtbar (siehe Abb. 11.17). Wir erkennen jedoch, dass die genaue Lage des Ereignishorizonts von dem betreffenden Endpunkt $o^+$ abhängt.

Auf der anderen Seite gibt es Teilchenhorizonte, wenn der Rand in der *Vergangenheit* – gewöhnlich handelt es sich dabei um eine Singularität und nicht ein unendlich weit entferntes Gebiet – raumartig ist. Betrachtet man streng konforme Diagramme, in denen Singularitäten auftreten, so stellt man fest, dass die meisten dieser Raumzeitsingularitäten einen raumartigen Charakter haben. Das hängt eng mit dem Problem der „starken kosmischen Zensur" zusammen, auf das ich im nächsten Kapitel zu sprechen kommen werde. Im Folgenden bezeichne ich diesen anfänglichen singulären Rand mit $\mathscr{B}^-$. Wenn das Ereignis $o$ der Raumzeit-Punkt eines Beobachters $O$ ist, können wir den Vergangenheitslichtkegel $\mathcal{C}^-(o)$ betrachten und prüfen, wo er auf $\mathscr{B}^-$ trifft. Teilchen, die außerhalb dieser Schnittmenge auf $\mathscr{B}^-$ entspringen, können nie

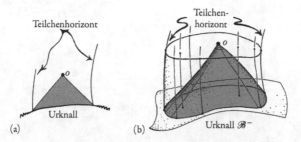

**Abb. 11.19** Schematisch konformes Diagramm von Teilchenhorizonten in (a) zwei Dimensionen und (b) drei Dimensionen.

in den Bereich eintreten, der für den Beobachter am Ereignis $o$ sichtbar ist. Je weiter sich die Weltlinie von $O$ jedoch in die Zukunft erstreckt, umso mehr Teilchen werden für ihn sichtbar. Üblicherweise bezeichnet man als den tatsächlichen *Teilchenhorizont* zu dem Ereignis $o$ die Menge aller Orte, die von idealisierten Weltlinien von Galaxien überstrichen werden, die an den Schnittpunkten von $\mathscr{C}^{-}(o)$ mit $\mathscr{B}^{-}$ beginnen (siehe Abb. 11.19).

# 12

## Weshalb war der Urknall etwas Besonderes?

Kehren wir nun zu unserer grundlegenden Ausgangsfrage zurück: Wie ist unser Universum zu einem Urknall gekommen, der so außergewöhnlich speziell war – und insbesondere speziell in einer ganz besonderen Art? In Bezug auf die *Gravitation* und ihre Freiheitsgrade war die Entropie dieses Anfangszustands im Vergleich zu dem, was hätte sein können, sehr gering, doch in Bezug auf alles andere lag sie sehr nahe bei ihrem Maximalwert. Im Zusammenhang mit kosmologischen Betrachtungen wird dieser Punkt oft zusätzlich dadurch verschleiert, dass eine populäre Idee ins Spiel gebracht wird: die so genannte kosmische *Inflation*. Nach dieser Vorstellung hat unser Universum schon einmal eine Phase einer exponentiellen Expansion durchgemacht, die allerdings nur einen winzigen Augenblick anhielt, irgendwann zwischen $10^{-36}$ und $10^{-32}$ Sekunden nach dem Urknall. Dabei hat sich die lineare Ausdehnung unseres Universums um einen riesigen Faktor vergrößert, man vermutet um das $10^{20}$- bis $10^{60}$-fache, der Faktor könnte aber auch bei $10^{100}$ liegen. Mit dieser kaum vorstellbaren Expansion möchte man (unter anderem) die Gleichförmigkeit des frühen Universums erklären, und man stellt sich vor, dass praktisch sämtliche Unregelmäßigkeiten durch die Dehnung einfach herausgebügelt wurden. Diese Diskussionen scheinen jedoch in den seltensten Fällen die grundlegende Frage anzugehen, die mich in Teil 1 beschäftigte, nämlich die Frage nach der Ursache dieser offensichtlichen Besonderheit des Urknalls, die schon zu Beginn vorhanden sein *musste*, sodass es überhaupt einen Zweiten Hauptsatz der Thermodynamik geben konnte. Meiner Meinung nach ist die Idee hinter der Inflation, wonach die heute beobachtete Gleichförmigkeit des Universums das Ergebnis eines (inflationären) physikalischen Prozesses während seiner frühen Entwicklungsphase ist, zutiefst irreführend.

Wie kommte ich zu einer solchen Behauptung? Untersuchen wir diese Frage im Rahmen einiger ganz allgemeiner Überlegungen. Man vermutet, dass der Prozess der Inflation denselben allgemeinen Gesetzen unterliegt wie alle anderen physikalischen Prozesse, wobei diese dynamischen Gesetze auch *zeitsymmetrisch* sind. Es gibt ein bestimmtes physikalisches Feld, das man als „Inflatonfeld" bezeichnet und das für die Inflation verantwortlich ist, obwohl die genaue Form der Gleichungen, denen dieses Inflatonfeld unterliegt, in verschiedenen inflationären Modellen unterschiedlich ist. Als Teil des inflationären Prozesses gab es eine Art „Phasenübergang", den man sich ähnlich wie den Übergang zwischen dem festen und dem flüssigen Aggregatzustand vorstellen kann, beispielsweise beim Gefrieren oder Schmelzen von Wasser. Solche Phasenübergänge ereignen sich im Einklang mit dem Zweiten Hauptsatz und sind gewöhnlich mit einem Zuwachs an Entropie verbunden. Dementsprechend ist die Einbeziehung eines Inflatonfelds in die Dynamik des Universums kein Einwand gegen die wesentlichen Argumente, die ich in Teil 1 vorgebracht habe. Wir müssen trotzdem verstehen, weshalb unser Universum in einem Zustand sehr geringer Entropie seinen Anfang genommen hat, und nach den Argumenten aus Kapitel 8 beruht diese niedrige Entropie im Wesentlichen auf der Tatsache, dass die gravitativen Freiheitsgrade nicht angeregt waren, zumindest nicht in dem Maße wie die anderen Freiheitsgrade.

Es ist sicherlich hilfreich, sich einmal zu überlegen, wie ein Zustand mit einer *hohen* Entropie aussehen könnte, wenn man auch die Freiheitsgrade der Gravitation berücksichtigt. Für diese Überlegungen bietet es sich an, den zeitlich umgekehrten Prozess eines *kollabierenden* Universums zu betrachten, denn ein solcher Kollaps sollte, sofern er im Einklang mit dem Zweiten Hauptsatz steht, zu einem singulären Zustand mit einer hohen Entropie führen. Ich sollte dabei betonen, dass diese rein *hypothetische* Betrachtung eines kollabierenden Universums nichts damit zu tun hat, ob unser eigentliches Universum jemals kollabieren wird, wie das geschlossene ($\Lambda = 0$) Friedmann-Modell aus Abbildung 7.2. Unabhängig von einer Realisierung ist ein solcher Kollaps nach den Einstein'schen Gleichungen sicherlich möglich. Generell können wir bei einem Kollaps mit allen möglichen Formen von Unregelmäßigkeiten rechnen, ähnlich wie allgemein bei kollabierenden Sternen zu einem Schwarzen Loch (siehe 10). Sobald die Materie in bestimmten lokalen Bereichen ausreichend konzentriert ist, erwarten wir das Auftreten von gefangenen Flächen und Raumzeitsingularitäten.[12.1] Jede anfängliche Unregelmäßigkeit nimmt extrem zu, und die Singularität am Ende des Prozesses besteht vermutlich aus einem wilden Durcheinander von gerinnenden Schwarzen Löchern. An dieser Stelle kommen die Überlegungen von Belinski, Chalatnikow und Lifschitz ins Spiel, und sollte sich die BKL-Vermutung als richtig erweisen (siehe Kapitel 10), erhält man in einem solchen Fall eine außerordentlich komplizierte Singularitätenstruktur.

Ich werde gleich erneut auf diese Singularitätenstrukturen zurückkommen, doch zunächst möchte ich auf die Bedeutung der inflationären Physik eingehen. Wir konzentrieren uns nun auf den Zustand des Universums zum Zeitpunkt der Rekombination, als die Strahlung, die wir heute als CMB beobachten, entstanden ist (siehe Kapitel 8). In unserem sich ausdehnenden *wirklichen* Universum war die Massenverteilung zu dieser Zeit sehr gleichförmig. Das empfinden die Wissenschaftler offenbar als Rätsel, denn andernfalls bräuchte man nicht die Inflation, um diese Gleichförmigkeit zu erklären! Da es nach allgemeinem Konsens hier etwas zu erklären gibt, gehen wir für den Augenblick einmal davon aus, es *hätte* zu diesem Zeitpunkt tatsächlich sehr ausgeprägte Unregelmäßigkeiten gegeben. Die Anhänger einer Inflationstheorie behaupten, dass solche Irregularitäten wegen des Vorhandenseins eines Inflatonfelds extrem unwahrscheinlich sind. Doch ist das wirklich der Fall?

Durchaus nicht! Wir können uns diese sehr wilde Materieverteilung zum Zeitpunkt der Rekombination als das Ergebnis eines zeitlich umgekehrten Vorgangs vorstellen, sodass wir nun von einem allgemeinen (asymmetrischen) *kollabierenden* Universum ausgehen.[12.2] Da dieses hypothetische Universum nach innen kollabiert, nehmen die Irregularitäten zu, und die Abweichungen von der FLRW-Symmetrie (siehe Kapitel 7) werden immer ausgeprägter. Der Zustand zeigt also derart starke Abweichungen von einer FLRW-Homogenität und Isotropie, dass die inflationären Fähigkeiten des Inflatonfelds keine Rolle spielen. Die (zeitlich umgekehrte) Inflation findet einfach nicht statt, da sie entscheidend von dem FLRW-Hintergrund abhängt (zumindest nach den tatsächlich durchgeführten Berechnungen).

Die offensichtliche Schlussfolgerung aus unseren Überlegungen ist somit, dass sich unser asymmetrisch kollabierendes System in einen Zustand entwickelt, der aus einem wilden Durcheinander von verschmelzenden Schwarzen Löchern besteht. Dieser Zustand führt schließlich zu einer komplizierten und sehr entropiereichen Singulariät, vermutlich von der Form der BKL-Modelle, die sich deutlich von der einfach strukturierten Singularität mit einer niedrigen Entropie unterscheidet, wie sie bei den geschlossenen Friedmann-Modellen vorliegt und wie sie in unserem Urknall tatsächlich realisiert gewesen zu sein scheint. Das gilt unabhängig davon, ob ein Inflatonfeld an den erlaubten physikalischen Prozessen teilgenommen hat oder nicht. Wenn wir also die Entwicklung unseres hypothetischen kollabierenden Universums zeitlich rückwärts betrachten, sodass wir ein mögliches Modell für ein expandierendes Universum erhalten, kommen wir unweigerlich zu dem Schluss, dass zu Beginn eine Singularität mit einer sehr hohen Entropie vorgelegen hat. Allem Anschein nach *könnte* das also ein möglicher Anfangszustand für unser wirkliches Universum gewesen sein, und dieser Zustand wäre sogar sehr viel wahrscheinlicher (d. h., er hätte eine sehr viel größere Entropie) als der Zustand, wie er beim Urknall tatsächlich vorlag. In dem hypothetischen Kollaps, den wir gerade betrachtet haben, sind die letzten Phasen durch ein Konglomerat aus verschmelzenden Schwarzen Löchern gekennzeichnet. Überträgt man dieses Bild auf den zeitlich umgekehrten Prozess eines expandierenden Universums, so bestehen die typischen anfänglichen Singularitäten aus einem entsprechenden Konglomerat unzähliger bifurkierender (sich teilender) *Weißer Löcher*![12.3] Ein Weißes Loch ist die zeitliche Umgekehrung eines Schwarzen Lochs, und in Abbildung 12.1 habe ich die entsprechende Situation angedeutet. Es ist die Tatsache, dass solche Singularitäten zu Weißen Löchern in unserem Urknall vollkommen *fehlten*, die unseren Anfangszustand zu etwas ganz Besonderem werden lässt.

Eine anfängliche Singularität dieser Art (mit mehrfach bifurkierenden Weißen Löchern) würde im Phasenraum ein unvergleichlich größeres Volumen ausfüllen als die Singularität, aus der unser Urknall einmal entstanden ist. Nur weil ein Inflatonfeld vorhanden ist, werden die Irregularitäten eines solchen Gemischs aus Singularitäten von Weißen Löchern nicht ausgebügelt. Diese Behauptung gilt unabhängig von irgendwelchen Detailüberlegungen über die Natur des Inflatonfelds. Wir müssen lediglich annehmen, dass die Prozesse durch Gleichungen beschrieben werden, deren Lösungen sich in beide Zeitrichtungen verfolgen lassen, bis ein solcher singulärer Zustand erreicht wird.

Wir können sogar noch mehr über die unvorstellbare Größe des Phasenraumvolumens sagen, wenn wir die allgemein anerkannte Bekenstein-Hawking-Formel für die Entropie eines Schwarzen Lochs verwenden, um daraus das Phasenraumvolumen zu bestimmen. Für ein nicht rotierendes Schwarzes Loch der Masse $M$ ist diese Entropie durch

$$S_{\text{BH}} = \frac{8k\,G\,\pi^2}{c\,h}M^2$$

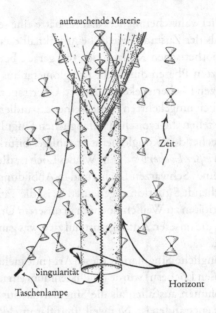

auftauchende Materie

Zeit

Singularität

Taschenlampe

Horizont

**Abb. 12.1** Ein hypothetisches „Weißes Loch", die Zeitumkehr-Lösung zu einem Schwarzen Loch, wie es in Abbildung 10.1 dargestellt ist. Ein solches Weißes Loch verletzt eklatant den Zweiten Hauptsatz. Licht kann nicht durch den Horizont ins Innere dringen, sodass das Licht einer Taschenlampe unten links erst eindringt, nachdem das Loch zu gewöhnlicher Materie explodiert ist.

gegeben, und die Entropie eines rotierenden Schwarzen Loches liegt je nach der Rotationsgeschwindigkeit zwischen dem Wert aus dieser Formel und der Hälfte dieses Werts. Der Bruch, mit dem $M^2$ multipliziert wird, ist einfach eine *Konstante*, wobei $k$, $G$ und $h$ die Boltzmann-Konstante, die Newton'sche Gravitationskonstante bzw. die Planck'sche Konstante bezeichnen und $c$ die Lichtgeschwindigkeit. Wir können diese Formel für die Entropie sogar noch in eine allgemeinere Form bringen:

$$S_{BH} = \frac{kc^3 A}{4G\hbar},$$

wobei $A$ die Fläche des Horizonts ist. Diese Formel gilt unabhängig davon, ob sich das Schwarze Loch dreht oder nicht. Ausgedrückt in Planck-Einheiten, die wir am Ende von Kapitel 14 einführen werden, lautet die Formel:

$$S_{BH} = A/4.$$

Obwohl es meiner Meinung nach immer noch keine wirklich zufriedenstellende Begründung für diese Entropie in Form einer Abzählung von inneren Zuständen des Schwarzen Lochs gibt,[12.4] ist diese Formel für die Entropie wichtig, um den Zweiten Hauptsatz in dem Bereich außerhalb des Schwarzen Lochs auch in einer Quantenwelt widerspruchsfrei aufrechterhalten zu können. Wie schon in Kapitel 8 erwähnt wurde, stammt der bei weitem größte Anteil der Entropie des heutigen Universums von den schwarzen Riesenlöchern in den Zentren von Galaxien. Wenn die gesamte Masse, die wir in dem Bereich des heute beobachtbaren Universums (also des Teils, der innerhalb unseres heutigen Teilchenhorizonts liegt; siehe Kapitel 11) vermuten, zu einem einzigen Schwarzen Loch würde, hätte es eine Entropie von rund $10^{124}$. Diesen Wert können wir als grobe untere Grenze für die Entropie ansehen, die wir mit derselben Materiemenge in unserem Modell eines kollabierenden Universums erreichen können. Da in der Entropieformel von Boltzmann ein Logarithmus auftritt (siehe Kapitel 3), ist das zugehörige Phasenraumvolumen zu diesem Wert ungefähr[12.5]

$$10^{10^{124}}.$$

Andererseits hat der Bereich im Phasenraum, der dem Zustand des beobachtbaren Teils unseres Universums zum Zeitpunkt der Rekombination entspricht (für dieselbe Materiemenge, nämlich die,

die wir in der CMB sehen), ein Volumen, das kaum größer als

$$10^{10^{89}}$$

ist. Wäre unser Universum rein zufällig entstanden, so hätte die Wahrscheinlichkeit für einen derart außergewöhnlichen Anfangszustand[12.6] den absurd kleinen Wert von rund $1/10^{10^{124}}$, unabhängig von irgendeiner Inflation. Das ist eine Größenordnung, die eine vollkommen andere Art von theoretischer Erklärung verlangt!

Es gibt in diesem Zusammenhang noch einen weiteren Punkt, der von Bedeutung sein könnte. Dabei handelt es sich um die Frage, ob eine Anfangssingularität mit der komplizierten Struktur, wie sie das Konglomerat aus Weißen Löchern hat, als ein „augenblickliches Ereignis" bezeichnet werden kann. Eigentlich geht es um das Problem, ob eine solche Singularität, aufgefasst als eine Art von „konformem Rand" in der Vergangenheit der Raumzeit, immer noch „raumartig" ist. Eine solche raumartige Anfangssingularität könnte dann der *Nullpunkt* einer kosmischen Zeitkoordinate sein, und sie wäre der „Augenblick" eines derart asymmetrischen und ungeordneten Urknalls.

Tatsächlich hat die Zeitumkehr-Lösung zum Oppenheimer-Snyder-Kollaps eine raumartige Anfangssingularität, wie man dem streng konformen Diagramm in Abbildung 12.2 entnehmen kann, das die zeitlich gespiegelte Abbildung von Abbildung 11.13 a ist. Darüber hinaus scheinen BKL-Singularitäten allgemein die Eigenschaft zu haben, raumartig zu sein. Noch allgemeiner folgt aus der schon in Kapitel 10 erwähnten *starken kosmischen Zensur*,[12.7] einer bisher noch unbewiesenen Vermutung bezüglich der Lösungen der Einstein'schen Gleichungen, dass in generischen Fällen die Singularitäten eine raumartige Natur haben (wobei man auch lichtartige Abschnitte zulässt). Das Prinzip der „starken kosmischen Zensur" besagt, dass im Allgemeinen bei einem gravitativen Kollaps keine „nackten Singularitäten" auftreten dürfen und die tatsächlich auf-

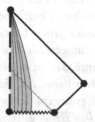

**Abb. 12.2** Streng konformes Diagramm des Weißen Lochs aus Abbildung 12.1.

tretenden Singularitäten immer von einer direkten Beobachtung abgeschirmt sind. Der Ereignishorizont bei schwarzen Löchern ist ein Beispiel für eine solche Abschirmung. Aus dem Prinzip der starken kosmischen Zensur folgt die Raumartigkeit dieser Singularitäten, zumindest im Allgemeinen. Dementsprechend erscheint es mir vollkommen sinnvoll, in diesen von Weißen Löchern geprägten Anfangssingularitäten ein instantanes Ereignis zu sehen.

Offensichtlich haben wir es mit zwei Arten von Singularitäten zu tun: Es gibt die speziellen, „glatten" Singularitäten mit einer sehr niedrigen Entropie – eine solche lag offenbar bei unserem Urknall vor – und die allgemeinen Singularitäten mit einer sehr hohen Entropie, wie sie bei den gerade betrachteten zeitlich umgekehrten Kollapsmodellen auftreten und die durch wild bifurkierende Weiße Löcher charakterisiert sind. Damit erhebt sich die wichtige Frage, wie man geometrisch zwischen diesen beiden Arten von Singularitäten unterscheiden kann. Wir brauchen ein klares Kriterium, um behaupten zu können, „die gravitativen Freiheitsgrade sind nicht aktiviert". Dafür müssen wir eine mathematische Größe finden, welche die „gravitativen Freiheitsgrade" misst.

Für viele Betrachtungen können wir das Gravitationsfeld mit dem elektromagnetischen Feld vergleichen, obwohl es natürlich auch wichtige Unterschiede gibt. Das elektromagnetische Feld wird in der relativistischen Physik durch eine tensorielle Größe **F** beschrieben, die *Maxwell'scher Feldtensor* heißt, benannt nach dem großen schottischen Wissenschaftler James Clerk Maxwell, der im Jahre 1861 als Erster die Gleichungen für das elektromagnetische Feld aufstellte und zeigen konnte, dass man mit ihnen auch die Ausbreitung von Licht beschreiben kann. An dieser Stelle möchte ich an eine andere Tensorgröße erinnern, der wir in Kapitel 9 begegnet sind, nämlich den *metrischen Tensor* g. Tensoren spielen in der Allgemeinen Relativitätstheorie eine wichtige Rolle, weil man mit ihnen geometrische oder physikalische Größen mathematisch beschreiben kann, die nicht von Diffeomorphismen (den in Kapitel 9 betrachteten „Gummiband"-Verformungen) beeinflusst bzw. „mitgezogen" werden. Der Tensor **F** lässt sich an jedem Punkt durch sechs unabhängige Größen ausdrücken (drei für die Komponenten des elektrischen Felds und drei weitere für das magnetische Feld). Der metrische Tensor g besitzt an jedem Punkt zehn unabhängige Komponenten. In der üblichen Tensorschreibweise schreibt man für diese Komponenten der Metrik $g_{ab}$ (oder ähnlich), mit zwei tiefer gestellten Indizes (und es gilt die Symmetrie $g_{ab} = g_{ba}$). Bei dem Maxwell'schen Tensor **F** schreibt man für die Komponenten $F_{ab}$ (und es gilt eine *Antisymmetrie* $F_{ab} = -F_{ba}$). Beide Tensoren haben eine bestimmte *Stufe*, in diesem Fall $\begin{bmatrix} 0 \\ 2 \end{bmatrix}$, was sich auf die beiden tiefgestellten Indizes bezieht. Es gibt auch Tensoren mit oberen Indizes, und allgemein wird ein $\begin{bmatrix} p \\ q \end{bmatrix}$-Tensor durch einen Satz von Komponenten beschrieben, die durch eine Größe mit $p$ oberen und $q$ unteren Indizes ausgedrückt wird. Es gibt ein algebraisches Verfahren, das man als *Kontraktion* (oder auch Verjüngung) bezeichnet, mit dem wir einen oberen Index mit einem unteren Index verbinden können (ähnlich wie bei einer chemischen Bindung), und dabei verschwinden diese beiden Indizes aus dem abschließenden Ergebnis. Es ist allerdings nicht meine Absicht, an dieser Stelle in die algebraischen Einzelheiten der Tensorrechnung einzusteigen.

Die Freiheitsgrade des elektromagnetischen Felds lassen sich tatsächlich durch den Maxwell'schen Tensor **F** messen, doch in der Maxwell'schen Theorie gibt es für das elektromagnetische Feld auch einen *Quellterm*, den man als *Ladungsstrom*-Vektor **J** bezeichnet. Dieser Vektor ist ein $\begin{bmatrix} 1 \\ 0 \end{bmatrix}$-Tensor, der an jedem Punkt vier Komponenten hat, wobei eine Komponente der elektrischen Ladungsdichte entspricht und drei Komponenten dem elektrischen Strom. In stationären Fällen wirkt die Ladungsdichte als Quelle des elektrischen Felds und die Stromdichte als Quelle des Magnetfelds, doch in nicht stationären Fällen werden die Dinge komplizierter.

Wir überlegen uns nun, was die Analoga von **F** und **J** für das *Gravitationsfeld* sind, wie es durch Einsteins Allgemeine Relativitätstheorie beschrieben wird. In dieser Theorie gibt es eine *Krümmung* der Raumzeit (die wir berechnen können, wenn wir wissen, wie sich die Metrik **g** über die Raumzeit verändert), ein $\begin{bmatrix} 0 \\ 4 \end{bmatrix}$-Tensor **R**, der auch als *Riemann-Christoffel*-Tensor bekannt ist. Die etwas komplizierte Symmetrie dieses Tensors führt dazu, dass **R** an jedem Punkt ingesamt 20 Komponenten besitzt. Diese Komponenten zerfallen in zwei Gruppen: den $\begin{bmatrix} 0 \\ 4 \end{bmatrix}$-Tensor **C**, der zehn Komponenten besitzt und *konformer Weyl-Tensor* heißt, und einen symmetrischen $\begin{bmatrix} 0 \\ 2 \end{bmatrix}$-Tensor **E**, ebenfalls mit zehn Komponenten, den man als *Einstein*-Tensor bezeichnet (und der äquivalent zu dem sogenannten *Ricci*-Tensor ist, ebenfalls einem $\begin{bmatrix} 0 \\ 2 \end{bmatrix}$-Tensor[12.8]). Nach den Einstein'schen Feldgleichungen hängt **E** direkt mit der *Quelle* des Gravitationsfelds zusammen, was man gewöhnlich in der Form[12.9]

$$\mathbf{E} = \frac{8\pi G}{c^4} \mathbf{T} + \Lambda \mathbf{g}$$

schreibt, wobei $\Lambda$ die kosmologische Konstante ist und der $\begin{bmatrix} 0 \\ 2 \end{bmatrix}$-*Energietensor* **T** die Massen- und Energiedichte sowie noch weitere, über bestimmte Bedingungen der Relativitätstheorie damit zusammenhängende Größen beschreibt. Verwendet man die Planck-Einheiten aus Kapitel 14, so vereinfacht sich diese Gleichung zu

$$\mathbf{E} = 8\pi \mathbf{T} + \Lambda \mathbf{g}.$$

Mit anderen Worten, $E$ (oder äquivalent der Energietensor $T$) ist das gravitative Analogon zu $J$, und der Weyl-Tensor $C$ ist das gravitative Analogon zu Maxwells $F$.

In der Maxwell-Theorie macht sich das Magnetfeld durch Muster von Eisenfeilspänen oder die Ablenkung einer Kompassnadel bemerkbar, und das elektrische Feld zeigt sich beispielsweise durch seinen Einfluss auf geladene Kugeln. In entsprechender Weise können uns nun fragen, welche direkt beobachtbaren Effekte $C$ und $E$ haben. In einem nahezu wörtlichen Sinne können wir den Einfluss von $E$ und insbesondere den von $C$ unmittelbar *sehen*, da beide Tensoren direkt und beobachtbar auf Lichtstrahlen einwirken. Diesbezüglich sind $E$ und $T$ sogar *vollständig* äquivalent, da $\Lambda g$ keinerlei Einfluss auf Lichtstrahlen hat. Man kann durchaus sagen, dass der erste eindeutige Hinweis auf die Richtigkeit der Allgemeinen Relativitätstheorie eine solche direkte Beobachtung war. Im Jahre 1919 leitete (Sir) Arthur Eddington eine Expedition zur Insel Principe, um dort während einer Sonnenfinsternis die scheinbare Verschiebung des Orts eines Sterns aufgrund des Gravitationsfelds der Sonne zu messen.

Im Wesentlichen wirkt $E$ wie eine Lupe, während der Einfluss von $C$ einer rein astigmatischen Linse gleicht. Beide Effekte lassen sich gut anhand von Lichtstrahlen beschreiben, von denen wir uns vorstellen, dass sie nahe an einem schweren Körper wie der Sonne vorbei- oder sogar direkt durch ihn hindurchfliegen. Natürlich kann gewöhnliches Licht nicht wirklich durch die Sonne hindurchfliegen (oder bei einer Sonnenfinsternis durch den abdeckenden Mond), sodass wir diese Strahlen in der Praxis nicht direkt beobachten können. Aber vorstellen können wir uns ja, wir könnten den Stern auch durch die Sonne sehen. In diesem Fall wäre das Bild des Sterns durch den Einfluss von $E$ an den Punkten, wo sich wirklich Sonnenmaterie befindet, etwas vergrößert. $E$ bewirkt einfach eine verzerrungsfreie *Vergrößerung* des Bilds von dem, was dahinter liegt.[12.10] Andererseits wird das Bild eines weit entfernten Sterns *außerhalb* der

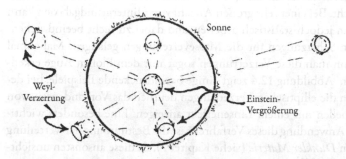

**Abb. 12.3** Das Vorhandensein einer Weyl-Krümmung um einen schweren Körper (hier die Sonne) erkennt man an einer (nicht konformen) Verzerrung des Hintergrundbilds.

Sonnenscheibe (also das, was man *tatsächlich* sieht) verschoben, und zwar ist diese Verschiebung umso kleiner, je weiter nach außen wir schauen. Das führt zu einer *astigmatischen Verzerrung* des Bilds eines entfernten Sterns. Beide Einflüsse sind in Abbildung 12.3 dargestellt. Aufgrund der Verzerrung des Bilds außerhalb des Sonnenkörpers erscheint die kleine kreisförmige Scheibe des weit entfernten Sterns elliptisch, und der Grad dieser Elliptizität ist ein Maß für den Betrag der *Weyl-Krümmung* C entlang der Sichtlinie.

Dieser von Einstein vorhergesagte Gravitationslinsen-Effekt wurde mittlerweile zu einem sehr wichtigen Hilfsmittel in der modernen Astronomie und Kosmologie, denn mit seiner Hilfe kann man Massenverteilungen ausmessen, die ansonsten vollkommen unsichtbar sind. In diesen Fällen besteht das entfernte Hintergrundbild meist aus vielen sehr weit entfernten Galaxien, und man möchte feststellen, ob das Hintergrundbild nachweisbar elliptisch verzerrt ist, um dann daraus die tatsächlich vorhandene Massenverteilung abschätzen zu können, deren Gravitationsfeld diese Elliptizität hervorgerufen hat. Der Haken an der Sache ist, dass Galaxien häufig selber eine elliptische Form haben, sodass man aus dem Bild einer einzelnen Galaxie oft nicht feststellen kann, ob es verzerrt ist oder nicht. Bei einer sehr großen Anzahl von Hintergrundgalaxien kann man jedoch statistisch arbeiten und dabei zu recht beeindruckenden Schätzungen für die Masseverteilungen gelangen. Manchmal kann man diese Verzerrungen sogar mit dem bloßen Auge erkennen. Abbildung 12.4 zeigt einige beeindruckende Beispiele, bei denen die elliptischen Verzerrungen deutlich das Vorhandensein von Quellen mit einem Linseneffekt anzeigen. Eine besonders wichtige Anwendung dieses Verfahrens ist die Bestimmung der Verteilung von *Dunkler Materie* (siehe Kapitel 7), da diese ansonsten unsichtbar ist.[12.11]

Die Tatsache, dass $C$ Bilder elliptisch verzerrt, deutet schon an, dass diese Größe die *konforme Krümmung* misst. Gegen Ende von Kapitel 9 wurde erwähnt, dass die konforme Struktur einer Raumzeit eigentlich die Struktur ihrer Lichtkegel ist. Die konforme Krümmung der Raumzeit, nämlich $C$, misst daher, inwieweit diese Lichtkegelstruktur von der eines Minkowski-Raums $\mathbb{M}$ abweicht. Die genaue Form dieser Abweichung erkennen wir eben an der Elliptizität von Bündeln von Lichtstrahlen. Kommen wir nun zu der gesuchten geometrischen Bedingung, durch die wir die besondere Natur des Urknalls charakterisieren möchten. Wir suchten nach einer Kenngröße, mit der wir die Behauptung präzisieren können, dass die Gravitationsfreiheitsgrade zum Zeitpunkt des Urknalls nicht angeregt waren. Doch das bedeutet so viel wie „die Weyl-Krümmung war hier null". Seit vielen Jahren vertrete ich daher die Meinung, dass für die Singulariät zu Beginn unseres Universums eine Bedingung der Art „$C = 0$" gilt, im Gegensatz zu den typischen „Endzustands"-Singularitäten, wie sie in Schwarzen Löchern auftreten und für die $C$ mit großer Wahrscheinlichkeit unendlich wird, wie beispielsweise beim Oppenheimer-Synder-Kollaps, und vermutlich sogar wild divergiert, wie bei den BKL-Singularitäten.[12.12] Ganz allgemein erscheint mir diese Bedingung eines Verschwindens von $C$ bei Anfangssingularitäten – die ich die

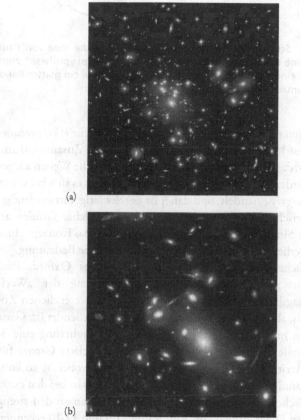

**Abb. 12.4**  Gravitationslinseneffekt: (a) Der Galaxiencluster Abell 1689; (b) der Galaxiencluster SDSS J1004+4112.

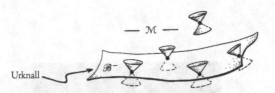

**Abb. 12.5** Schematisch konformes Diagramm für die Idee von Paul Tod, die eine bestimmte Form der „Weyl-Krümmungshypothese" zum Ausdruck bringt. Die Behauptung ist, dass der Urknall ein glatter Rand $\mathcal{B}$ der Raumzeit $\mathcal{M}$ ist.

*Weyl-Krümmungshypothese* nenne (oder WHC – für *Weyl curvature hypothesis*) – als sinnvoll. Ärgerlich ist in diesem Zusammenhang allerdings, dass diese Bedingung auf unterschiedliche Weisen ausgedrückt werden kann. Das Problem liegt darin, dass es sich bei C um eine *Tensorgröße* handelt, und daher ist es schwierig, unzweideutige mathematische Aussagen über das Verhalten solcher Größen an Raumzeit-Singularitäten zu machen, denn schon das Konzept eines Tensors verliert dort in jedem denkbaren Sinn seine Bedeutung.

Glücklicherweise hat sich mein Kollege aus Oxford, Paul Tod, sehr ausführlich mit einer Formulierung der „Weyl-Krümmungshypothese" beschäftigt, die zwar in wesentlichen Zügen anders, aber mathematisch gewiss zufriedenstellender ist. Ganz grob kann man sagen, dass es nach seiner Formulierung eine 3-dimensionale Urknall-Fläche $\mathcal{B}^-$ gibt, die eine glatte Grenze für die Raumzeit $\mathcal{M}$ in der Vergangenheit darstellt, wobei $\mathcal{M}$ als konforme Mannigfaltigkeit aufzufassen ist. Genau das ist bei den exakt symmetrischen FLRW-Modellen der Fall, wie man an den streng konformen Diagrammen von Abbildung 11.9 und 11.10 erkennen kann, allerdings müssen wir nun *nicht* die FLRW-Symmetrie dieser speziellen Modelle annehmen (siehe Abb. 12.5). In dem Modell von Paul Tod muss C beim Urknall *endlich* bleiben (da die konforme Struktur bei $\mathcal{B}^-$ als glatt angenommen wird), C darf also nicht wild divergieren, und diese Aussage dürfte für unser Anliegen ausreichen.

Mathematisch lässt sich diese Aussage noch deutlicher fassen, indem wir von der Raumzeit als konformer Mannigfaltigkeit fordern, dass sie sich in glatter Weise etwas *vor* die Hyperfläche $\mathscr{B}^-$ fortsetzen lässt. *Vor* den Urknall? Wie das? Der Urknall sollte doch den Anfang aller Dinge bezeichnen, und somit gibt es kein „vorher". Keine Angst – dies ist nur ein mathematischer Trick. Diese Fortsetzung hat keine *physikalische* Bedeutung!

Oder vielleicht doch ...?

# Teil 3

## Konforme zyklische Geometrie

# 13

## Anknüpfung ans Unendliche

Wie könnte unser Universum vor sehr langer Zeit, unmittelbar nach dem Urknall, in physikalischer Hinsicht ausgesehen haben? Eines ist sicher: Es war sehr *heiß* – sogar extrem heiß. Die kinetische Energie der Bewegung der Teilchen zu dieser Zeit war riesig und hat die vergleichsweise winzigen Ruheenergien ($E = mc^2$ für ein Teilchen mit der Ruhemasse $m$) bei weitem übertroffen. Die Ruhemasse der Teilchen spielte somit praktisch überhaupt keine Rolle – sie war, soweit es die wichtigen dynamischen Prozesse betrifft, so gut wie *null*. Die Materie des Universums bestand damals, unmittelbar nach dem Urknall, praktisch aus *masselosen* Teilchen.

Wir können das Ganze auch aus einem anderen Blickwinkel betrachten. Nach den heutigen Vorstellungen der Teilchenphysik[13.1] erhalten die fundamentalen Teilchen ihre *Ruhemasse* durch die Einwirkung eines *bestimmten* Teilchens (möglicherweise auch einer ganzen Familie solcher Teilchen), das man als *Higgs*-Boson bezeichnet. Zu dem Higgs-Teilchen gehört ein Quantenfeld, und durch einen subtilen quantenmechanischen Vorgang, den man als *Symmetriebrechung* bezeichnet, erhalten die anderen Teilchen durch ihre Wechselwirkung mit diesem Quantenfeld ihre Massen. Ohne das Higgs-Teilchen hätten die anderen fundamentalen Teilchen keine Masse, und auch sich selbst verleiht das Higgs-Teilchen über diesen Prozess eine bestimmte Masse (oder, anders ausgedrückt, eine bestimmte Ruheenergie). Doch zu Beginn des Universums, als die Temperatur noch so hoch war, dass die zugehörige Energie sehr viel größer war als die Higgs-Masse, waren *alle* Teilchen effektiv masselos, wie das Photon.

Wie wir in Kapitel 9 gesehen haben, würden masselose Teilchen die *metrische* Struktur der Raumzeit gar nicht vollständig wahrnehmen, sondern nur ihre *konforme* (oder Lichtkegel-)Struktur. Um diesen Punkt etwas expliziter (und sorgfältiger) zu behandeln, betrachten wir das bekannteste masselose Teilchen, das Photon, das auch heute noch masselos ist.[13.2] Wenn wir das Photon richtig verstehen wollen, müssen wir es im Rahmen der etwas ungewöhnlichen, aber sehr präzisen Theorie der *Quantenmechanik* behandeln (oder, um ganz genau zu sein, der Quantenfeldtheorie, QFT). Ich kann hier nicht auf die Einzelheiten der QFT eingehen (obwohl ich ein paar grundlegende Anmerkungen in Bezug auf Quantenphänomene in Kapitel 16 ansprechen werde). Uns geht es hier hauptsächlich um das physikalische *Feld*, dessen Quantenanteil die Photonen sind. Es handelt sich dabei um das Maxwell'sche *elektromagnetische* Feld, das durch den schon in Kapitel 12 erwähnten Tensor **F** beschrieben wird. Man kann zeigen, dass die Maxwell'schen Feldgleichungen vollkommen *konform invariant* sind. Das bedeutet, wenn wir die Metrik **g** durch eine neue Metrik **ĝ** ersetzen,

$$\mathbf{g} \mapsto \mathbf{\hat{g}},$$

die konform mit **g** zusammenhängt, d. h. die neue Metrik erhält man durch eine (möglicherweise ortsabhängige) Reskalierung

$$\mathbf{\hat{g}} = \Omega^2 \mathbf{g},$$

wobei $\Omega$ eine positive, glatt variierende skalare Größe auf der Raumzeit ist (siehe Kapitel 9), dann gibt es entsprechende Skalierungsfaktoren sowohl für das Feld **F** als auch für den Ladungsstrom-Vektor **J**, sodass exakt dieselbe Maxwell-Gleichung gilt wie zuvor,[13.3] wobei nun alle Operationen durch **ĝ** definiert sind anstatt durch **g**. Dementsprechend erhalten wir aus jeder Lösung der Maxwell'schen Gleichungen zu einer bestimmten Wahl der konformen Skala eine entsprechende Lösung zu einer anderen konformen Skala. (Das wird in Kapitel 14 noch etwas ausführlicher erklärt und sehr präzise in Anhang A.6.) In gewisser Hinsicht gilt das auch für die QFT,[13.4] sodass sich die entsprechende Beschreibung durch ein *Teilchen* (in diesem Fall das Photon) auch auf die neue Metrik $\hat{g}$ überträgt, und zwar für jedes einzelne Photon. Mit anderen Worten, das Photon „merkt" noch nicht einmal etwas von einer lokalen Skalenänderung.

In der Tat ist die Maxwell'sche Theorie in diesem starken Sinne konform invariant, und die elektromagnetischen *Wechselwirkungen*, welche die elektrischen Ladungen mit dem elektromagnetischen Feld koppeln, spüren ebenfalls nichts von lokalen Skalenänderungen. Man benötigt die *Lichtkegelstruktur* der Raumzeit, d. h., eine konforme Raumzeit-Struktur, damit man für Photonen und ihre Wechselwirkungen mit geladenen Teilchen die entsprechenden Gleichungen formulieren kann. Den Skalenfaktor, durch den sich zwei Metriken unterscheiden, die beide mit einer vorgegebenen Lichtkegelstruktur verträglich sind, benötigt man dafür *nicht*. Und dieselbe Invarianz gilt auch für die *Yang-Mills*-Gleichungen, die sowohl die *starken* Wechselwirkungen beschreiben, also z. B. die Kräfte zwischen den Nukleonen (Protonen, Neutronen und ihren Bestandteilen, den Quarks) und anderen wichtigen stark wechselwirkenden Teilchen, als auch die *schwachen* Wechselwirkungen, die beispielsweise für den radioaktiven Zerfall verantwortlich sind. Vom mathematischen Standpunkt aus betrachtet handelt es sich bei der Yang-Mills-Theorie[13.5] eigentlich nur um eine Variante der Maxwell'schen Theorie, wobei lediglich einige „zusätzliche innere Indizes" hinzukommen (siehe Anhang A.7), sodass es statt des einzelnen Photons nun einen ganzen Satz, ein sogenanntes Multiplett, von Teilchen gibt. Die *Quarks* und *Gluonen* der starken Wechselwirkung entsprechen den Elektronen und Photonen der elektromagnetischen Theorie. Ebenso wie das Elektron sind auch die Quarks *massebehaftet*, und ihre Massen hängen direkt mit dem Higgs-Teilchen zusammen. Im Standardmodell der schwachen Wechselwirkungen (man spricht auch von der Theorie der „elektroschwachen" Wechselwirkung, weil die Elektrodynamik zu einem Teil dieser Theorie geworden ist), gehört das Photon zu einem Multiplett, das noch drei weitere Teilchen enthält, die alle drei eine Masse haben und die man als $W^+$, $W^-$ und $Z$ bezeichnet. Wiederum hängen die Massen dieser Teilchen mit dem Higgs-Teilchen zusammen. Ohne diesen Faktor, der den Teilchen ihre Massen verleiht, beispielsweise bei den extrem heißen Temperaturen kurz nach dem Urknall, aber auch bei den sehr hohen Teilchenenergien, die man am LHC (dem Large Hadron Collider, einem Beschleuniger am CERN in der Nähe von Genf) einmal erreichen wird, wenn er auf voller Leistung läuft,[13.6] sollte nach der heutigen Theorie die volle konforme Invarianz wieder gelten. Natürlich hängen die Einzelheiten davon ob, ob die Standardmodelle dieser Wechselwirkungen tatsächlich angemessen sind, doch nach dem derzeitigen Stand der Teilchenphysik scheint diese Annahme nicht unvernünftig zu sein. Und selbst wenn sich herausstellen sollte (beispielsweise aufgrund genauerer Daten vom LHC), dass die Dinge nicht ganz so liegen, wie es das heutige Standardmodell der Teilchenphysik beschreibt, wäre immer noch zu vermuten, dass die Ruhemassen der Teilchen bei sehr hohen Energien zunehmend unwichtiger und die physikalischen Prozesse durch konform invariante Gesetze beschrieben werden.

Das Entscheidende an diesen Überlegungen ist, dass die Physik kurz nach dem Urknall – vermutlich rund $10^{-12}$ Sekunden nach diesem Augenblick,[13.7] als die Temperatur über rund $10^{16}$ K lag – blind war für diesen Skalenfaktor $\Omega$ und nur die *konforme* Geometrie der Raumzeit für die physikalischen Prozesse von Bedeutung war.[13.8] Zu dieser Zeit hatten eventuelle Skalenänderungen überhaupt keinen Einfluss auf die physikalischen Vorgänge. Erinnern wir uns nun an das Modell von Paul Tod und stellen uns vor, wie die Raumzeit beim Urknall auseinandergezogen und zu einer vollkommen glatten raumartigen 3-dimensionalen Fläche $\mathscr{B}$ gestreckt wird (Kapitel 12, Abb. 12.5). Diese Fläche lässt sich mathematisch zu einer konformen „Raumzeit" *vor* dem Urknall erweitern, und auch die

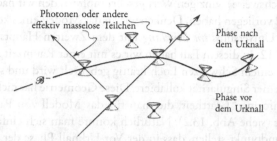

**Abb. 13.1** Photonen und andere (effektiv) masselose Teilchen/Felder können glatt von einer früheren Vor-Urknall-Phase in die heutige Nach-Urknall-Phase gelangen, und umgekehrt können wir die Informationen zu den Teilchen/Feldern aus der Nach-Urknall-Phase in die Vor-Urknall-Phase zurückverfolgen.

physikalischen Vorgänge ließen sich mathematisch widerspruchsfrei in die Zeit vor den Urknall zurückverfolgen. Die Physik wäre von den dabei auftretenden enormen Skalenänderungen offenbar nicht betroffen, und im Einklang mit den Ideen von Paul Tod gelangen wir zu einem hypothetischen Bereich vor dem Urknall (siehe Abb. 13.1).

Dürfen wir diesem hypothetischen Gebiet eine physikalische *Realität* zuschreiben? Wenn ja, um was für ein Raumzeitgebiet könnte es sich bei dieser „Vor-Urknall"-Phase handeln? Eine naheliegende Idee wäre, dass es sich hierbei um den abschließenden Kollaps eines Universums handelt, das in gewisser Weise *zurückprallt* und nahtlos in den Urknall eines *expandierenden* Universums übergeht. Eine solche Vorstellung würde jedoch meinen bisher angestrebten Zielen vollkommen widersprechen. In einem solchen Modell müsste die kollabierende Vor-Urknall-Phase irgendwie mit unvorstellbarer Exaktheit auf einen bestimmten Endzustand „zugesteuert" sein, der ebenso speziell gewesen wäre, wie der Zustand nach dem Urknall in unserem Universum. In dieser Vor-Urknall-Phase wäre der Zweite Hauptsatz rigoros verletzt worden, indem die Entropie zu dem (vergleichsweise) winzigen Wert geschrumpft ist, den wir nach dem Urknall vorliegen haben. Denken wir an das Modell eines kollabierenden Universums *im Einklang* mit dem Zweiten Hauptsatz aus Kapitel 12. In diesem Fall haben wir es mit einer Raumzeit zu tun, die von einem Schwarzen Loch kräftig gebeutelt wird und schließlich zu einer Singularität kollabiert. Diese Geometrie hat nichts von der konformen Glattheit, die man für das Modell von Paul Tod braucht (siehe Abb. 13.2). Natürlich könnte man sich einfach auf den Standpunkt stellen, dass in der Vor-Urknall-Phase der Zweite Hauptsatz in die umgekehrter Zeitrichtung gewirkt hat (siehe die letzten Abschnitte in Kapitel 6), doch das widerspräche vollkommen meiner Absicht. Ich möchte eher so etwas wie eine „Erklärung" für den Zweiten Hauptsatz finden, oder zumindest einen Grund für sein Wirken, statt einfach nur *per Dekret zu fordern*, dass es in irgendeiner Phase des Universums (nämlich dem oben angesprochenen „Augenblick des Zurückprallens") zu irgendeinem absurd speziellen Zustand gekommen ist. Darüber hinaus scheint es auch einige *mathematische* Schwierigkeiten mit dieser besonderen Art des „Zurückprallens" zu geben. Darauf werden wir später noch im Zusammenhang mit den kosmologischen Modellen für strahlungsdominierte Universen von Tolman eingehen (Kapitel 15; siehe auch Anhang B.6).

Nun machen wir etwas vollkommen anderes. Wir wenden uns dem anderen Ende der Zeit zu und überlegen uns, was wir in der sehr fernen Zukunft zu erwarten haben. Nach den Modellen, die wir in Kapitel 7 beschrieben haben und in denen es eine positive kosmologische Konstante $\Lambda$ gibt (siehe Abb. 7.5), sollte sich unser Universum irgendwann einmal mit einer exponentiellen Rate ausdehnen. Das wird offenbar sehr gut durch die rein konformen Diagramme aus Abbildung 11.9 wiedergegeben, in denen es einen glatten raumartigen konformen Zukunftsrand $\mathscr{I}^+$ gibt. Natürlich ist unser Universums nicht so regelmäßig, wobei die größten *lokalen* (d. h. räumlich begrenzten) Abweichungen von der symmetri-

Konform glatter Urknall

$T_z$

Singularitäten bei
einem sehr chaoti-
schen, von Schwarzen
Löchern durchsetzten
(BKL?) Kollaps

**Abb. 13.2**   Die Art von Singularität, wie man sie bei einem gewöhnlichen Kollaps erwarten würde, hat keinerlei Ähnlichkeit mit einem konform glatten Urknall niedriger Entropie.

schen FLRW-Geometrie Schwarze Löcher darstellen, insbesondere die sehr massereichen Schwarzen Löcher im Zentrum von Galaxien. Andererseits sollten nach unserer Diskussion in Kapitel 11 sämtliche Schwarzen Löcher irgendwann mit einem moderaten „Peng" verschwinden (siehe Abb. 11.15 und das rein konforme Diagramm in Abb. 11.16), auch wenn die größten Schwarzen Löcher rund ein Googol (d. h. $\sim 10^{100}$) oder mehr Jahre dafür benötigen werden.

In einer derart fernen Zukunft wird unser Universum in erster Linie (hinsichtlich der Anzahl der Teilchen) aus Photonen bestehen. Sie stammen von dem extrem rotverschobenen Sternenlicht und der CMB-Strahlung sowie von der Hawking-Strahlung, die irgendwann nahezu die gesamte Massenenergie der unzähligen riesigen Schwarzen Löcher in Form von sehr niederenergetischen Photonen abgetragen hat. Außerdem wird es noch Gravitonen geben (die Quanten der Gravitationswellen) – hauptsächlich aus den Beinahezusammenstößen zwischen solchen Schwarzen Löchern, insbesondere den Schwarzen Riesenlöchern in den galaktischen Zentren. Diese Zusammenstöße spielen in Kapitel 18 für uns noch eine wichtige Rolle. Photonen und Gravitonen sind masselose Teilchen, die sich, wie wir in Kapitel 9 gesehen haben und wie es in Abbildung 9.12 dargestellt ist, beide nicht als Uhren für eine Zeitmessung eignen.

Vermutlich wird auch noch eine gehörige Menge an „Dunkler Materie" vorhanden sein, was auch immer diese geheimnisvolle Substanz sein mag (Kapitel 7, siehe auch Kapitel 14 hinsichtlich meiner eigenen Ideen), zumindest in dem Maße, wie sie den Klauen der Schwarzen Löcher entgangen ist. Man kann sich nur schwer vorstellen, wie man aus einer solchen Materieform, die nur über das Gravitationsfeld wechselwirkt, eine Uhr bauen kann. Dieser Standpunkt impliziert zwar eine etwas andere Art der Argumentation, doch in Kapitel 14 werden wir sehen, dass auch in meinem Modell eine solche subtile Änderung auftritt. In jedem Fall gelangen wir zu dem Schluss, dass für die letzten expansiven Phasen unseres Universums nur die *konforme* Struktur der Raumzeit eine physikalische Bedeutung haben wird.

Wenn das Universum in diese scheinbar letzte Epoche tritt – die man durchaus als die „sehr langweilige Epoche" bezeichnen könnte –, scheint nicht mehr allzuviel geblieben zu sein, was noch passieren kann. Die aufregendsten Ereignisse vor Eintritt in diese Phase waren die abschließenden milden Explosionen der letzten Überreste der Schwarzen Löcher, die (wie man vermutet) schließlich verschwinden werden, nachdem sie nach und nach all ihre Masse über den gähnend langsamen Prozess der Hawking-Strahlung verloren haben. Für die letzten Epochen unseres großartigen Universums verbleibt die grauenhafte Vorstellung einer scheinbar unendlichen Langeweile. Dabei erschien dieses Universum ehemals so aufregend und faszinierend, geprägt von einer überschäumenden Vielfalt an erstaunlichen Prozessen, von denen sich die meisten in herrlichen Galaxien ereigneten – Galaxien mit unzähligen Sternen, die oft von Planeten begleitet wurden. Und unter diesen Planeten befanden sich auch solche, auf denen irgendeine Form von Leben – exotische Pflanzen und Tiere – möglich geworden war, und einige dieser Lebensformen hatten sogar die Fähigkeit erlangt, Wissen zu sammeln, Erkenntnisse zu gewinnen und künstlerisch kreativ zu sein. All das wird irgendwann einmal verschwunden sein. Der letzte Rest an Spannung besteht aus Warten – Warten, Warten, Warten – für vielleicht $10^{100}$ oder mehr Jahre, bis dieser letzte harmlose „Peng" stattgefunden hat. Von nun an gibt es nur noch die exponentielle Ausdehnung, die alles ausdünnt, abkühlt und entleert und abkühlt und ausdünnt ... bis in alle Ewigkeit. Ist das wirklich alles, was unser Universum schließlich einmal erwarten wird?

Nachdem mich solche Gedanken immer wieder deprimiert hatten, kam mir eines Tages, im Sommer 2005, ein neuer Gedanke, der aus der Frage erwuchs: Wer wird da sein, den diese offenbar überwältigende Langeweile befallen wird? Sicherlich nicht wir! Es wird hauptsächlich masselose Teilchen wie Photonen und Gravitonen geben, und es ist ziemlich schwer, ein Photon oder Graviton zu langweilen – selbst wenn wir einmal davon absehen, dass solche Objekte vermutlich keine Empfindungen haben können! Der Punkt ist, dass für ein masseloses Teilchen keine Zeit vergeht. Wie Abbildung 9.13 zeigte, kann ein solches Teilchen die Unendlichkeit (d. h. $\mathscr{I}^+$) tatsächlich *erreichen*, bevor auch nur der erste „Tick" auf seiner inneren Uhr erfolgt ist. Man könnte durchaus sagen, dass für ein masseloses Teilchen wie ein Photon oder Graviton die Ewigkeit „so gut wie nichts" ist!

Mit anderen Worten, da eine *Ruhemasse* offenbar eine notwendige Voraussetzung für den Bau einer Uhr ist, wird irgendwann, wenn kaum noch etwas vorhanden sein sollte, das eine Ruhemasse besitzt, die Fähigkeit zur Zeitmessung verloren gegangen sein (ebenso wie die Fähigkeit der Abstandsmessung, da Abstandsmessungen auf Zeitmessungen beruhen; siehe Kapitel 9). Wie wir gesehen haben, merken masselose Teilchen nicht viel von den *metrischen* Eigenschaften der Raumzeit und kümmern sich nur um die *konforme*

(Lichtkegel-)Struktur. Dementsprechend ist für masselose Teilchen in ihrer konformen Raumzeit diese scheinbar ultimative Hyperfläche $\mathscr{I}^+$ ein Gebiet, das genauso aussieht wie alles andere auch. Es scheint keine Schranke zu geben, die überwunden werden muss, um auf die „andere Seite" von $\mathscr{I}^+$ zu gelangen. Abgesehen von diesen eher anschaulichen Argumenten gibt es auch sehr allgemeine mathematische Ergebnisse (hauptsächlich aus den wichtigen Arbeiten von Helmut Friedrich[13.9]), die darauf hindeuten, dass unter den sehr allgemeinen Bedingungen, wie wir sie hier betrachten und die insbesondere eine positive kosmologische Konstante $\Lambda$ beinhalten, eine Erweiterbarkeit der Raumzeit in die Zukunftsrichtung tatsächlich möglich ist.

Wie bei einem Spiegelbild erinnern diese Überlegungen an unsere Diskussion über eine Hyperfläche beim Urknall, wie bei dem Modell von Paul Tod. Aus unterschiedlichen Gründen hat es den Anschein, dass mit großer Wahrscheinlichkeit *sowohl $\mathscr{I}^+$ als auch $\mathscr{B}^-$* solche glatten Erweiterungen der konformen Raumzeiten zu Gebieten auf der jeweils anderen Seite dieser Hyperflächen zulassen. Doch nicht nur das: Auch der Materiegehalt dieser Raumzeiten bestünde auf beiden Seiten mit großer Wahrscheinlichkeit aus einer im Wesentlichen *masselosen* Substanz, deren physikalisches Verhalten in ihren Grundzügen durch konform invariante Gleichungen beschrieben wird. Damit könnten sich auch die Bewegungsformen dieser Materie in beide Richtungen dieser hypothetischen Erweiterungen der (konformen) Raumzeit fortsetzen lassen.

An diesem Punkt liegt ein Gedanke nahe. Könnte es sich bei unseren Hyperflächen $\mathscr{I}^+$ und $\mathscr{B}^-$ eigentlich um dieselben Hyperflächen handeln? Vielleicht „windet" sich ja unser Universum, aufgefasst als konforme Mannigfaltigkeit, nur einmal um sich selbst herum, sodass das Gebiet jenseits von $\mathscr{I}^+$ einfach wieder unser eigenes Universum ist, das mit seinem Urknall von neuem beginnt, und dieser Ursprung im Urknall ist das konform gestreckte Gebiet $\mathscr{B}^-$, in Analogie zu dem Modell von Paul Tod. Ein solches Modell hätte ganz offenbar gewisse ökonomische Vorzüge, aber ich sehe auch einige ernsthafte Konsistenzprobleme, die diese Idee meiner Meinung nach als sehr unwahrscheinlich erscheinen lassen. Zunächst einmal gäbe es in einer solchen Raumzeit *geschlossene zeitartige Linien*, die durch kausale Einflüsse zu möglichen Paradoxa führen könnten, zumindest jedoch zu unangenehmen Einschränkungen an das allgemeine Verhalten der Materie. Soche Paradoxa oder Einschränkungen hängen davon ab, inwieweit es zwischen den $\mathscr{I}^+/\mathscr{B}^-$-Hyperflächen zu einer kohärenten Informationsübertragung kommen kann. In Kapitel 18 werden wir sehen, dass eine solche Übertragung von Information in den von mir vorgeschlagenen allgemeinen Modellen durchaus möglich ist, und daher könnten solche geschlossenen zeitartigen Kurven tatsächlich ernsthafte Widersprüche implizieren.[13.10] Aus diesen und ähnlichen Gründen spreche ich mich *gegen* eine solche Identifikation von $\mathscr{I}^+/\mathscr{B}^-$ aus.

Mein Vorschlag zielt jedoch auf das „Nächstnaheliegende" ab: Es soll ein real existierendes Gebiet der Raumzeit *vor* $\mathscr{B}^-$ geben, das selbst wiederum der Endphase eines früheren Universums entspricht. *Außerdem* soll es ein physikalisch reales Universum geben, das sich jenseits unseres zukünftigen Randes $\mathscr{I}^+$ erstreckt und zum Urknall für ein neues Universum wird. Wenn ich mich im Folgenden auf dieses Modell beziehe, bezeichne ich die Phase, die mit unserem $\mathscr{B}^-$ beginnt und sich bis zu unserem $\mathscr{I}^+$ erstreckt, als das gegenwärtige *Weltzeitalter*. Mein Vorschlag läuft darauf hinaus, das Universum als Ganzes als eine erweiterte konforme Mannigfaltigkeit anzusehen, die aus einer (möglicherweise unendlichen) Abfolge von Weltzeitaltern besteht, von denen jedes wie die vollständige Geschichte eines expandierenden Universums erscheint (siehe Abb. 13.3). Die Hyperfläche „$\mathscr{I}^+$" eines Weltzeitalters ist immer mit der Hyperfläche „$\mathscr{B}^-$" des folgenden Weltzeitalters zu identifizieren, und die Fortsetzung von einem Weltzeitalter zum nächsten erfolgt immer vollkommen glatt im Sinne einer *konformen* Raumzeit-Struktur.

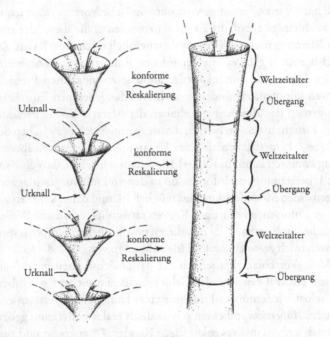

**Abb. 13.3** Konforme zyklische Kosmologie. (Wie in meiner Zeichnung in Abbildung 7.5 versuche ich mich nicht dahingehend festzulegen, ob unser Unversum räumlich offen oder abgeschlossen ist.)

Der Leser wird sich vielleicht fragen, ob man tatsächlich die ferne Zukunft, wo sich die Strahlung auf den absoluten Nullpunkt abkühlt und eine verschwindende Dichte erlangt, mit einer urknallartigen Explosion identifizieren darf, bei der die Strahlung mit einer unendlichen Temperatur und unendlicher Dichte beginnt. Doch durch die konforme „Dehnung" beim Urknall erlangen diese unendliche Dichte und Temperatur endliche Werte, und die konforme „Stauchung" in der unendlichen Zukunft hebt die verschwindende Dichte und Temperatur zu endlichen Werten an. Genau wegen dieser speziellen Reskalierungen passen die beiden Teile zusammen, und bei der Dehnung und Stauchung handelt es sich um Vorgänge, denen gegenüber die relevante Physik auf beiden Seiten vollkommen unempfindlich ist. Man sollte auch erwähnen, dass das *Volumenmaß* des *Phasenraums* $\mathcal{P}$, der die Gesamtheit aller möglichen Zustände zu allen möglichen Vorgängen auf beiden Seiten des Übergangs beschreibt (siehe Kapitel 3), konform invariant ist,[13.11] und zwar im Wesentlichen, weil eine Reduzierung der Abstandsmaße immer mit einer Streckung der zugehörigen Impulsmaße einhergeht (und entsprechend umgekehrt), sodass das Produkt der beiden durch diese Reskalierung unverändert bleibt. (Diese Tatsache wird in Kapitel 16 noch von besonderer Bedeutung sein.) Im Folgenden werde ich dieses kosmologische Modell als *konform zyklische Kosmologie* bezeichnen, oder abgekürzt als CCC (für „conformal cyclic cosmology").[13.12]

# 14

## Die Struktur von CCC

Viele Aspekte im Zusammenhang mit diesem Vorschlag erfordern weitaus mehr Sorgfalt, als bisher geschildert. Ein wichtiger Punkt ist beispielsweise der *volle* materielle Gehalt des Universums in der sehr fernen Zukunft. Bisher habe ich hauptsächlich über die Photonen gesprochen, die vom Sternenlicht, der Hintergrundstrahlung und der Hawking-Strahlung beim Verdampfen Schwarzer Löcher stammen. Außerdem habe ich berücksichtigt, dass ein wesentlicher Beitrag des Strahlungshintergrunds Gravitonen sind, womit ich die fundamentalen (Quanten-)Bestandteile der Gravitationswellen meine. Es geht also um wellenartige Schwankungen in der Krümmung der Raumzeit, die hauptsächlich von Beinahezusammenstößen zwischen extrem großen Schwarzen Löchern in den Zentren von Galaxien stammen.

Sowohl Photonen als auch Gravitonen sind masselos und eignen sich nicht für den Bau von Uhren. Doch ohne irgendwelche physikalischen Systeme zur Messung von Zeit scheint es nicht unvernünftig, für die letzten Phasen in der Geschichte des Universums anzunehmen, dass das Universum selbst in dieser fernen Zukunft irgendwie „das Gefühl für eine Zeitskala" verliert und daher die Geometrie des physikalischen Universums tatsächlich zur *konformen Geometrie* wird (d. h., der Geometrie der Lichtkegel), statt zur vollen metrischen Geometrie von Einsteins Allgemeiner Relativitätstheorie. Wir werden allerdings in Kürze sehen, dass es im Zusammenhang mit dem Gravitationsfeld einige Feinheiten zu berücksichtigen gibt, die uns dazu zwingen werden, diese Philosophie etwas aufzuweichen. Zunächst müssen wir uns jedoch einer anderen Schwierigkeit dieses philosophischen Standpunkts stellen.

Wenn wir über den materiellen Gehalt des Universums in diesen letzten Stadien seiner Existenz sprechen, dürfen wir nicht vergessen, dass es auch sehr viel Materie geben wird, die sich niemals im Inneren eines Schwarzen Lochs befunden hat, sondern die von ihren Muttergalaxien durch Zufallsprozesse herausgeschleudert wurde. Manche Körper können auch den galaktischen Clustern entweichen, in denen sie sich ursprünglich befanden, und außerdem gibt es sehr viel Dunkle Materie, die nie in ein Schwarzes Loch fallen wird. Was wäre beispielsweise das Schicksal eines Weißen Zwergs, der auf diese Weise entkommen und zu einem unsichtbaren Schwarzen Zwerg abgekühlt ist? Es wurde oft diskutiert, ob Protonen vielleicht irgendwann zerfallen könnten. Unsere bisherigen experimentellen Daten deuten darauf hin, dass ein solcher Zerfall – falls überhaupt – nur außerordentlich langsam erfolgt.[14.1] Jedenfalls gäbe es irgendwelche Zerfallsprodukte, von denen zwar ein Großteil früher oder später in einem Schwarzen Loch enden wird, doch es gäbe sehr wahrscheinlich auch viele „Einzelgänger", die den Galaxienclustern, zu denen sie ursprünglich mal gehörten, irgendwie entweichen konnten.

Meine Bedenken beziehen sich insbesondere auf *Elektronen* und ihre Antiteilchen, die *Positronen*, denn hier handelt es sich um massebehaftete *geladene Teilchen*. Viele Physiker vertreten zwar die Meinung, dass Protonen und andere geladene Teilchen, die schwerer als Elektronen und Positronen sind, irgendwann einmal (möglicherweise nach riesigen Zeitspannen) in leichtere Teilchen zerfallen, und wir können uns durchaus vorstellen, dass alle Protonen davon betroffen sind, doch wenn wir uns der allgemeinen Ansicht anschließen, dass die elektrische Ladung absolut erhalten ist, haben die Endprodukte solcher Protonenzerfälle in jedem Fall ingesamt eine positive Ladung, sodass zumindest ein Positron unter den Überlebenden zu erwarten ist. Ein entsprechendes Argument gilt auch für negativ geladene Teilchen, und daher wird es neben den Positronen schließlich auch entsprechend viele Elektronen geben. Es könnte auch schwerere geladene Teilchen geben, wie Protonen und Antiprotonen, falls diese *nicht* irgendwann zerfallen, doch das eigentliche Problem sind die Elektronen und Positronen.

Weshalb liegt hier ein Problem? Könnte es nicht noch geladene Teilchen geben (sowohl mit positiver als auch mit negativer Ladung), die selbst *masselos* sind, sodass auch die Elektronen und Positronen irgendwann in diese Teilchen zerfallen? Damit könnten wir den oben vertretenen philosophischen Standpunkt aufrecht erhalten. Die Antwort scheint „nein" zu sein. Sollte es tatsächlich solche Teilchen geben, hätte man sie schon in unzähligen Teilchenprozessen sehen müssen.[14.2] Es sind keine Prozesse bekannt, bei denen solche masselosen geladenen Teilchen entstehen, und dementsprechend gibt es heute auch *keine* masselosen geladenen Teilchen. Gibt es daher, im Gegensatz zu dem beabsichtigten philosophischen Standpunkt, bis in alle Ewigkeit (massebehaftete) Elektronen und Positronen?

Zur Rettung dieses Standpunkts könnte man auf die Idee kommen, dass sich die verbliebenen Elektronen und Positronen schließlich gegenseitig finden und vollständig annihilieren, wobei nur noch Photonen übrig bleiben, die dann kein Problem mehr darstellen. Es wird sich jedoch kaum vermeiden lassen, dass sich viele geladene Teilchen in der fernen Zukunft in isolierter Form innerhalb ihrer Ereignishorizonte befinden, wie in Abbildung 14.1 dargestellt (siehe auch Abb. 11.18), und wenn das passiert ist, kann keine derartige Ladungsannihilation mehr stattfinden. Eine mögliche Lösung wäre, den philosophischen Standpunkt etwas aufzuweichen und zu argumentieren, dass sich die verbliebenen einzelnen Elektronen oder Positronen in ihren Ereignishorizonten kaum für den Bau einer richtigen Uhr eignen. Diese Argumentation befriedigt mich allerdings

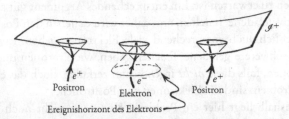

**Abb. 14.1** Gelegentlich wird es auch jene „lästigen" Elektronen oder Positronen geben, die schließlich alleine innerhalb ihres Ereignishorizonts gefangen sind und keine Möglichkeit mehr haben, ihre elektrische Ladung durch eine Paarvernichtung loszuwerden.

nicht, denn es fehlt ihr die Strenge, die man für physikalische Gesetze fordern sollte.

Eine radikalere Lösung bestünde in der Annahme, dass die Ladungserhaltung *keine* absolut strenge Forderung der Natur ist. In diesem Fall könnte es in extrem seltenen Augenblicken passieren, dass ein geladenes Teilchen in ungeladene Teilchen zerfällt. In der langen Zeitspanne bis zur Ewigkeit könnte so sämtliche elektrische Ladung verschwinden. Elektronen oder Positronen würden schließlich in eines ihrer ungeladenen Geschwister zerfallen, beispielsweise ein *Neutrino*. In diesem Fall müsste man zusätzlich noch fordern, dass unter den drei bekannten Neutrinos zumindest eines keine Ruhemasse besitzt.[14.3] Sehen wir mal davon ab, dass es keinerlei Anzeichen für eine derartige Verletzung der Ladungserhaltung gibt, sehe ich auch wichtige theoretische Einwände gegen diese Möglichkeit. Unter anderem scheint in diesem Fall auch das Photon eine winzige Masse haben zu müssen, und das würde den vorgeschlagenen philosophischen Standpunkt endgültig zunichte machen.

Ich könnte mir jedoch noch eine weitere Möglichkeit vorstellen, die nicht unbedingt die schlechteste zu sein scheint. Es wäre denkbar, dass die Ruhemasse eines Teilchens nicht die absolute Konstante ist, die wir in ihr immer sehen. Die Idee ist, dass im Verlauf der unendlich langen Zeitspanne die Ruhemassen der massebehafteten Teilchen – was auch immer überlebt hat: Elektronen, Positronen, Neutrinos, eventuell Protonen und Antiprotonen, sofern sie nicht zerfallen, darüber hinaus die Bausteine der Dunklen Materie (die ohnehin keine Ladung tragen, allerdings eine Ruhemasse besitzen) – sehr, sehr langsam verschwinden und schließlich im Grenzfall der Unendlichkeit den Wert null annehmen. Auch dieses Verhalten weicht von den gewöhnlichen Vorstellungen ab, und es gibt bisher keinerlei experimentellen Hinweis in diese Richtung, doch die theoretische Begründung für die herkömmlichen Ansichten ist in diesem Fall sehr viel schwächer als bei der Ladungserhaltung. Bei der elektrischen Ladung handelt es sich um eine *additive* Größe, d. h., die Gesamtladung eines Systems ist immer die Summe der Ladungen seiner Bestandteile; das gilt jedoch mit Sicherheit nicht für die Ruhemasse. (Nach der Einstein'schen Formel $E = mc^2$ tragen auch die kinetischen Energien der Bestandteile zur Gesamtenergie eines Systems bei.) Auch wenn der tatsächliche Wert der elektrischen Ladungseinheit (beispielsweise die Ladung des Anti-Down-Quarks, die ein Drittel der Ladung eines Protons beträgt) immer noch unerklärt ist, sind alle Ladungen, die man in unserem Universum bisher gefunden hat, ganzzahlige Vielfache von dieser Einheit. Für die Ruhemasse scheint nichts Vergleichbares zu gelten, und letztendlich ist der Grund für die genauen Werte der Ruhemassen der einzelnen Teilchenarten vollkommen unklar. Es könnte also sein, dass die Ruhemasse eines Elementarteilchens keine absolute Konstante ist - und tatsächlich hatte sie nach dem Standardmodell der Teilchenphysik in den sehr *frühen* Stadien unsers Universums auch andere Werte, wie in Kapitel 13 bereits erwähnt wurde. Weshalb sollte sie daher in der sehr fernen Zukunft nicht wieder langsam verschwinden?

Im Zusammenhang dazu möchte ich abschließend noch eine technische Anmerkung zur Bedeutung der Ruhemasse in der Teilchenphysik machen. Üblicherweise charakterisiert man „Elementarteilchen" in der Physik durch die sogenannten „irreduziblen Darstellungen der Poincaré-Gruppe". Man nimmt dabei an, dass sich jedes Elementarteilchen durch die Eigenschaften einer solchen irreduziblen Darstellung beschreiben lässt. Die *Poincaré-Gruppe* entspricht gerade der mathematischen Struktur, welche die Symmetrien des Minkowski-Raums $\mathbb{M}$ zum Ausdruck bringt, und daher liegt dieses Vorgehen nahe, wenn man Teilchen im Rahmen der Quantenmechanik und der Speziellen Relativitätstheorie beschreiben möchte. Die Poincaré-Gruppe besitzt zwei Größen, die man als *Casimir-Operatoren* bezeichnet[14.4] und die der *Ruhemasse* und dem *Spin* eines Teilchens entsprechen, und dementsprechend gelten die Ruhemasse und der Spin als „gute Quantenzahlen", die bei stabilen und wechselwirkungsfreien Teilchen konstant bleiben. Doch der Minkowski-Raum $\mathbb{M}$ scheint seine fundamentale Rolle zu verlieren, wenn wir für die physikalischen Gesetze eine positive kosmologische Konstante $\Lambda$ berücksichtigen müssen (für $\mathbb{M}$ ist $\Lambda = 0$). Wenn wir kosmologische Betrachtungen anstellen, sollten wir vermutlich eher mit der Symmetriegruppe der *De-Sitter-Raumzeit* $\mathbb{D}$ arbeiten als mit $\mathbb{M}$ (siehe Kapitel 11, Abb. 11.11 a, b). Es zeigt sich jedoch, dass die Ruhemasse *nicht ganz* einem Casimir-Operator der De-Sitter-Gruppe entspricht (es gibt noch einen kleinen, von $\Lambda$ abhängigen Zusatzterm). Damit ist die besondere Rolle der Ruhemasse sogar noch mehr in Frage gestellt, und ein sehr langsamer Zerfall der Ruhemasse kann tatsächlich nicht ausgeschlossen werden.[14.5]

Ein solches außerordentlich langsames Dahinschwinden der Ruhemassen hätte allerdings für das CCC-Modell eigenartige Auswirkungen, die das Konzept der Zeitmessung betreffen. Erinnern wir uns: Wir haben uns gegen Ende von Kapitel 9 über die Ruhemasse eines Teilchens eine wohldefinierte Zeitskala verschafft, und eine solche Skala ist alles, was wir brauchen, um von einer konformen Geometrie zur vollen Metrik zu gelangen. Wenn wir jedoch im Sinne der obigen Diskussion fordern, dass die Massen der Teilchen dahinschwinden, wenn auch sehr langsam, führt uns das in eine Zwickmühle. Sollen wir nach wie vor die Ruhemasse von Teilchen für die genaue Definition unserer Raumzeit-Metrik verwenden, zumindest, solange es massive Teilchen gibt, auch wenn deren Masse langsam verschwindet? Angenommen, wir wählen eine bestimmte Teilchenart, beispielsweise ein Elektron, für die Definition unseres Zeitstandards. Wenn wir nun die Zerfallsraten der Massen so anpassen, dass die Elektronen bei Erreichen von $\mathscr{I}^+$ als „masselos" gelten können (siehe Anhang A.2), dann zeigt sich, dass $\mathscr{I}^+$ *gar nicht* bei unendlich liegt und dass die Expansion des Universums in Bezug auf diese „Elektron-Metrik" entweder zu einem Stillstand kommen muss, oder sich sogar umkehrt und in einen Kollaps übergeht. Ein solches Verhalten scheint den Einstein'schen Gleichungen zu widersprechen. Wenn wir statt einer „Elektron-Metrik" eine „Neutrino-Metrik" oder eine „Proton-Metrik" verwenden, würde sich unsere Raumzeit geometrisch etwas anders verhalten (es sei denn, die Skalierung zu null erfolgt zufälligerweise so, dass die Verhältnisse aller Massenwerte konstant bleiben.) Mich stellt das nicht sehr zufrieden.

Wenn wir die Gültigkeit der Einstein'schen Gleichungen – mit einer Konstante $\Lambda$ – für die gesamte Geschichte des Weltzeitalters in einer angemessenen Weise beibehalten wollen, müssen wir für die Metrik eine andere Skalierung verwenden. Wir können natürlich die Skala durch $\Lambda$ selbst festlegen, auch wenn das kaum eine „praktische" Lösung für den Bau einer geeigneten Uhr ist. Vermutlich eng damit zusammenhängend könnten wir auch den effektiven Wert der Gravitationskonstanten $G$ für diese Zwecke nutzen. In diesem Fall könnte man an dem Modell eines sich endlos entwickelnden und exponentiell ausdehnenden Universums festhalten, ohne groß an der Philosophie zu rütteln, dass das Universum lokal schließlich seinen Sinn für eine Zeitskala verliert.

Diese Problematik hängt eng mit einer anderen Sache zusammen, die ich bisher immer etwas beiseite geschoben habe. Natürlich ist das freie Gravitationsfeld, ausgedrückt durch den konformen Weyl-Tensor $C$ (da $C$ die konforme Krümmung beschreibt), tatsächlich konform invariant, doch das gilt *nicht* mehr für die Kopplung des

Gravitationsfelds an seine Quellen. Das ist anders als in Maxwells Theorie, wo *sowohl* das elektromagnetische Feld F selbst als auch die Kopplung zwischen F und seinen Quellen, beschrieben durch den Ladungsstrom-Vektor J, konform invariant ist. Wieder einmal wird die Grundphilosophie von CCC ein wenig angekratzt, wenn wir die *Gravitation* ernsthaft ins Spiel bringen. Wir müssen an dieser Stelle akzeptieren, dass nach der Philosophie von CCC in gewisser Weise die *gravitationsfreie* (und $\Lambda$-freie) Physik den Sinn für die Zeit verliert, nicht die Physik als Ganzes.

Überlegen wir uns die Bedeutung der konformen Invarianz für die Einstein'sche Theorie etwas genauer, wobei es sich hier um eine etwas delikate Angelegenheit handelt. Im Fall des Elektromagnetismus sind sämtliche Gleichungen unter einer konformen Reskalierung invariant. Nun wollen wir untersuchen was passiert, wenn wir die Raumzeit-Metrik g durch eine andere Metrik ĝ setzen, die über einen *Skalenfaktor* $\Omega$ mit g konform verwandt ist. Bei diesem Skalenfaktor handelt es sich um eine positive Zahl, die sich jedoch glatt über die Raumzeit ändern darf (siehe Kapitel 9 und 13):

$$g \mapsto \hat{g} = \Omega^2 g.$$

Wir sehen die konforme Invarianz der Maxwell-Theorie, indem wir den $\begin{bmatrix} 0 \\ 2 \end{bmatrix}$-Tensor F, der das Feld beschreibt, und den $\begin{bmatrix} 1 \\ 0 \end{bmatrix}$-Tensor J für die Quelle (Ladung und elektrischer Strom) nach den folgenden Vorschriften reskalieren:

$$F \mapsto \hat{F} = F \text{ und } J \mapsto \hat{J} = \Omega^{-4} J.$$

In symbolischer Form lassen sich die Maxwell-Gleichungen folgendermaßen schreiben

$$\nabla F = 4\pi J,$$

wobei $\nabla$ für bestimmte Differenzialoperatoren steht,[14.6] die von der Metrik g abhängen. Bei einer Skalierung $g \mapsto \hat{g}$ muss auch $\nabla$

durch einen neuen Operator $\hat{\nabla}$ ersetzt werden, der nun durch $\hat{g}$ gegeben ist, und damit finden wir (siehe Anhang A.6)

$$\hat{\nabla}\hat{F} = 4\pi\hat{J},$$

also exakt dieselbe Gleichung wie zuvor, allerdings nun in ihrer „überdachten" Form. Genau das zeigt die *konforme Invarianz* der Maxwell-Gleichungen. Insbesondere erhalten wir für $J = 0$ die *freien* Maxwell-Gleichungen:

$$\nabla F = 0,$$

und nach der Reskalierung $g \mapsto \hat{g}$ sehen wir die konforme Invarianz sofort

$$\hat{\nabla}\hat{F} = 0.$$

Dieses (konform invariante) Gleichungssystem beschreibt die Ausbreitung von *elektromagnetischen Wellen* (Licht). Außerdem entspricht es der quantenmechanischen Schrödinger-Gleichung für einzelne freie Photonen (siehe Kapitel 16 sowie Anhang A.2 und A.6).

Betrachten wir nun die Gravitation, so skaliert der $\begin{bmatrix} 0 \\ 2 \end{bmatrix}$-Quelltensor **E** (der Einstein-Tensor, der die Rolle von **J** übernimmt; siehe Kapitel 12) nicht so, dass die Gleichungen konform invariant bleiben. Es *gibt* allerdings zu der Gleichung $\nabla F = 0$ ein konform invariantes Analogon, das die Ausbreitung von Gravitationswellen beschreibt und ebenfalls als Schrödinger-Gleichung für einzelne freie Gravitonen interpretiert werden kann. Symbolisch drücke ich das (siehe Anhang A.2, A.5 und A.9) in der Form

$$\nabla K = 0$$

aus. Hierbei muss man jedoch noch eine Besonderheit beachten: Wenn wir die ursprüngliche physikalische Einstein-Metrik $g$ verwenden, ist dieser $\begin{bmatrix} 0 \\ 4 \end{bmatrix}$-Tensor **K** zwar gleich dem konformen $\begin{bmatrix} 0 \\ 4 \end{bmatrix}$-Weyl-Tensor **C** (aus Kapitel 12)

$$K = C,$$

allerdings finden wir (siehe Anhang A.9) unter einer Reskalierung zu der neuen Metrik $g \mapsto \hat{g} = \Omega^2 g$, dass die beiden Tensoren unterschiedlich skaliert werden müssen:

$$\mathbf{C} \mapsto \hat{\mathbf{C}} = \Omega^2 \mathbf{C} \text{ und } \mathbf{K} \mapsto \hat{\mathbf{K}} = \Omega \mathbf{K}.$$

Nur so können wir einerseits die *Bedeutung* von **C** als Maß für die kovariante Krümmung beibehalten, andererseits aber auch die konforme Invarianz der Wellenausbreitung von **K**, sodass also gilt

$$\hat{\nabla} \hat{\mathbf{K}} = 0.$$

Damit führt uns eine Reskalierung auf die Beziehung[14.7]

$$\hat{\mathbf{K}} = \Omega^{-1} \hat{\mathbf{C}}.$$

Das hat einige seltsame Auswirkungen, die für CCC sehr wichtig sind. Wenn wir uns $\mathscr{I}^+$ aus seiner Vergangenheit nähern, müssen wir einen konformen Faktor $\Omega$ verwenden, der glatt gegen null geht,[14.8] allerdings mit einer nichtverschwindenden Normalenableitung. Die geometrische Bedeutung davon erkennt man in Abbildung 14.2. Die konforme Invarianz der Wellenausbreitungsgleichung für **K** bedeutet, dass **K** auf $\mathscr{I}^+$ *endliche* (und im Allgemeinen nicht verschwindende) Werte annimmt. Diese Werte bestimmen Stärke (und Polarisation) der *Gravitationsstrahlung* – dem gravitativen Analogon zu Licht – auf ihrem Weg ins Unendliche und somit ihre Spuren auf $\mathscr{I}^+$ (siehe Abb. 14.3). In derselben Weise bestimmen die Werte von **F** auf $\mathscr{I}^+$ die Intensität und die Polarisation des elektromagnetischen Strahlungsfelds (Licht). Doch da $\Omega$ auf $\mathscr{I}^+$ null wird, folgt aus der obigen Gleichung, die ich nun in der Form $\hat{\mathbf{C}} = \Omega \hat{\mathbf{K}}$ schreibe, dass wegen der Endlichkeit von $\hat{\mathbf{K}}$ der konforme Tensor $\hat{\mathbf{C}}$ auf $\mathscr{I}^+$ *null* werden muss (für eine Metrik $\hat{g}$, die bei $\mathscr{I}^+$ endlich ist). Doch $\hat{\mathbf{C}}$ ist ein direktes Maß für die kon-

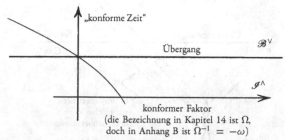

**Abb. 14.2** Der konforme Skalenfaktor geht an der Übergangsfläche eindeutig von positiven zu negativen Werten über, und die Steigung der Kurve ist weder horizontal noch vertikal. „Konforme Zeit" bezieht sich hier auf die „Höhe" in einem geeigneten konformen Diagramm.

forme Geometrie bei $\mathscr{I}^+$, und die Forderung von CCC, dass die konforme Geometrie an der 3-dimensionalen Übergangsfläche von einem Weltzeitalter zum nächsten *glatt* sein soll, bedeutet somit, dass auch die konforme Krümmung an der *Urknall*-Fläche $\mathscr{B}^-$ des folgenden Weltzeitalters null sein muss. CCC hat uns somit zu einer *stärkeren* Form der Weyl-Krümmungshypothese (WCH, siehe Kapitel 12) geführt, als die ursprünglichen Überlegungen von Paul Tod. Nach CCC soll für jedes Weltzeitalter die konforme Krümmung bei $\mathscr{B}^-$ tatsächlich *verschwinden*, ganz in Übereinstimmung mit der ursprünglichen WCH-Idee.

Auf der anderen Seite der Übergangsfläche, d. h. unmittelbar hinter $\mathscr{B}^-$ des folgenden Weltzeitalters, haben wir einen konformen Faktor, der bei $\mathscr{B}^-$ *unendlich* wird, allerdings gerade so, dass $\Omega^{-1}$ bei $\mathscr{B}^-$ glatt bleibt.[14.9] Es hat somit den Anschein, als ob $\Omega$ irgendwie über die 3-dimensionale Übergangsfläche fortgesetzt werden muss und dabei plötzlich in seinen *Kehrwert* übergeht! Mathematisch können wir das so behandeln, dass wir die wesentliche Information über $\Omega$ in einer Form schreiben, die für den Kehr-

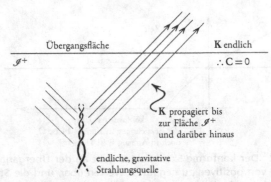

**Abb. 14.3** Das Gravitationsfeld ist durch den Tensor **K** gegeben und breitet sich nach einer konform invarianten Gleichung aus, daher nimmt es auf $\mathscr{I}^+$ im Allgemeinen endliche, nicht verschwindende Werte an.

wert $\Omega^{-1}$ unverändert ist. Das lässt sich mit dem $\begin{bmatrix} 0 \\ 1 \end{bmatrix}$-Tensor $\Pi$ (eine 1-Form) erreichen, den Mathematiker in der folgenden Form schreiben würden[14.10]

$$\Pi = \frac{d\Omega}{\Omega^2 - 1}.$$

$\Pi$ hat zwei wichtige Eigenschaften: Er bleibt bei der dreidimensionalen Übergangsfläche glatt, und er ändert sich nicht unter der Ersetzung $\Omega \mapsto \Omega^{-1}$.

Im Rahmen von CCC fordern wir daher, dass $\Pi$ an der Übergangsfläche glatt sein soll, und da unsere Skaleninformation nun in $\Pi$ (statt in $\Omega$) steckt, kann der Übergang $\Omega \mapsto \Omega^{-1}$ an der Grenzfläche tatsächlich so erfolgen, dass $\Pi$ dort glatt bleibt. Dazu muss $\Omega$ bei $\mathscr{I}^+$ zwar bestimmte mathematische Bedingungen erfüllen, doch es spricht alles dafür, dass sich diese Bedingungen sogar eindeutig erfüllen lassen. (Einzelheiten dazu findet der Leser in Anhang B.) Zusammenfassend können wir daher feststellen, dass es eine klare und offenbar eindeutige mathematische Vorschrift gibt, die masselosen Felder über die 3-dimensionale Übergangsfläche hinaus in die Zukunft fortzusetzen, wobei jedoch angenommen werden muss, dass in der fernen Zukunft des vorangehenden Weltzeitalters (also unmittelbar vor $\mathscr{I}^+$) nur masselose Felder vorhanden sind.

Wenn es nur masselose Felder gibt, haben wir eine gewisse Freiheit in der Wahl der reskalierten Metrik $\hat{g}$ in dem Bereich unmittelbar vor der Zukunftsgrenzfläche $\mathscr{I}^+$ des vorherigen Weltzeitalters, ohne seine konforme Struktur zu ändern. Diese Freiheit lässt sich durch ein Feld $\varpi$ ausdrücken, das eine rückgekoppelte (d. h., nichtlineare), konform invariante, masselose, skalare Feldgleichung erfüllt. Diese Gleichung bezeichne ich (in Anhang B.2) als „$\varpi$-Gleichung". Lösungen der $\varpi$-Gleichung geben uns mögliche metrische Reskalierungen, mit denen wir von unserer gewählten $\hat{g}$-Metrik zu anderen möglichen Metriken $\varpi\hat{g}$ gelangen, die sich (nach den Einstein'schen Gleichungen mit kosmologischer Konstante $\Lambda$) nur auf masselose Quellen beziehen. Die besondere Wahl von $\varpi$, die uns zur ursprünglichen physikalischen Einstein-Metrik $g$ zurückbringt, bezeichnet man als „Phantomfeld" (in der Einstein'schen $g$-Metrik gibt es dieses Feld nicht, bzw. es nimmt einfach den Wert 1 an). Das Phantomfeld besitzt in dem Gebiet vor $\mathscr{I}^+$ keine unabhängigen physikalischen Freiheitsgrade, sondern es beschreibt lediglich die Beziehung zur Metrik $g$, indem es uns die Skalierung angibt, mit der wir von der momentan verwendeten $\hat{g}$-Metrik zur Einstein'schen Metrik $g$ zurückkommen.

Würden wir die Felder einfach glatt auf die andere Seite der Übergangsfläche fortsetzen, in den Bereich unmittelbar nach dem Urknall des folgenden Weltzeitalters, erhielten wir für dieses neue Weltzeitalter eine effektiv negative Gravitationskonstante mit unphysikalischen Konsequenzen. Daher müssen wir die alternative Interpretation übernehmen und auf der anderen Seite, im Einklang mit II, den Skalenfaktor $\Omega^{-1}$ nehmen. Doch dadurch wird das Phantomfeld $\varpi$ auf der Urknall-Seite der Übergangsfläche zu einem *realen* physikalischen Feld (das zu Beginn allerdings unendlich ist). Es liegt nahe, dieses $\varpi$-Feld nach dem Urknall als die anfängliche Form einer neuen *Dunklen Materie* zu interpretieren, bevor sie eine Masse erhält. Doch woher kommt eine solche Interpretation? Der Grund ist einfach: Das oben beschriebene Verhalten des konformen Faktors erfordert rein mathematisch, dass im Urknall des neuen Weltzeitalters *irgendein* Beitrag in Form eines skalaren Felds vorhanden sein muss. Dieser Beitrag kommt zu den anderen materiellen Konstituenten – den Photonen (dem elektromagnetischen Feld) sowie allen anderen Materieteilchen (die ihre Ruhemassen beim Erreichen der 3-dimensionalen Übergangsfläche verloren haben) – noch hinzu. Wenn wir die Transformation $\Omega \mapsto \Omega^{-1}$ an der Übergangsfläche akzeptieren, folgt dieser Beitrag rein aus Gründen der mathematischen Widerspruchsfreiheit.

Noch eine weitere charakteristische Eigenschaft folgt aus rein mathematischen Überlegungen: Es ist nicht möglich, dass sämtliche Quellen auf der Urknall-Seite des Übergangs vollkommen masselos sind, allerdings kann man das Auftreten von Ruhemasse bis zu einem gewissen Grad hinauszögern. Dadurch lässt sich ein Übermaß an Willkür im konformen Faktor einschränken. Eine Komponente dieser Nach-Urknall-Materie ist daher dieser Beitrag mit einer Ruhemasse. Von daher liegt die Vermutung nahe, dies könnte etwas mit dem Higgs-Feld zu tun haben, oder was auch immer für das Auftreten von Ruhemasse im frühen Universum verantwortlich ist.

Dunkle Materie ist heute die vorherrschende Materieform, und nach experimentellen Erkenntnissen gab es sie schon sehr früh in unserem Weltzeitalter. Sie macht rund 70 % der gewöhnlichen Materie aus (wobei „gewöhnlich" lediglich bedeutet, dass wir den Beitrag der kosmologischen Konstante $\Lambda$ – allgemein als „Dunkle Energie" bezeichnet[14.11] – *nicht* mit einbeziehen), aber sie scheint nicht so richtig in das Standardmodell der Teilchenphysik zu passen, da sie mit anderer Materie nur über die Gravitation wechselwirkt. Das Phantomfeld $\varpi$ ist in den späteren Epochen des vorherigen Weltzeitalters eine effektive skalare Komponente des Gravitationsfelds, und sie tritt nur deshalb in Erscheinung, weil wir konforme Reskalierungen $\mathbf{g} \mapsto \Omega^2 \mathbf{g}$ zulassen. Insbesondere besitzt es in dieser Phase keine unabhängigen Freiheitsgrade. In dem folgenden Weltzeitalter taucht zu Beginn eine neue $\varpi$-Materie auf; sie übernimmt die Freiheitsgrade, die in dem vorherigen Weltzeitalter in den Gravitationswellen steckten. Die Dunkle Materie scheint zum Zeitpunkt unseres Urknalls eine besondere Rolle gespielt zu haben, und das gilt sicherlich für $\varpi$. Die Vorstellung ist, dass dieses neue $\varpi$-Feld kurz nach dem Urknall (vermutlich wenn das Higgs-Teilchen die Bühne betritt) eine Masse annimmt und zur Dunklen Materie wird. Sie scheint später eine sehr wichtige Rolle für die Formierung der Materieverteilungen mit all den heute beobachteten Unregelmäßigkeiten zu spielen.

An dieser Stelle möchte ich betonen, dass beide sogenannten „Dunklen" Größen (die „Dunkle Materie" und die „Dunkle Energie"), deren Existenz in den letzten Jahrzehnten durch zunehmend genauere kosmologischen Beobachtungen immer überzeugender bestätigt wurde, notwendige Bestandteile von CCC sind. Ohne eine positive kosmologische Konstante ($\Lambda > 0$) könnte die ganze Idee *nicht* funktionieren, denn sie garantiert, dass $\mathscr{I}^+$ raumartig ist, was wiederum notwendig ist, um mit der raumartigen Hyperfläche $\mathscr{B}^-$ zusammenzupassen. Außerdem zeigen die obigen Überlegungen, dass dieses Modell eine Form von anfänglicher Materieverteilung vorhersagt, die man mit der Dunklen Materie in Verbindung bringen kann. Es wird sich zeigen, ob sich diese Interpretation sowohl mit neuen theoretischen als auch experimentellen Ergebnissen als verträglich erweisen wird.

In Bezug auf $\Lambda$ gibt es einen weiteren wichtigen Punkt, der sowohl die Kosmologen als auch die Quantenfeldtheoretiker verblüfft, und das ist ihr *Wert*. Quantenfeldtheoretiker interpretieren $\Lambda g$ oft als die *Vakuumenergie* (siehe Kapitel 17). Aus Gründen, die mit der Relativitätstheorie zu tun haben, wird argumentiert, dass die „Vakuumenergie" ein $\begin{bmatrix} 0 \\ 2 \end{bmatrix}$-Tensor sein muss, der proportional zu g sein sollte. Nach den Berechnungen ist jedoch der Proportionalitätsfaktor um einen Faktor von rund $10^{120}$ größer als der beobachtete Wert von $\Lambda$. Irgendetwas scheint hier noch zu fehlen![14.12] Erstaunlich ist außerdem, dass der beobachtete winzige Wert von $\Lambda$ gerade so groß ist, dass sein Einfluss *heute* vergleichbar ist mit der Anziehung der Materie im Universum. Daher beginnt er erst jetzt, sich auf die Expansion des Universums auszuwirken. In der Vergangenheit war die Anziehung zwischen der Materie wesentlich größer als der Einfluss von $\Lambda$, und in der Zukunft wird sie sehr viel kleiner sein - eine verblüffende Koinzidenz.

Für mich ist diese „Koinzidenz" kein so großes Rätsel, zumindest nicht im Vergleich zu anderen offenen Fragen, die weitaus älter sind als die experimentellen Beobachtungen, die auf den winzigen Wert von $\Lambda$ hindeuten. Natürlich bedarf dieser beobachtete Wert von $\Lambda$ einer Erklärung, aber vielleicht hängt er direkt mit der Gravitationskonstante $G$, der Lichtgeschwindigkeit $c$ und der Planck'schen Konstante $h$ zusammen. Die Formel könnte sehr einfach sein, allerdings enthält sie die sechste Potenz einer sehr großen Zahl im Nenner:

$$\Lambda \approx \frac{c^3}{N^6 G \hbar}.$$

Hierbei ist

$$\hbar = \frac{h}{2\pi}$$

die Dirac'sche Form der Planck'schen Konstante $h$ (manchmal nennt man sie auch die *reduzierte* Planck'sche Konstante). Die Zahl $N$ ist ungefähr $10^{20}$, und schon im Jahre 1937 hat der große Quantenphysiker Paul Dirac darauf hingewiesen, dass in den Verhältnissen von fundamentalen physikalischen Konstanten, insbesondere wenn die Gravitation in irgendeiner Form eine Rolle spielt, (näherungsweise) unterschiedliche ganzzahlige Potenzen von dieser Zahl aufzutreten scheinen. (Ein Beispiel: Das Verhältnis von elektrischer Kraft zu Gravitationskraft zwischen Elektron und Proton in einerm Wasserstoffatom beträgt rund $10^{40} \approx N^2$.) Dirac wies auch darauf hin, dass das Alter des Universums ungefähr $N^3$ ist, wenn man es durch die absolute Zeiteinheit ausdrückt, die man als *Planck-Zeit* $t_P$ bezeichnet. Die Planck-Zeit, und entsprechend auch die *Planck-Länge* $l_P = c\,t_P$, werden bei allgemeinen Überlegungen zur Quantengravitation oft als „Minimal"-Maße für die Raumzeit angesehen (oder auch als „Quantum" der Zeit bzw. des Raums). Sie sind gegeben durch:

$$t_P = \sqrt{\frac{G\hbar}{c^5}} \approx 5{,}4 \cdot 10^{-43}\,\text{s}, \quad l_P = \sqrt{\frac{G\hbar}{c^3}} \approx 1{,}6 \cdot 10^{-35}\,\text{m}.$$

Zu den sogenannten „Planck-Einheiten" zählen auch die *Planck-Masse* $m_P$ und die Planck-Energie $E_P$:

$$m_P = \sqrt{\frac{\hbar c}{G}} \approx 2{,}2 \cdot 10^{-5}\,\text{g}, \quad E_P = \sqrt{\frac{\hbar c^5}{G}} \approx 2{,}0 \cdot 10^{9}\,\text{J}.$$

Mit diesen sehr natürlichen (allerdings auch sehr unpraktischen) Einheiten kann man viele andere Naturkonstanten einfach als reine (dimensionslose) Zahlen schreiben. Insbesondere ist in Planck-Einheiten $\Lambda \approx N^{-6}$.

Auch für die *Temperatur* können wir Planck-Einheiten verwenden, indem wir der Boltzmann-Konstante den Wert $k = 1$ geben, allerdings entspricht nun eine Temperatureinheit dem absurd großen Wert von $2{,}5 \cdot 10^{32}$ K. Wenn es um die sehr großen Entropien im Zusammenhang mit Schwarzen Löchern oder dem Universum als Ganzes geht (wie in Kapitel 16), werde ich Planck-Einheiten verwenden. Bei derart großen Zahlenwerten spielt die Wahl der Einheiten allerdings kaum noch eine Rolle.

Da offenbar das Alter des Universums mit der Zeit zunimmt, glaubte Dirac ursprünglich, dass auch $N$ mit der Zeit größer wird. Daraus schloss er, dass entsprechend $G$ kleiner wird (proportional zum Kehrwert aus dem Quadrat des Alters des Universums). Sehr genaue Messungen von $G$, wie sie zu Diracs Zeiten noch nicht möglich waren, haben jedoch gezeigt, dass sich $G$ (oder entsprechend

$N$), *falls* sie tatsächlich nicht konstant sein sollten, nicht so ver-ändern können, wie Dirac glaubte.[14.13] Im Jahre 1961 wies aller-dings Robert Dicke auf einen sehr interessanten Zusammenhang hin (und sein Argument wurde später durch Brandon Carter noch verbessert[14.14]). Er zeigte, dass nach der herkömmlichen Theorie der Sternentwicklung die Lebensdauer eines gewöhnlichen Sterns in der „Hauptreihe" von den fundamentalen Naturkonstanten in einer Weise abhängt, dass ein Organismus, dessen Lebensform auf-grund der Evolution ungefähr in der Mitte der aktiven Lebenszeit eines solchen gewöhnlichen Sterns liegt, mit großer Wahrschein-lichkeit auf ein Universum blickt, dessen Alter, ausgedrückt durch Planck-Einheiten, tatsächlich von der Ordnung $N^3$ ist. Sollte man also verstanden haben, weshalb $\Lambda$ proportional zu $N^{-6}$ ist, würde das die scheinbare Koinzidenz erklären, weshalb sich die kosmolo-gische Konstante ungefähr heute in der Expansion des Kosmos be-merkbar macht. Offensichtlich ist das alles jedoch sehr spekulativ, und es bedarf zugegebenermaßen besserer Theorien, um diese Zah-len wirklich zu verstehen.

# 15

## Frühere Vor-Urknall-Modelle

Es gibt ältere Modelle, die sich auf Vorgänge vor dem Urknall beziehen, und mit einigen von ihnen möchte ich CCC vergleichen. Schon unter den ersten kosmologischen Modellen, die auf Einsteins Allgemeiner Relativitätstheorie beruhten, nämlich den Modellen von Friedmann aus dem Jahre 1922, gab es eines, das man in der Folgezeit „oszillierendes Universum" nannte. Die Terminologie scheint darauf zu beruhen, dass bei einem geschlossenen Friedmann-Modell ohne kosmologische Konstante ($K > 0$, $\Lambda = 0$, siehe Abb. 7.2) der *Radius* der 3-dimensionalen Kugel, die das raumartige Universum beschreibt, als Funktion der Zeit durch eine *Zykloide* gegeben ist. Betrachtet man einen Punkt auf dem Umfang eines Kreisrades, das die Zeitachse entlangrollt (die so normiert ist, dass die Lichtgeschwindigkeit den Wert $c = 1$ hat; siehe Abb. 15.1), so überstreicht er eine solche Kurve. Ein einzelner Bogen der Kurve beschreibt ein räumlich geschlossenes Universum, das sich von seinem Urknall ausdehnt und anschließend in einem Big Crunch wieder kollabiert. Doch die Kurve umfasst offenbar mehr als nur einen einzelnen Bogen, und die zeitliche Abfolge des gesamten Modells können wir als Darstellung einer unendlichen Folge solcher „Weltzeitalter" auffassen (siehe Abb. 15.2). Im Jahre 1930 scheint sich Einstein kurz für dieses Modell interessiert zu haben.[15.1] Natürlich ereignet sich der „Rückprall", der jedesmal stattfindet, wenn der räumliche Radius null wird, bei einer *Raumzeit-Singularität* (wo die Krümmung der Raumzeit unendlich wird), und daher lassen sich die Einstein'schen

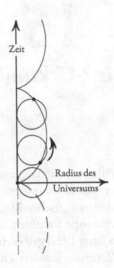

**Abb. 15.1** Im Friedmann-Modell aus Abbildung 7.2 a beschreibt der Radius, aufgetragen als Funktion der Zeit, eine Zykloide, also die Kurve, die von einem Punkt auf einem rollenden Rad überstrichen wird.

Gleichungen nicht in der üblichen Form zur Beschreibung einer solchen zeitlichen Entwicklung verwenden. Man kann sich aber Modifikationen von der Art der in Kapitel 14 beschriebenen Verfahren vorstellen.

Für mich ist an dieser Stelle jedoch viel wichtiger, wie man im Rahmen eines solchen Modells das Problem des Zweiten Hauptsatzes angehen kann. Das oben erwähnte Modell lässt keinen Spielraum für eine zunehmende Größe, die einem kontinuierlichen Zuwachs an Entropie entsprechen könnte. Der herausragende amerikanische Physiker Richard Chace Tolman beschrieb jedoch im Jahre 1934 eine leichte Modifikation des oszillierenden Friedmann-Modells,[15.2] bei dem er den „Friedmann-Staub" durch ein Substanzgemisch ersetzte, das der Gravitation unterliegt und einen

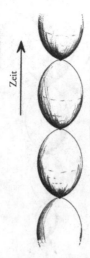

**Abb. 15.2** Nimmt man die periodische Abfolge der Zykloide aus Abbildung 15.1 ernst, erhält man ein geschlossenes oszillierendes Universum.

zusätzlichen inneren Freiheitsgrad besitzt. Dieser zusätzliche Freiheitsgrad kann sich auf eine Weise verändern, die einer zunehmenden Entropie Rechnung tragen könnte. Das Modell von Tolman gleicht dem Friedmann-Modell, allerdings nehmen sowohl die Dauer als auch der maximale Radius der aufeinanderfolgenden Weltzeitalter zu (siehe Abb. 15.3). Dieses Modell gehört immer noch zur Klasse der FLRW-Modelle (siehe Kapitel 7), sodass die gravitative Verklumpung keinen Beitrag zur Entropie liefert. Dementsprechend ist auch der Zuwachs an Entropie in diesem Modell vergleichsweise harmlos. Trotzdem war Tolmans Beitrag wichtig, denn es handelte sich um einen der überraschend wenigen Versuche, den Zweiten Hauptsatz in die Kosmologie einzubinden.

An dieser Stelle sollte man noch einen weiteren Beitrag von Tolman zur Kosmologie erwähnen, der auch für das CCC-Modell von Bedeutung ist. Bei den Friedmann-Modellen nimmt man allgemein

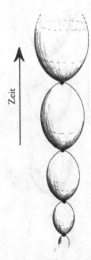

**Abb. 15.3**    Dieses Modell geht auf Tolman zurück, und es versucht zum ersten Mal den Zweiten Hauptsatz einzubeziehen. Es beinhaltet eine Form von Materie, die eine Entropiezunahme zulässt, wodurch das Modell bei jedem Zyklus größer wird.

an, dass es sich bei der *gravitativen Quelle* (d. h., dem Einstein-Tensor **E**; siehe Kapitel 12) um ein druckloses Fluid (d. h., einen „Staub"; siehe Kapitel 13) handelt. In erster Näherung ist das gar nicht so schlecht, zumindest solange die Materie, die hier modelliert werden soll, ausreichend dünn verteilt und *kalt* ist. Doch in unmittelbarer Nähe des Urknalls ist der materiellen Gehalt des Universums sehr *heiß* (siehe den Anfang von Kapitel 13), sodass man dort die Materie eher durch eine *inkohärente Strahlung* beschreibt. Erst für die spätere Entwicklung des Universums, nach der Zeit der Entkopplung (Kapitel 8), ist der Friemann'sche *Staub* die geeignetere Materieform. Dementsprechend untersuchte Tolman zu allen sechs Friedmann-Modellen aus Kapitel 7 entsprechende Analoga, deren Materiegehalt aus Strahlung bestand, wodurch das Universum in der Nähe des Urknalls besser beschrieben wird. Ganz allgemein unterscheiden sich die Strahlungslösungen von Tolman nicht wesentlich von den entsprechenden Friedmann-Lösungen, und die Abbildungen 7.2 und 7.5 kommen den Strahlungslösungen von Tolman sehr nahe. Die streng konformen Diagramme von Abbildung 11.9 und 11.10 beschreiben die jeweiligen Tolman-Lösungen ebenfalls gut, allerdings muss man streng genommen Abbildung 7.2 a durch ein Diagramm ersetzen, bei dem das dargestellte Rechteck durch ein *Quadrat* ersetzt ist. (Bei streng konformen Diagrammen gibt es meist genug Freiheit, um solche Skalenunterschiede berücksichtigen zu können, doch im vorliegenden Fall erweist sich die Situation als etwas zu starr, um den globale Skalenunterschied zwischen diesen beiden Abbildungen beseitigen zu können.)

Für das Strahlungsmodell von Tolman muss der zykloide Bogen des Friedmann-Modells (Abb. 15.1) für $K > 0$ durch den *Halbkreis* in Abbildung 15.4 ersetzt werden, der nun den Radius des Universums als Funktion der Zeit beschreibt. Seltsamerweise verhält sich aber die natürliche (analytische) Fortsetzung von Tolmans Halbkreis vollkommen anders als die Fortsetzung der Zykloide. Die richtige analytische Fortsetzung eines Halbkreises ist ein *Vollkreis*[15.3], doch wenn wir bei der Fortsetzung an einen physikalischen Zeitparameter denken, der sich über das ursprüngliche Modell hinaus erstrecken soll, ergibt diese Interpretation keinen Sinn. Im Grunde genommen müsste der Radius des Universums in Tolmanns Modell *imaginär* werden,[15.4] wenn wir es analytisch zu einer Phase vor dem Urknall dieses Modells fortsetzen wollten. Die direkte analytische Fortsetzung zu einem „Rückprall", wie bei den „oszillierenden Friedmann-Universen" für $K > 0$, scheint keinen Sinn mehr zu ergeben, wenn wir den Friedmann'schen Staub durch die Tolman-Strahlung ersetzen, obwohl dies wegen der sehr hohen Temperaturen, die wir beim Urknall erwarten würden, für diesen Bereich das realistischere Modell wäre.

Das unterschiedliche Verhalten an der Singularität hat weit-

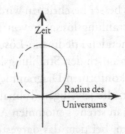

**Abb. 15.4** In dem geschlossenen Strahlungsuniversum von Tolman ist die Radialfunktion ein Halbkreis.

reichende Konsequenzen für den Vorschlag von Paul Tod (Kapitel 12), was mit dem Verhalten des konformen Faktors $\Omega$ zu tun hat, den man braucht, um die singulären Urknälle in den Friedmann-Lösungen bzw. den entsprechenden Strahlungslösungen von Tolman zu einer glatten 3-dimensionalen Fläche $\mathscr{B}$ „aufblasen" zu können. Da $\Omega$ bei $\mathscr{B}$ *unendlich* wird, ist es besser, den *Kehrwert* von $\Omega$ zu nehmen, den ich durch $\omega$ ausdrücke:

$$\omega = \Omega^{-1}.$$

(Dem Leser sei an dieser Stelle versichert, dass trotz der unterschiedlichen Bezeichnungen für die Definition(en) von $\Omega$ die Bedeutung von $\omega$ hier mit der in Anhang B *übereinstimmt*.) Für die Klasse der Friedmann-Universen finden wir, dass sich die Größe $\omega$ in der Nähe der 3-dimensionalen Fläche $\mathscr{B}$ wie das *Quadrat* eines lokalen (konformen) Zeitparameters verhält (der auf $\mathscr{B}$ verschwindet), sodass sich $\omega$ glatt über $\mathscr{B}$ hinaus fortsetzen lässt ohne sein Vorzeichen zu wechseln. Daher wird sein Kehrwert $\Omega$ auf der anderen Seite von $\mathscr{B}$ ebenfalls nicht negativ (siehe Abb. 15.5,a). Für die Strahlungsmodelle von Tolman hingegen ist $\omega$ direkt *proportional* zu einem solchen lokalen Zeitparameter (und verschwindet auf $\mathscr{B}$), sodass $\omega$ nun aufgrund seiner Glattheit sein Vorzeichen ändert. Damit wechselt auch $\Omega$ sein Vorzeichen und nimmt auf der anderen Seite

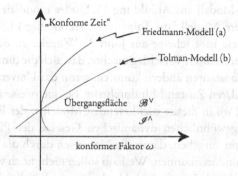

**Abb. 15.5** Vergleich zwischen dem Verhalten der konformen Faktoren $\omega$ für (a) den Friedmann-Staub und (b) die Tolman'sche Strahlung. Nur Fall (b) stimmt mit CCC überein. (Siehe Abb. 14.2 und Anhang B für die Notation.)

von $\mathscr{B}$ *negative* Werte an. Dieses Verhalten gleicht dem im CCC-Modell, denn in Kapitel 14 haben wir ebenfalls festgestellt, dass eine glatte konforme Erweiterung der fernen Zukunft des Weltzeitalters vor der 3-dimensionalen Übergangsfläche zu einem negativen $\Omega$-Wert für das folgende Weltzeitalter hinter der Übergangsfläche führt (siehe Abb. 15.5 b). Damit verbunden wäre ein verheerender Vorzeichenwechsel für die Gravitationskonstante, würden wir nicht an der Übergangsfläche den Wechsel $\Omega \mapsto \Omega^{-1}$ vornehmen (siehe Kapitel 14). Wenn wir dies jedoch tun, verhält sich $(-)\Omega$ auf der Urknallseite der Übergangsfläche so, wie es auch bei den Strahlungslösungen von Tolman der Fall ist, und nicht wie bei einer Friedmann-Lösung. Das erscheint vernünftig, denn die Strahlungsmodelle von Tolman beschreiben die Raumzeit unmittelbar nach dem Urknall wesentlich besser (wobei ich die Möglichkeit einer Inflation hier außer Acht lasse; die Gründe dafür findet der Leser in Kapitel 12, 16 und 18).

Einige Kosmologen haben noch eine weitere Idee ins Spiel gebracht, die man in zyklische Modelle, wie dem oszillierenden

Friedmann-Modell aus Abbildung 15.2, oder modifizierte Versionen, wie dem Modell von Tolman aus Abbildung 15.3, einbauen könnte. Diese Idee scheint auf John A. Wheeler zurückzugehen, der den interessanten Vorschlag machte, dass sich die dimensionslosen Naturkonstanten ändern könnten, wenn das Universum durch einen singulären Zustand hindurchtritt, beispielsweise in den Augenblicken, wo in diesen oszillierenden Modellen der Radius null wird. Die gewöhnlichen dynamischen Gesetze der Physik muss man ohnehin aufgeben, damit die Universen durch die singulären Zustände hindurchkönnen. Weshalb sollen nicht noch weitere Gesetze ihre Gültigkeit verlieren? Also können sich vielleicht auch die fundamentalen Naturkonstanten ändern!

Damit stoßen wir jedoch auf einen wichtigen Punkt. Es wird oft darauf hingewiesen, dass es in den Beziehungen zwischen den Naturkonstanten sehr viele seltsame Koinzidenzen gibt, ohne die es auf der Erde kein Leben geben könnte. In manchen Fällen sind diese zufälligen Beziehungen vielleicht nur deshalb von Relevanz, weil wir immer an ganz bestimmte, uns vertraute Lebensformen denken. Dazu zählen möglicherweise die Parameter, die mit der ungewöhnlichen Eigenschaft von Wasser zusammenhängen, in seiner festen Form (als Eis) weniger dicht zu sein als in flüssiger Form, sodass Lebensformen unter einer schützenden Eisschicht in ungefrorenem Wasser überleben können, selbst wenn die äußeren Temperaturen unter den Gefrierpunkt sinken. Andere Koinzidenzen scheinen von größerer Bedeutung zu sein, beispielsweise gäbe es vermutlich überhaupt keine Chemie, wenn die Masse des Neutrons nicht etwas größer wäre als die Masse des Protons. Die meisten Atomkerne, die den verschiedenen chemischen Elementen zugrunde liegen, wären andernfalls instabil, und es gäbe diese Elemente nicht. Besonders bemerkenswert unter diesen scheinbaren Koinzidenzen war eine Vorhersage von Fred Hoyle, wonach es im Kohlenstoffkern ein bestimmtes bis dato unbekanntes Energieniveau geben müsse, was später von William Foyler experimentell bestätigt wurde. Ohne dieses Energieniveau hätten die schwereren Elemente jenseits von Kohlenstoff in den Sternen nie produziert werden können, und damit gäbe es auf den Planeten keinen Stickstoff, Sauerstoff, Chlor, Natrium, Schwefel und unzählige andere Elemente. (Fowler teilte sich im Jahre 1982 den Nobelpreis mit Chandrasekhar, doch seltsamerweise wurde Hoyle übergangen.)

Der Ausdruck „anthropisches Prinzip" geht auf Brandon Carter zurück, der sich sehr eingehend mit den Konsequenzen beschäftigt hat, die andere Werte der Naturkonstanten gehabt hätten.[15.5]. Was wäre, wenn die Konstanten in unserem Universum nicht exakt die Verhältnisse gehabt hätten, die sie haben, oder wenn sie in diesem Universum an bestimmten Orten und zu bestimmten Zeiten nicht exakt richtig gewesen wären, um die Entstehung von intelligenten Lebensformen zu ermöglichen? In diesem Fall hätten wir uns vielleicht in einem anderen Universum wiedergefunden, in dem die Konstanten die richtigen Werte und Verhältnisse haben. Es ist nicht meine Absicht, an dieser Stelle diese sehr interessante, allerdings auch höchst umstrittene Idee weiter zu verfolgen. Ich bin mir auch nicht sicher, welchen Standpunkt ich in dieser Angelegenheit vertreten soll, aber ich glaube, dass oft zu schnell mit diesem Prinzip argumentiert wird, um manche in meinen Augen unplausiblen Theorien zu verteidigen.[15.6] Ich möchte hier nur betonen, dass es im Rahmen von CCC bei einem Übergang von einem Weltzeitalter zum nächsten durchaus noch Raum gibt, gewisse Größen zu ändern. Dazu zählt beispielsweise der Wert der dimensionslosen Größe „$N$", die ich in Kapitel 14 erwähnt habe und durch deren Potenzen verschiedene dimensionslose Verhältnisse zwischen teilweise sehr unterschiedlichen physikalischen Konstanten bestimmt werden. Dieser Punkt wird in Kapitel 18 nochmals aufgegriffen.

Wheelers Idee findet sich auch in einem anderen sehr exotischen Modell wieder, das von Lee Smolin im Jahre 1997 in seinem Buch *Life of the Cosmos* (deutsch „Warum gibt es das Universum?")[15.7] vorgeschlagen wurde. Die verlockende Idee von Smolin ist, dass bei der Entstehung von Schwarzen Löchern die inneren, kollabierenden Gebiete (aufgrund von bisher unbekannten Quanteneffekten) durch eine Art von „Rückprall" zu expandierenden Gebieten werden, von denen jedes zum Ausgangspunkt eines neuen expandierenden Universums wird. Jedes dieser neuen „Baby-Universen" expandiert zu einem „ausgewachsenen" Universum mit seinen eigenen Schwarzen Löchern, und so geht es immer weiter (siehe Abb. 15.6). Dieser Übergang vom Kollaps zur Expansion hätte offenbar ganz andere Eigenschaften als der konform glatte Übergang im CCC-Modell (siehe Abb. 13.2), und seine Beziehung zum Zweiten Hauptsatz bleibt völlig unklar. Smolins Modell hat jedoch den Vorteil, dass man es unter dem Gesichtspunkt des biologischen Prinzips der *natürlichen Auslese* untersuchen kann, und es hat sogar eine gewisse statistische Vorhersagekraft. Smolin unternimmt lobenswerte Anstrengungen, um zu solchen Vorhersagen zu gelangen, und er vergleicht seine Ergebnisse mit der beobachtbaren Häufigkeit von Schwarzen Löchern und Neutronensternen. Die Idee von Wheeler ist bei diesem Modell so umgesetzt, dass sich die dimensionslosen Konstanten bei jedem Übergang Kollaps⤳Expansion nur wenig ändern, sodass die Neigung eines Universums zur Produktion von Schwarzen Löchern „vererbt" und durch das Einwirken der natürlichen Auslese beeinflusst werden kann.

Kaum weniger fantastisch sind meiner bescheidenen Meinung nach die kosmologischen Vorschläge, die auf Ideen der *String-Theorie* und – soweit wir sie heute verstanden haben – ihrer Abhängigkeit von dem Vorhandensein zusätzlicher Raumdimensionen beruhen. Soviel ich weiß, stammt das erste Vor-Urknall-Modell dieser Art von Gabriele Veneziano.[15.8] Seine Idee scheint mit CCC einige wichtige Eigenschaften gemein zu haben (wobei es allerdings um rund sieben Jahre älter ist als CCC), insbesondere in Bezug auf die Rolle der konformen Reskalierungen sowie die Vorstellung, dass die „Epoche der Inflation" eher einer exponentiellen Expansion in einer früheren Phase des Universums entspricht, als wie sie gegen-

**Abb. 15.6** Smolins romantisches Bild des Universums. Neue Weltzeitalter entwickeln sich aus den Singularitäten in Schwarzen Löchern.

wärtig wahrnehmen (siehe Kapitel 16 und 18). Andererseits beruht dieses Modell auf Ideen aus der String-Theorie, was es schwer macht, es direkt mit dem hier vorgestellten CCC-Modell zu vergleichen, insbesondere hinsichtlich der klaren Vorhersagen von CCC, auf die ich in Kapitel 18 kommen werde.

Ganz ähnliche Bemerkungen gelten auch für den jüngeren Vorschlag von Paul Steinhardt und Neil Turok,[15.9] bei dem der Übergang von einem „Weltzeitalter" zum nächsten über die „Kollision von D-Branes" erfolgt. Bei diesen „D-Branes" handelt es sich um Strukturen in einer höherdimensionalen Erweiterung unserer normalen 4-dimensionalen Raumzeit. In diesem Modell erfolgt der Übergang nach einem kleinen Vielfachen von $10^{12}$ Jahren, also zu einem Zeitpunkt, wo sämtliche Schwarzen Löcher, die nach unserem heutigen Verständnis durch astrophysikalische Vorgänge entstehen, immer noch vorhanden sind. Davon abgesehen macht die Abhängigkeit dieser Idee von Konzepten aus der String-Theorie es wiederum sehr schwer, klare Vergleiche mit CCC zu ziehen. Es wäre alles erheblich einfacher, wenn sich dieses Modell so umformulieren ließe, dass man es sich in einer gewöhnlichen 4-dimensionalen Raumzeit vorstellen kann, und die Rolle der zusätzlichen Dimensionen irgendwie in eine 4-dimensionale Dynamik gesteckt werden könnte, selbst wenn dies nur näherungsweise möglich sein sollte.

Neben den oben erwähnten Modellen gibt es noch unzählige Versuche, mit Ideen aus der *Quantengravitation* einen „Rückprall" von einem früheren kollabierenden Universum zu einem späteren expandierenden Universum zu beschreiben.[15.10] In diesen Fällen hofft man, dass eine nicht-singuläre Quantenevolution den singulären Zustand ersetzt, der *klassisch* in dem Augenblick minimaler Größe auftreten würde. Viele dieser Ansätze beruhen auf vereinfachten Modellen in zwei oder drei Dimensionen, deren Bedeutung für eine 4-dimensionale Raumzeit nicht immer klar ist. Außerdem zeigt sich, dass die meisten Modelle mit einer Quantenevolution die Singularitäten *nicht* beseitigen. Die bis heute aussichtsreichste Idee für einen nicht-singulären Quanten-Rückprall scheint auf der Formulierung der Quantengravitation durch sogenannte *Schleifenvariable* zu beruhen. Ashtekar und Bojowald ist es gelungen, in diesem Rahmen eine Quantenevolution zu beschreiben, die klassisch einer kosmologischen Singularität entspräche.[15.11]

Soweit ich das jedoch beurteilen kann, geht keines der gerade beschriebenen Vor-Urknall-Modelle ernsthaft auf das Grundproblem des Zweiten Hauptsatzes ein, wie ich es in Teil 1 beschrieben habe. Keines der Modelle widmet sich explizit der Frage, weshalb im Urknall die Freiheitsgrade der Gravitation unterdrückt waren, also der eigentlichen Ursache für die Gültigkeit des Zweiten Hauptsatzes, wie wir ihn erleben und wie ich es in den Kapiteln 8, 10 und 12 betont habe. Tatsächlich beruhen die meisten dieser Vorschläge auf den FLRW-Modellen, sodass sie diese wichtige Angelegenheit nicht ansprechen können.

Doch selbst den Kosmologen des frühen zwanzigsten Jahrhunderts musste klar gewesen sein, dass sich die Dinge vollkommen an-

ders verhalten können, wenn man von der FLRW-Symmetrie abweicht. Einstein selbst hatte gehofft,[15.12] dass sich durch die Berücksichtigung von *Irregularitäten* die Singularitäten vermeiden lassen (ähnlich wie es später nach der Arbeit von Lifschitz und Chalatnikow den Anschein hatte, bevor Belinski den Fehler entdeckte;
siehe Kapitel 10). Mittlerweile ist deutlich geworden, insbesondere
aus den Singularitätentheoremen der späten 1960er Jahre,[15.13] dass
sich diese Hoffnung im Rahmen der klassischen Allgemeinen Relativitätstheorie nicht erfüllen lässt. Modelle dieser Art haben unweigerlich auch Raumzeit-Singularitäten. Außerdem haben wir in Kapitel 12 gesehen, dass solche Irregularitäten während der Phase des
Gravitationskollaps in Übereinstimmung mit einer raschen Entropiezunahme unerbittlich zunehmen, und es besteht keine Möglichkeit mehr, diese Geometrie – und sei es nur die konforme Geometrie
der Lichtkegel – in der Kollapsphase beim Big Crunch in irgendeiner Weise dem wesentlich glatteren (FLRW-artigen) Urknall des
folgenden Weltzeitalters anzupassen.

  Wenn wir also den Standpunkt vertreten, dass sich die Phase
vor dem Urknall im Einklang mit dem Zweiten Hauptsatz entwickelt und alle Gravitationsfreiheitsgrade voll angeregt sind, dann
scheint hier etwas vollkommen anderes als ein direkter „Rückprall",
sei es klassisch oder quantentheoretisch, stattzufinden. Das scheinbar so seltsame CCC-Modell mit seinen unendlichen Reskalierungen, durch die ein Übergang von einem Weltzeitalter zum nächsten
erst möglich wird, ist mein Versuch, diese wichtige Frage anzugehen.
Trotzdem bleibt immer noch ein grundlegendes Problem: Wie kann
ein solcher zyklischer Prozess mit dem Zweiten Hauptsatz verträglich sein, wonach die Entropie von Weltzeitalter zu Weltzeitalter zu
Weltzeitalter ... zunehmen muss? Diese Frage ist für das Anliegen
dieses Buches von zentraler Bedeutung, und im kommenden Kapitel werde ich näher auf sie eingehen.

# 16

# Die Quadratur des Zweiten Hauptsatzes

Kehren wir nun also zu der Frage zurück, die zu Beginn dieses Unternehmens stand, nämlich dem Ursprung des Zweiten Hauptsatzes. Zunächst einmal muss betont werden, dass es tatsächlich ein Problem gibt, und zwar *unabhängig* vom CCC-Modell. Dieses Problem hat mit der offensichtlichen Tatsache zu tun, dass die Entropie unseres Universums – oder, wenn wir CCC betrachten, des gegenwärtigen Weltzeitalters – anscheinend sehr rasch zunimmt, und das, obwohl sich das Universum in seinen sehr frühen Phasen und das Universum in der fernen Zukunft sehr ähnlich zu sein scheinen. Natürlich sind sie sich nicht wirklich ähnlich im Sinne von nahezu identisch, aber sie sind sich erschreckend „ähnlich" in der üblichen Bedeutung dieses Wortes im Rahmen der euklidischen Geometrie: Der Unterschied zwischen den beiden Zuständen besteht lediglich in einer riesigen Skalenänderung. Doch wie gegen Ende von Kapitel 13 erwähnt wurde, ändert sich das Phasenraumvolumen unter konformen Reskalierungen nicht,[16.1] und daher sind Skalenänderungen für das *Entropiemaß* – gegeben durch die schöne Formel von Boltzmann (siehe Kapitel 3) – praktisch *irrelevant*. Andererseits nimmt offenbar die Entropie in unserem Universum durch die Einflüsse der gravitativen Verklumpungen *gewaltig zu*. Unser Problem besteht also darin, diese offensichtlichen Tatsachen miteinander zu vereinen. Einige Physiker behaupten, das absolute Maximum der Entropie in unserem Universum stamme nicht von der Verklumpung zu Schwarzen Löchern, sondern von der Bekenstein-Hawking-

Entropie des *kosmologischen* Ereignishorizonts. Auf diese Möglichkeit gehe ich in Kapitel 17 ein, und ich werde argumentieren, dass sie keinen Einfluss auf die Diskussion in diesem Kapitel hat.

Untersuchen wir nun den Zustand des frühen Universums etwas genauer. Offenbar gab es irgendeine geeignete Bedingung, mit der die Gravitationsfreiheitsgrade beim Urknall außer Gefecht gesetzt werden konnten, sodass der gravitative Beitrag zur Entropie in diesem Zustand sehr niedrig war. Müssen wir auf die kosmische Inflation zurückgreifen? Dem Leser wird kaum entgangen sein, dass ich diesem vielfach angenommenen Prozess skeptisch gegenüberstehe (Kapitel 12), doch das ist nicht wichtig, denn für unsere Diskussion spielt es keine Rolle. Wir können entweder die Möglichkeit einer Inflation vollkommen außer Acht lassen, oder wir vertreten den Standpunkt (siehe Kapitel 18), dass CCC die inflationäre Phase lediglich anders interpretiert und in ihr eher eine exponentielle Ausdehung des Universums *am Ende* des vorangegangenen Weltzeitalters sieht, oder aber wir betrachten einfach die Situation unmittelbar *nach* diesem kosmischen „Augenblick" – bei ungefähr $10^{-32}$ s –, als die Inflation vermutlich gerade endete.

Zu Beginn von Kapitel 13 habe ich argumentiert, weshalb wir annehmen können, dass die materiellen Bestandteile in diesem Zustand des frühen Universums (bei ungefähr $10^{-32}$ s) effektiv masselos waren und daher die Physik im Wesentlichen konform invariant. Ob der Vorschlag von Paul Tod (siehe Kapitel 12) in allen Einzelheiten richtig ist oder nicht, offenbar liegen wir nicht vollkommen falsch, wenn wir annehmen, dass dieser Zustand mit den offenbar stark unterdrückten gravitativen Freiheitsgraden durch eine konforme Dehnung zu einem glatten, nicht-singulären Zustand wird, der in erster Linie immer noch von masselosen Objekten, vielleicht größtenteils Photonen, bevölkert ist. Natürlich müssen wir auch die zusätzlichen Freiheitsgrade in der *Dunklen Materie* berücksichtigen, für die wir ebenfalls annehmen, dass sie in diesen frühen Augenblicken effektiv masselos waren.

Am anderen Ende der Zeitskala, in der fernen Zukunft, finden wir ein exponentiell expandierendes Universum vom De-Sitter-Typ (Kapitel 11), das ebenfalls zum größten Teil von masselosen Bestandteilen (Photonen) bevölkert ist. Es könnte durchaus andere Streuteilchen geben, sogar massebehaftete Teilchen, aber der Hauptbeitrag zur Entropie käme nahezu ausschließlich von den Photonen. Anscheinend liegen wir immer noch nicht vollkommen falsch (und nun denken wir an die Ergebnisse von Friedrich, siehe Kapitel 13), wenn wir annehmen, dass sich der Zustand des Universums in der fernen Zukunft konform zu einem glatten Zustand stauchen lässt, der eine gewisse Ähnlichkeit mit dem Zustand hat, den wir durch die konforme Dehnung der Situation kurz nach dem Urknall (bei rund $10^{-32}$ s) erhalten haben. Im Vergleich zu dem gestauchten Endzustand enthält dieser gedehnte Urknall sogar eher *mehr* angeregte Freiheitsgrade, denn zumindest nach dem Modell von Paul Tod könnten nicht nur Freiheitsgrade der Dunklen Materie angeregt sein, sondern auch gravitative Freiheitsgrade, da in diesem Fall der Weyl-Tensor C nicht verschwinden muss (wie im CCC-Modell), sondern endlich bleiben darf (siehe Kapitel 12 und 14). Falls solche Freiheitsgrade tatsächlich vorhanden sind, verschärft das nur unser Problem, denn nun wäre die Entropie des sehr frühen Universums eher größer als die Entropie der fernen Zukunft, obwohl es eigentlich zwischen rund $10^{-32}$ s nach dem Urknall und der fernen Zukunft einen enormen Anstieg in der Entropie geben sollte.

Um dieses Problem genauer untersuchen zu können, müssen wir die Art und die Größenordnung der wichtigsten Beiträge in diesem enormen Zuwachs der Entropie verstehen. Gegenwärtig beruht anscheinend der Hauptanteil der Entropie des Universums auf den Schwarzen Riesenlöchern in den Zentren der meisten (vielleicht sogar aller?) Galaxien. Eine genaue Angabe der Größe dieser Schwarzen Löcher ist generell recht schwierig. Immerhin gehört es zu ihrem Wesen, dass man sie nur schwer sehen kann! Doch unsere eigene Milchstraße könnte ziemlich typisch sein, und sie scheint ein

Schwarzes Loch von rund $4 \cdot 10^6 \, M_\odot$ (siehe Kapitel 10) zu enthalten. Nach der Formel von Bekenstein und Hawking finden wir daraus für unsere Galaxie eine Entropie pro Baryon von rund $10^{21}$ (wobei mit „Baryon" im Wesentlichen ein Proton oder Neutron gemeint ist und ich der Einfachheit halber eine Erhaltung der Baryon-Zahl annehme – immerhin wurde bisher noch keine Verletzung dieser Erhaltungsgröße beobachtet). Also übernehmen wir diese Zahl als eine vernünftige Abschätzung der gegenwärtigen Entropie pro Baryon im gesamten Universum.[16.2] Wenn wir nun bedenken, dass der nächstgrößte Beitrag zur Entropie von der CMB zu stammen scheint, deren Anteil pro Baryon jedoch kaum größer ist als rund $10^9$, dann sehen wir, wie immens die Entropie seit der Zeit der Rekombination – ganz zu schweigen von $10^{-32}$ s – bereits angestiegen zu sein scheint. Und offenbar ist es die Entropie der Schwarzen Löcher, die in erster Linie für diesen riesigen Entropiezuwachs verantwortlich ist. Um den Unterschied noch deutlicher hervorzuheben, verwende ich eine Schreibweise, die uns aus dem Alltag vertrauter ist: Die Entropie pro Baryon in der CMB liegt bei ungefähr 1 000 000 000, wohingegen (nach den obigen Schätzungen) die gegenwärtige Entropie des Universums pro Baryon bei rund

$$1\,000\,000\,000\,000\,000\,000\,000\,000$$

liegt, und sie stammt hauptsächlich von Schwarzen Löchern. Darüber hinaus steht zu erwarten, dass die Größe der Schwarzen Löcher und damit auch die Entropie des Universums in der Zukunft weiterhin drastisch zunimmt, sodass sogar *diese* Zahl irgendwann in der Zukunft lächerlich winzig erscheinen wird. Unser Problem besteht somit in folgender Frage: Wie können wir diese Feststellung in Einklang bringen mit dem, was wir zu Beginn dieses Kapitels gesagt haben? Was wird irgendwann einmal mit all dieser Entropie in den Schwarzen Löchern passieren?

Wir müssen versuchen zu verstehen, wie die Entropie irgendwann einmal um einen derart riesigen Faktor geschrumpft *zu sein scheint*.

Wohin ist die ganze Entropie verschwunden? Erinnern wir uns daran, was wir vermuten, wie das Schicksal all dieser Schwarzen Löcher letztendlich aussehen wird, die für diesen riesigen Entropiezuwachs verantwortlich sind. In Kapitel 11 hatten wir gesagt, dass die Schwarzen Löcher in rund $10^{100}$ Jahren verschwunden sein werden – verdampft aufgrund der Hawking-Strahlung und schließlich mit einem harmlosen „Peng" verpufft.

Wir dürfen nicht vergessen, dass die Zunahme der Entropie, wenn ein Schwarzes Loch Materie verschluckt, ebenso wie bei der Schrumpfung der Größe (und Masse) des Schwarzen Lochs durch die Abstrahlung der Hawking-Strahlung, vollkommen im Einklang mit dem Zweiten Hauptsatz steht. Ja, all diese Erscheinungen sind sogar direkte *Folgerungen* aus dem Zweiten Hauptsatz. Um diese Aussage nachvollziehen zu können, brauchen wir die Einzelheiten von Hawkings ursprünglicher Argumentation aus dem Jahre 1974 für die Temperatur und die Entropie eines Schwarzen Loches (von dem wir annehmen, dass es in der Vergangenheit bei einem Gravitations entstanden ist) nicht wirklich zu verstehen. Wenn wir an dem *exakten* Koeffizienten $8kG\pi^2/ch$ in der Bekenstein-Hawking-Formel (Kapitel 12) nicht interessiert sind und uns mit einer Näherung zufriedengeben, reicht bereits die ursprüngliche Herleitung von Bekenstein aus dem Jahre 1972[16.3], um die allgemeine Form der Entropie plausibel zu machen. Bekensteins physikalisches Argument beruhte auf dem Zweiten Hauptsatz sowie einigen quantenmechanischen und allgemein relativistischen Grundprinzipien, angewandt auf Gedankenexperimente über das Eintauchen von Objekten in Schwarze Löcher. Die Hawking-Temperatur $T_{BH}$ für die Oberfläche eines nicht rotierenden Schwarzen Lochs der Masse $M$ lautet

$$T_{BH} = \frac{K}{M}$$

($K = 1/(4\pi)$ ist eine Konstante). Wenn wir die Formel für die Entropie eines Schwarzen Lochs akzeptieren, folgt diese Beziehung für die Temperatur aus gewöhnlichen thermodynamischen Prinzipien[16.4].

Diese Temperatur würde man in einer unendlichen Entfernung vom Schwarzen Loch sehen. Die Abstrahlungsrate des Schwarzen Lochs lässt sich nun aus der Annahme berechnen, dass diese Temperatur gleichförmig über eine Kugeloberfläche verteilt ist, deren Radius gleich dem Schwarzschild-Radius (Kapitel 10) des Schwarzen Lochs ist.

Ich betone diese Punkte hier, um deutlich zu machen, dass die Entropie und die Temperatur eines Schwarzen Lochs ebenso wie der Prozess der Verdampfung dieser seltsamen Objekte durch die Hawking-Strahlung mit den grundlegenden und vertrauten physikalischen Gesetzen, insbesondere dem *Zweiten Hauptsatz*, im Einklang stehen. Sie sind uns in dieser Form vielleicht sehr fremd, aber trotzdem ein wichtiger Teil der Physik unseres Universums. Die ungeheure Entropie eines Schwarzen Lochs beruht auf ihrem irreversiblen Charakter sowie der bemerkenswerten Tatsache, dass die Struktur bzw. der Zustand eines stationären Schwarzen Lochs durch nur wenige Parameter beschrieben werden kann.[16.5] Zu jedem festen Satz von Werten für diese Parameter gehört ein riesiges Phasenraumvolumen, und daher sollte nach der Formel von Boltzmann (Kapitel 3) auch die Entropie sehr groß sein. Aus der Widerspruchsfreiheit der Physik als Ganzes dürfen wir annehmen, dass unser allgemeines Bild vom Wesen und Verhalten von Schwarzen Löchern tatsächlich zu stimmen scheint. Lediglich das Ende eines Schwarzen Lochs in einem abschließenden „Peng" ist eine Vermutung, wobei man sich nur schwer vorstellen kann, was in diesem Stadium sonst passieren sollte.

Doch müssen wir *wirklich* an diese abschließende Verpuffung glauben? Solange die Raumzeit zu einem Schwarzen Loch eine *klassische* (d. h., nicht quantentheoretische) Geometrie bleibt, sollte die Strahlung dem Schwarzen Loch ständig Masse bzw. Energie entziehen, und zwar so, dass es nach einer endlichen Zeitspanne verschwindet. Diese Zeitspanne beträgt $\sim 2 \cdot 10^{67} (M/M_\odot)^3$ Jahre für ein Loch mit der Masse $M$, sofern nichts mehr in das Schwarze Loch hineinfällt.[16.6] Doch für wie lange können wir davon ausgehen, dass die Begriffe der klassischen Raumzeit-Geometrie ein verlässliches Bild geben? Allgemein vermutet man (aus reinen Dimensionsgründen), dass die Quantengravitation erst dann eine Rolle spielen wird, wenn das Loch die absurd winzigen Ausmaße der Planck-Dimension $l_P$ von $\sim 10^{-35}$ m (ungefähr $1/10^{20}$ des klassischen Protonenradius) erreicht hat. Doch was auch immer zu diesem sehr späten Zeitpunkt passieren wird, falls eine einzige Masse übrigbleibt, liegt sie irgendwo in der Größenordnung der Planck-Masse $m_P$ mit einem Energiegehalt von ungefähr der Planck-Energie, und es lässt sich nur schwer einsehen, weshalb es sehr viel länger als rund eine Planck-Zeit $t_P$ dauern sollte, bis sie verpufft ist (siehe den Schluss von Kapitel 14). Einige Physiker haben die Möglichkeit in Erwägung gezogen, das Endprodukt sei ein *stabiler* Rest der Masse $\sim m_P$, doch das führt auf einige Schwierigkeiten mit der Quantenfeldtheorie.[16.7] Außerdem scheint das abschließende Schicksal eines Schwarzen Lochs unabhängig von seiner ursprünglichen Größe zu sein und lediglich mit einem winzigen Bruchteil seiner Masse bzw. Energie zu tun zu haben. Dieser abschließende Restzustand eines Schwarzen Lochs ist unter den Physikern noch umstritten,[16.8] doch für das CCC-Modell sollte *nichts*, das eine Ruhemasse hat, bis in die Ewigkeit bestehen bleiben. Vom Standpunkt der CCC ist die „Verpuffung" (zusammen mit dem abschließenden Zerfall der Ruhemassen der massiven Teilchen, die möglicherweise in dieser Verpuffung erzeugt werden) sehr akzeptabel, und außerdem ist steht sie im Einklang mit dem Zweiten Hauptsatz.

Trotz all dieser Konsistenz hat ein Schwarzes Loch etwas Eigenartiges: In einer für physikalische Phänomene scheinbar einzigartigen Weise führt die zeitliche Entwicklung der Raumzeit unweigerlich zu einer inneren *Raumzeit-Singularität*. Auch wenn diese Singularität eine Folgerung aus der *klassischen* Allgemeinen Relativitätstheorie ist (Kapitel 10, und 12), kann man sich nur schwer vorstellen,

dass durch die Quantengravitation diese klassische Beschreibung
wesentlich verändert wird, wenn man einmal von dem Bereich der
enormen Raumzeit-Krümmung absieht, bei dem die Krümmungsradien der Raumzeit von der Größenordnung der winzigen Planck-
Skala $l_p$ werden (siehe Kapitel 14). Insbesondere für ein Schwarzes
Riesenloch im Zentrum einer Galaxie ist nach der klassischen Physik der Bereich, wo derart winzige Krümmungsradien auftreten, ein
winziges Gebiet um die Singularität herum. Der Ort, den man in
den klassischen Beschreibungen der Raumzeit als „Singularität" bezeichnet, bezieht sich eigentlich auf den Bereich, wo „die Quantengravitation das Szepter übernimmt". In der Praxis macht das kaum
einen Unterschied, denn ohne eine allgemein anerkannte mathematische Struktur, welche die kontinuierliche Raumzeit von Einstein
ersetzt, fragen wir nicht, was dort passiert, sondern kleben dorthin
einfach einen singulären Rand von wild divergierenden Krümmungen, die möglicherweise das chaotische Verhalten im BKL-Bild zeigen (Kapitel 10 und 12).

Um die Rolle dieser Singularität im Rahmen der klassischen Physik besser verstehen zu können, betrachten wir das konforme Diagramm in Abbildung 16.1, dessen beide Teile im Prinzip den Abbildungen 11.13 a und 11.16 entsprechen. Als streng konforme Diagramme implizieren diese Bilder eine exakte Kugelsymmetrie, die
allerdings kaum erhalten bleiben dürfte, sobald bei dem Kollaps irgendwelche Unregelmäßigkeiten auftreten. Nehmen wir jedoch an,
dass bis zu dem Punkt kurz vor der Verpuffung das Prinzip der *starken kosmischen Zensur* gilt (siehe den Schluss von Kapitel 11 und
12),[16.9] sollte die Singularität im Wesentlichen *raumartig* sein, und
die Zeichnungen in Abbildung 16.1 bleiben qualitativ zumindest als
*schematische* konforme Diagramme richtig, auch wenn die Geometrie der Raumzeit in der Nähe der klassischen Singularität vermutlich sehr asymmetrisch wird.

Die Bereiche, wo man einen Einfluss der Quantengravitation erwarten würde und das klassische Bild der Raumzeit ungültig wird,

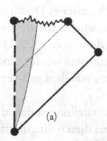
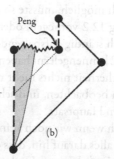

**Abb. 16.1** Irregulär gezeichnete konforme Diagramme (die das Fehlen einer Symmetrie andeuten sollen) für (a) den Gravitationskollaps zu einem Schwarzen Loch; (b) den Kollaps mit anschließender Hawking-Verdampfung. Aufgrund der starken kosmischen Zensur bleibt die Singularität raumartig.

liegen sehr nahe bei der Singularität. Nur hier nimmt die Raumzeit-Krümmung so extreme Werte an, dass man der klassischen Physik nicht mehr trauen kann. Allerdings kann man nun kaum hoffen, dass sich die Überlegungen von CCC in Bezug auf die 3-dimensionalen Übergangsflächen wiederholen lassen. Die Raumzeit dürfte sich kaum durch die Singularität hindurch in glatter Weise fortsetzen lassen, sodass man eine Erweiterung auf die „andere Seite" der Singularität erhält. In der Tat muss man bei dem Modell von Paul Tod zwischen der vergleichsweise harmlosen Singularität am Urknall und der Art von Singularität (vielleicht vom chaotischen BKL-Typ), wie man sie im Inneren eines Schwarzen Lochs vermutet, *unterscheiden*. Der in Kapitel 15 (Abb. 15.6) beschriebene Vorschlag von Smolin ist sicherlich sehr anregend, aber ich sehe kaum eine Möglichkeit, wie uns die Quantengravitation hier helfen kann. Ich glaube nicht, dass sie uns eine Art von „Rückprall" liefert, bei dem eine frisch entstandene, expandierende Raumzeit in gewisser Hinsicht einem zeitlich gespiegelten, umgekehrt ablaufenden Prozess der kollabierenden Raumzeit entspricht. Wäre das tatsächlich möglich, müsste so etwas wie ein Weißes Loch wie in Abbildung 12.2 vorliegen, oder sogar ein chaotisches Durcheinander von sich ständig aufspaltenden Weißen Löchern, wie wir sie in Kapitel 12 kennengelernt haben (vergleiche dazu Abb. 13.2). Das hätte mit Sicherheit nichts mehr mit dem zu tun, was wir für unser Universum beobachten, und schon gar nichts mit dem uns vertrauten Zweiten Hauptsatz.

Auch wenn wir noch keine genauen Vorstellungen davon haben, deutet alles darauf hin, dass die Physik bei diesen Singularitäten zu einem *Ende* kommt. Und sollte es tatsächlich anders sein, hat die Struktur des sich anschließenden Universums sicherlich eine vollkommen andere Form, als wir sie kennen. In beiden Fällen ist die Materie, die in diesen singulären Bereich tritt, für unser Universum verloren, und damit offenbar auch sämtliche Information, die von dieser Materie getragen wird. Ist sie tatsächlich verloren? Oder kann sie in dem Diagramm von Abbildung 16.1 b irgendwie über Seitenwege entkommen? Könnte die Quantengravitation unsere Vorstellungen von einer Raumzeit-Geometrie derart auf den Kopf stellen, dass sich die Information beispielsweise irgendwie raumartig ausbreiten kann, was nach den gewöhnlichen Regeln der Kausalität aus Kapitel 9 verboten wäre? Selbst dann ist schwer einzusehen, wie irgendein Teil dieser Information vor der abschließenden Verpuffung in unserem Universum wieder auftauchen sollte. Doch dann würde diese riesige Menge an Information, welche die Materie, die letztendlich zu dem Schwarzen Loch von Millionen von Sonnenmassen wurde, einmal gespeichert hatte, irgendwie in einem kurzen Augenblick, der dem Ereignis der Verpuffung entspricht, aus einem winzigen Gebiet wieder herausströmen. Ich persönlich kann das kaum glauben. Mir erscheint es weitaus naheliegender, dass die Information in Prozessen, deren zeitliche Entwicklung auf eine solche Raumzeit-Singularität zusteuert, entsprechend zerstört wird.

Es gibt noch eine andere Möglichkeit,[16.10] die in diesem Zusammenhang oft genannt wird. Könnte die Information schon lange vor der abschließenden Verpuffung irgendwie dem Schwarzen Loch „entweichen", und beispielsweise in sogenannten „Quantenverschränkungen" stecken, die sich durch subtile Korrelationen in der Hawking-Strahlung des Schwarzen Lochs äußern? Unter diesem Gesichtspunkt wäre die Hawking-Strahlung nicht wirklich „thermisch" (oder „zufällig"), sondern die gesamte Information, die scheinbar unwiderruflich in der Singularität verloren schien, würde sich trotzdem in irgendeiner Form wieder außerhalb des Schwarzen Lochs befinden (vielleicht sogar dort wieder entstehen?). Auch hier habe ich große Bedenken gegenüber derartigen Vorschlägen. Es hat den Anschein, als ob sämtliche Information, die in die Nähe der Singularität gelangt ist, irgendwie außerhalb des Schwarzen Lochs in solchen Verschränkungsinformationen „wieder auftaucht" oder dorthin „kopiert" wird, was für sich wieder grundlegenden Prinzipien der Quantentheorie widersprechen würde.[16.11]

Darüber hinaus hat Hawking in seinem ursprünglichen Argument aus dem Jahre 1974,[16.12] wo der das Vorhandensein von thermischer Strahlung aus einem Schwarzen Loch gezeigt hat, explizit davon Gebrauch gemacht, dass sich die Information, die in Form einer Testwelle auf das Schwarze Loch trifft, auf zwei Anteile verteilt. Der eine Anteil entweicht dem Schwarzen Loch, wohingegen der andere Anteil, der in das Schwarze Loch fällt, unwiderruflich verloren ist. Dieser Verlust an Information führte zu der Schlussfolgerung, dass das, was dem Schwarzen Loch entweicht, von thermischer Natur sein muss, und seine Temperatur entspricht exakt dem, was wir heute als Hawking-Temperatur bezeichnen. Dieses Argument beruht auf dem konformen Diagramm von Abbildung 11.13, aus dem für mich eindeutig hervorgeht, dass die einlaufende Information aufgeteilt wird, und zwar in einen Anteil, der in das Schwarze Loch hineinfällt, und einen Anteil, der ins Unendliche entweichen kann. Der in das Loch hineinfallende Anteil ist verloren - das war ein wesentlicher Teil des Arguments. In der Tat war Hawking selbst viele Jahre lang ein strenger Verfechter des Standpunkts, dass Infor-

mation in Schwarzen Löchern verloren geht. Auf der 17. Internatio-
nalen Konferenz für Allgemeine Relativitätstheorie und Gravitation in Dublin im Jahre 2004 verkündete Hawking dann plötzlich,
dass er seine Meinung geändert habe. Er räumte öffentlich ein, eine
Wette verloren zu haben, die er (und Kip Thorne) mit John Preskill
abgeschlossen hatte, und er gab zu, dass er früher falsch gelegen habe und nun davon überzeugt sei,[16.13] dass die gesamte Information
vollständig außerhalb des Schwarzen Lochs vorhanden ist. Natürlich glaube ich, Hawking hätte nicht locker lassen sollen. Sein frü-
herer Standpunkt war der Wahrheit sehr viel näher!

Der Meinungswechsel von Hawking entspricht jedoch eher dem,
was man unter Quantenfeldtheoretikern als den „gewöhnlichen"
Standpunkt bezeichnen könnte. Die meisten Physiker scheinen
nicht an eine unwiderrufliche Zerstörung von Information zu glauben, und die Idee, dass Information in einem Schwarzen Loch
auf diese Weise zerstört werden könnte, ist als das „Informati-
ons*paradoxon* für Schwarze Löcher" bekannt. Der Hauptgrund,
weshalb Physiker mit diesem Informationsverlust Probleme haben,
liegt in ihrer festen Überzeugung, dass eine korrekte Beschreibung
der zeitlichen Entwicklung eines Schwarzen Lochs im Rahmen der
Quantengravitation ein Grundprinzip der Quantentheorie respek-
tieren sollte, das man als *unitäre Zeitentwicklung* bezeichnet. Hierbei handelt es sich im Wesentlichen um eine zeitsymmetrische[16.14]
deterministische Zeitentwicklung eines Quantensystems, beschrieben durch die fundamentale *Schrödinger-Gleichung*. Nahezu per
Definition kann in einer unitären Zeitentwicklung keine Information verloren gehen, weil es sich um einen reversiblen Prozess
handelt. Insofern scheint ein Informationsverlust im Rahmen einer
Hawking-Verdampfung eines Schwarzen Lochs *im Widerspruch* zu
einer unitären Zeitentwicklung zu stehen.

An dieser Stelle kann ich nicht auf die Einzelheiten der Quantentheorie eingehen,[16.15] doch eine kurze Beschreibung der wesentlichen Ideen ist für die weitere Diskussion hilfreich. Die mathema-

tische Beschreibung eines Quantensystems zu einem bestimmten
Zeitpunkt erfolgt durch den sogenannten *Quantenzustand* (oder
die *Wellenfunktion*) des Systems, den man oft mit dem griechischen
Buchstaben $\psi$ bezeichnet. Wie schon erwähnt, wird die Zeitentwicklung des Quantenzustands $\psi$, sofern er sich selbst überlassen
wird, durch die Schrödinger-Gleichung beschrieben. Sie beschreibt
eine unitäre Zeitentwicklung, also einen deterministischen, im Wesentlichen zeitsymmetrischen und kontinuierlichen Prozess, für den
ich den Buchstaben **U** verwenden werde. Um jedoch feststellen zu
können, welchen Wert ein beobachtbarer Parameter $q$ zu einem
Zeitpunkt $t$ haben könnte, wendet man einen vollkommen anderen mathematischen Prozess auf $\psi$ an, den man als *Beobachtung*
oder *Messung* bezeichnet. Dieser Prozess besteht in einer Opera-
tion O, die auf $\psi$ angewandt wird und uns einen Satz von mögli-
chen Alternativen $\psi_1, \psi_2, \psi_3, \psi_4, \dots$ liefert, von denen jede zu einem entsprechenden Satz von Messergebnissen $q_1, q_2, q_3, q_4, \dots$ der
gewählten Größe $q$ gehört. Außerdem erhalten wir noch die zugehörigen Wahrscheinlichkeiten $P_1, P_2, P_3, P_4, \dots$, mit denen ein solches Ergebnis erzielt wird. Den Satz möglicher Alternativen zusammen mit den zugehörigen Wahrscheinlichkeiten gewinnt man
aus O und $\psi$ durch eine bestimmte mathematische Vorschrift. Um
zu beschreiben, was bei einer solchen Messung in der physikalischen Welt *tatsächlich* passiert, sagen wir, dass $\psi$ einfach in *eine*
der möglichen Alternativen $\psi_1, \psi_2, \psi_3, \psi_4, \dots$ *springt*, beispielsweise in $\psi_j$. Dieser Sprung erfolgt zwar vollkommen zufällig (im Sinne
von „durch nichts determiniert"), allerdings mit der entsprechenden Wahrscheinlichkeit $P_j$. Die Ersetzung von $\psi$ durch die spezielle
Möglichkeit $\psi_j$, die nach der Messung tatsächlich realisiert ist, bezeichnet man als *Reduktion des Quantenzustands* oder auch *Kollaps
der Wellenfunktion*, und dafür werde ich den Buchstaben **R** verwenden. Nach der Messung, bei der $\psi$ zu $\psi_j$ gesprungen ist, wird die
Zeitentwicklung der neuen Wellenfunktion $\psi_j$ wiederum durch **U**
beschrieben, bis eine neue Messung stattfindet, und so weiter.

Diese eigenartige Mischform, wonach die zeitliche Entwicklung eines Quantenzustands zwischen zwei vollkommen verschiedenen mathematischen Vorschriften zu wechseln scheint – einem kontinuierlichen und deterministischen Prozess **U** und einem diskontinuierlichen und probabilistischen Prozess **R** – macht die Quantenmechanik so seltsam. Daher überrascht es kaum, dass viele Physiker mit dieser Situation unzufrieden sind, und es gibt eine ganze Palette von philosophischen Standpunkten, die in diesem Zusammenhang vertreten werden. Wie Heisenberg berichtet, soll Schrödinger gesagt haben: „Wenn es doch bei dieser verdammten Quantenspringerei bleiben soll, so bedaure ich, mich mit der Quantentheorie überhaupt beschäftigt zu haben."[16.16] Schrödinger hatte die Hoffnung, dass die ganze Wahrheit in Bezug auf die zeitliche Entwicklung von Quantensystemen noch nicht gefunden ist. Dem würden andere Physiker widersprechen, wobei sie seinen wichtigen Beitrag – die Entdeckung der zeitlichen Entwicklungsgleichung – uneingeschränkt akzeptieren und gleichzeitig mit seiner Abneigung gegen die „Quantenspringerei" übereinstimmen. Nach einer weitverbreiteten Meinung steckt die gesamte Wahrheit irgendwie schon in **U**, zusammen mit einer geeigneten „Interpretation" der Bedeutung von $\psi$, und der Prozess **R** sollte sich in irgendeiner Form daraus ergeben. Vielleicht bezieht sich der wahre „Zustand" nicht nur auf das betrachtete Quantensystem, sondern auch auf seine komplizierte Umgebung, einschließlich der Messapparatur, und vielleicht sind sogar *wir*, letztendlich die Beobachtenden, selbst Teil eines sich unitär entwickelnden Zustands.

Ich möchte hier nicht auf all die unzähligen Alternativen und Überlegungen eingehen, die sich immer noch um die **U/R**-Geschichte ranken, sondern einfach meine eigene Meinung wiedergeben. Im Großen und Ganzen schließe ich mich Schrödinger an, ebenso wie Einstein und, vielleicht überraschend, auch Dirac,[16.17] dem wir die allgemeine Formulierung der heutigen Quantenmechanik verdanken,[16.18] indem ich den Standpunkt vertrete, dass die heutige Quantenmechanik nur eine *provisorische* Theorie ist. Diese Meinung vertrete ich trotz der fantastisch bestätigten Vorhersagen dieser Theorie und der Fülle von beobachteten Erscheinungen, die sie erklären kann. Immerhin gibt es bisher keine wirklich bestätigte Beobachtung, die der Quantenmechanik widerspricht. Insbesondere bin ich davon überzeugt, dass das R-Verhalten darauf beruht, dass die Zeitentwicklung in der Natur *nicht* rein unitär zu beschreiben ist, und diese Abweichung von der strengen Vorschrift der Quantenmechanik ist ein Effekt der Gravitation, die ernsthaft (wenn auch subtil) in das Geschehen eingreift.[16.19] Seit langem vertrete ich die Meinung, dass der Informationsverlust in Schwarzen Löchern und die damit verbundene Verletzung von U ein wichtiges Argument dafür ist, dass die wahre (und immer noch unentdeckte) Quantentheorie der Gravitation *keine* strikte Einhaltung von U beinhaltet.

Ich glaube, hier liegt der Schlüssel zur Lösung des Rätsels, dem wir uns zu Beginn des Kapitels gegenübersahen. Ich bitte den Leser daher, für die hier betrachtete Situation den Informationsverlust in Schwarzen Löchern – und damit die Verletzung der Unitarität – einfach als eine nicht nur plausible, sondern sogar unvermeidbare *Realität* zu akzeptieren. Im Zusammenhang mit der Verdampfung Schwarzer Löcher müssen wir Boltzmanns Definition der Entropie neu bewerten. Was bedeutet eigentlich „Informationsverlust" an einer Singularität? Eine treffendere Beschreibung wäre „Verlust von Freiheitsgraden": Einige der Parameter des Phasenraums verschwinden, und der Phasenraum wird tatsächlich *kleiner*. Für ein dynamisches Verhalten ist das ein vollkommen neues Phänomen. Gewöhnlich stellt man sich die Zeitentwicklung (vergleiche Kapitel 3) in einem festen, unveränderlichen Phasenraum $\mathcal{P}$ vor, und beschrieben wird sie durch einen Punkt, der sich durch diesen festen Raum bewegt. Wenn jedoch die Dynamik unter bestimmten Umständen auch einen Verlust von Freiheitsgraden zulässt, wie es hier der Fall zu sein scheint, *schrumpft* der Phasenraum als Folge der Zeitentwick-

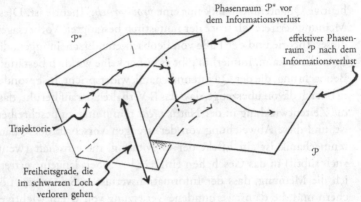

**Abb. 16.2**    Die Zeitentwicklung im Phasenraum nach dem Informationsverlust in einem Schwarzen Loch.

lung! In Abbildung 16.2 habe ich versucht darzustellen, wie dieser Prozess in einem niedrigdimensionalen Beispiel aussehen könnte.

Bei der Verdampfung von Schwarzen Löchern erfolgt dieser Prozess auf eine sehr subtile Weise. Wir sollten uns das Schrumpfen des Phasenraums nicht als etwas „Plötzliches" vorstellen, das in einem bestimmten Augenblick stattfindet (beispielsweise dem Moment des „Peng"), sondern eher als einen schleichenden Vorgang. Es hängt alles mit der Tatsache zusammen, dass es in der Allgemeinen Relativitätstheorie keine eindeutige „universelle" Zeit gibt, und das ist gerade bei Schwarzen Löchern wichtig, weil die Raumzeit-Geometrie hier entscheidend von einer räumlichen Homogenität abweicht. Besonders deutlich wird dies beim Oppenheimer-Snyder-Kollaps (Kapitel 10, Abb. 10.1) mit anschließender Hawking-Verdampfung (Kapitel 11, Abb. 11.15 und 11.16). In Abbildung 16.3 a und dem zugehörigen streng konformen Diagramm Abbildung 16.3 b habe ich mit durchgezogenen Linien eine Familie von raumartigen 3-dimensionalen Flächen (Schnitte konstanter Zeit) eingezeichnet, für welche die gesamte Information, die in dem Schwarzen

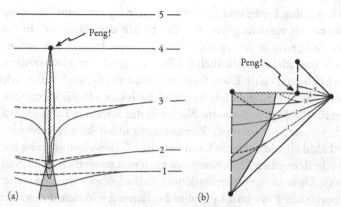

**Abb. 16.3** Ein Schwarzes Loch verdampft durch Hawking-Strahlung: (a) Das gewöhnliche Raumzeit-Bild; (b) ein streng konformes Diagramm. Wenn Schnitte konstanter Zeit den durchgezogenen Linien entsprechen, scheint der Verlust der inneren Freiheitsgrade erst im Augenblick des „Peng" zu erfolgen, geht man jedoch von Schnitten konstanter Zeit aus, wie sie durch die unterbrochenen Linien beschrieben werden, erstreckt sich der Verlust über die gesamte Geschichte des Schwarzen Lochs.

Loch verloren geht, im Augenblick der Verpuffung zu verschwinden scheint, wohingegen die gestrichelten Linien eine Familie von 3-dimensionalen raumartigen Flächen kennzeichnen, für welche die Information nur langsam und im Verlaufe der gesamten Geschichte des Schwarzen Lochs verschwindet. Als strenge Diagramme beziehen sich diese Bilder zwar auf kugelsymmetrische Situationen, doch in schematischer Form gelten sie auch allgemeiner, sofern die starke kosmische Zensur gilt (außer natürlich im Augenblick der Verpuffung selbst).

Offensichtlich spielt der genaue Zeitpunkt, bei dem der Informationsverlust stattfindet, keine Rolle. Insbesondere hat er keine Auswirkung auf die äußere Thermodynamik. Somit können wir uns auch auf den Standpunkt stellen, dass der Zweite Hauptsatz wie gewohnt gültig bleibt und die Entropie ständig zunimmt, allerdings müssen wir vorsichtig sein, was der Begriff der „Entropie" in diesem Fall genau bedeuten soll. Diese Entropie bezieht sich auf *alle* Freiheitsgrade, einschließlich der Freiheitsgrade der Materie, die in das Loch gefallen ist. Diese Freiheitsgrade treffen jedoch früher oder später auf die Singularität und sind nach den obigen Überlegungen für das System verloren. Nachdem das Schwarze Loch schließlich verpufft ist, ist unser Phasenraum radikal kleiner geworden, und ähnlich wie in einem Land mit einer Geldwertminderung entspricht demselben Phasenraumvolumen nun wesentlich weniger als zuvor. Diese riesige Wertminderung wird allerdings von den örtlich gebundenen Physikern in großer Entfernung von dem Schwarzen Loch nicht bemerkt. Wegen des Logarithmus in Boltzmanns Formel äußert sich diese Verkleinerung des Volumenmaßes einfach nur in einer großen Konstanten, die von der Gesamtentropie für das Universum außerhalb des Schwarzen Lochs abgezogen werden muss.

Wir können das mit unserer Diskussion am Ende von Kapitel 3 vergleichen, wo wir festgestellt hatten, dass der Logarithmus in Boltzmanns Formel gerade die Additivität der Entropien für unabhängige Systeme gewährleistet. In der obigen Diskussion spielt die Entropie, die von dem Schwarzen Loch verschluckt und schließlich zerstört wird, die Rolle des *äußeren* Teils des Systems aus Kapitel 3, dessen Parameter sich auf den äußeren Phasenraum $\mathcal{X}$ beziehen, der die Milchstraße außerhalb des Labors umfasste. Hier beziehen sich diese Freiheitsgrade auf die Schwarzen Löcher (siehe Abb. 16.4). Die Welt außerhalb der Schwarzen Löcher, wo wir uns die Durchführung von Experimenten vorstellen können, entspricht in der Diskussion von Kapitel 3 (Abb. 3.4) dem *inneren* Teil des Systems, das den Phasenraum $\mathcal{P}$ definiert. Ebenso wie die Ausklammerung der Freiheitsgrade in der Milchstraße in Kapitel 3 (von denen einige sogar von dem zentralen Schwarzen Loch der Galaxie verschluckt werden) keine Rolle für das Verhalten der Entropie in dem durchgeführten Experiment spielten, würde auch der Informationsverlust in

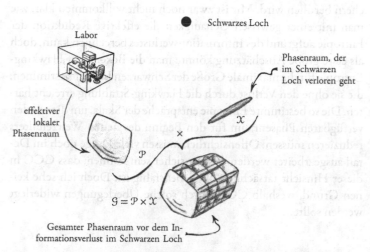

**Abb. 16.4** Der Informationsverlust in Schwarzen Löchern hat keinen Einfluss auf den lokalen Phasenraum (vergleiche Abb. 3.4), obwohl er zum Gesamtphasenraum vor dem Verlust beiträgt.

Schwarzen Löchern, von denen jedes schließlich mit seiner Verpuffung verschwindet, *keine* effektive Verletzung des Zweiten Hauptsatzes darstellen, ganz im Einklang mit den früheren Bemerkungen in diesem Kapitel!

Trotzdem würde das Phasenraumvolumen des Universums *als Ganzes* durch diesen Informationsverlust drastisch reduziert,[16.20] und genau das brauchen wir für die Lösung unseres Problems, das wir zu Beginn dieses Kapitels formuliert hatten. Die Angelegenheit ist nicht einfach, und es müssen viele Details erfüllt sein, damit die Reduktion des Phasenraumvolumens konsistent mit unserer CCC-Annahme ist. Ganz allgemein erscheinen diese Konsistenzbedingungen sehr vernünftig, da die Zunahme der Gesamtentropie im Verlaufe der Geschichte unseres gegenwärtigen Weltzeitalters hauptsächlich auf der Entstehung (und Verdampfung) von Schwarzen Löchern beruhen wird. Mir ist zwar noch nicht vollkommen klar, wie man mit einer gewissen Genauigkeit die effektive Reduktion der Entropie aufgrund des Informationsverlustes berechnen kann, doch als erste grobe Abschätzung könnte man die Bekenstein-Hawking-Entropie für die maximale Größe der Schwarzen Löcher bestimmen, die sie ohne den Verlust durch die Hawking-Strahlung erreicht hätten. Die so bestimmte Entropie entspräche der Skala, um die wir den verfügbaren Phasenraum für den Beginn des neuen Weltzeitalters reduzieren müssen. Offensichtlich müssen viele Dinge noch im Detail ausgearbeitet werden, bis wir sicher sein können, dass CCC in dieser Hinsicht tatsächlich überlebensfähig ist. Doch ich sehe keinen Grund, weshalb CCC durch solche Überlegungen widerlegt werden sollte.

# 17

## CCC und Quantengravitation

Das CCC-Modell ermöglicht uns eine neue Sicht auf verschiedene interessante Probleme, denen sich die Kosmologie seit vielen Jahren gegenübersieht, nicht nur den Zweiten Hauptsatz. Beispielsweise gibt es da die Frage, was wir von den Singularitäten halten sollten, die in der klassischen Allgemeinen Relativitätstheorie auftreten, und wie die Quantenmechanik in dieses Bild eingreift. Wie wir gesehen haben, macht CCC hier sehr spezifische Aussagen, nicht nur in Bezug auf die Natur der Urknallsingularität, sondern auch darüber, wass passieren wird, wenn wir die zukünftige Entwicklung unseres Universums verfolgen. Nach unserem heutigen Verständnis wird unser Universum entweder unwiederbringlich in der Singularität eines Schwarzen Loches enden, oder aber sich in eine unbegrenzte Zukunft fortsetzen. Und nach dem Modell von CCC wird es schließlich im Urknall eines neuen Weltzeitalters wiedergeboren.

Zunächst möchte ich in diesem Kapitel nochmals untersuchen, wie unser Universum in der fernen Zukunft aussehen wird, um in diesem Zusammenhang einen Punkt ansprechen zu können, den ich im letzten Kaputel beiseite geschoben habe. Unter anderem ging es um die Entropiezunahme bis in die ferne Zukunft, und ich habe argumentiert, dass – im Einklang mit CCC – der bei weitem wichtigste Prozess für die Entropiezunahme die Entstehung (und Verschmelzung) von Schwarzen Löchern ist sowie ihre anschließende Verdampfung aufgrund der Hawking-Strahlung, nachdem sich die CMB unter die Hawking-Temperatur der Schwarzen Löcher abgekühlt hat. Die Forderung von CCC lautet, dass das vergröberte Gebiet (Kapitel 3 und 16) der Anfangsphase mit dem entsprechenden Gebiet der Endphase des vorherigen Weltzeitalters zusammenpassen muss. Wie wir gesehen haben, lässt sich diese Forderung trotz der riesigen Entropiezunahme tatsächlich erfüllen, wenn wir einen entsprechenden „Informationsverlust" in Schwarzen Löchern akzeptieren. (Hawking hatte ursprünglich ähnlich argumentiert, sich aber später davon wieder distanziert.) Durch die enorme Reduktion in der Dimension des Phasenraums aufgrund der Einverleibung und anschließenden Zerstörung von Freiheitsgraden durch die Schwarzen Löcher wird der Phasenraum erheblich „ausgedünnt". Nachdem die Schwarzen Löcher alle verdampft sind, müssen wir den Nullpunkt der Entropie neu festlegen, denn effektiv bedeutet dieser große Verlust an Freiheitsgraden, dass man von der Entropie eine sehr große Zahl subtrahieren muss. Die erlaubten Zustände des sich anschließenden Urknalls für das folgende Weltzeitalter unterliegen großen Einschränkungen, sodass die „Weyl-Krümmungshypothese" erfüllt ist, wodurch für das folgende Weltzeitalter wieder die Möglichkeit der gravitativen Verklumpung gegeben ist.

Nach der Meinung vieler Kosmologen gibt es jedoch noch einen weiteren Punkt in dieser Diskussion, den ich bisher nicht angesprochen habe, obwohl er für unser zentrales Thema eine gewisse Relevanz besitzt (siehe den Schluss des ersten Absatzes von Kapitel 16). Es geht um das Problem der „kosmologischen Entropie", das sich für $\Lambda > 0$ aus der Existenz der *kosmologischen Ereignishorizonte* ergibt. Abbildung 11.17 a, b verdeutlicht, worum es bei dem Konzept eines kosmologischen Ereignishorizonts geht. Ein solcher Ereignishorizont tritt immer dann auf, wenn es für die Zukunft einen *raumartigen* konformen Rand $\mathscr{I}^+$ gibt, was bei einer positiven kosmologischen Konstante der Fall ist. Wir hatten gesehen, dass es sich bei dem kosmologischen Ereignishorizont um den Vergangenheitslichtkegel zu dem Endpunkt $o^+$ (auf $\mathscr{I}^+$) der Weltline des „unsterblichen" Beobachters $O$ aus Kapitel 11 handelt (siehe Abb. 17.1). Wenn wir uns auf den Standpunkt stellen, dass solche Ereignishorizonte genauso behandelt werden müssen wie die Ereignishorizonte Schwarzer Löcher, dann sollte für sie auch dieselbe Bekenstein-Hawking-Formel für die Entropie eines Schwarzen Loches ($S_{BH} = \frac{1}{4}A$; siehe Kapitel 12) gelten. In Planck-Einheiten erhalten wir somit einen „Entropiewert" von

$$S_\Lambda = \frac{1}{4}A_\Lambda,$$

wobei $A_\Lambda$ die räumliche Schnittfläche des Horizonts ist, wie sie in der fernen Zukunft erscheinen wird. In Anhang B.5 wird gezeigt, dass diese Fläche, ausgedrückt in Planck-Einheiten, *exakt* gleich

$$A_\Lambda = \frac{12\pi}{\Lambda}$$

ist, womit wir für die zugehörige Entropie den Wert

$$S = \frac{3\pi}{\Lambda}$$

erhalten. Dieser Wert hängt nur von $\Lambda$ ab und hat nichts mit irgendwelchen Einzelheiten der Vorgänge zu tun, die in dem Universum tatsächlich abgelaufen sind (wobei ich annehme, dass $\Lambda$ wirklich eine kosmologische *Konstante* ist). Wenn wir die Analogie akzeptieren, entspricht dieser Entropie eine Temperatur,[17.1] die durch folgende Beziehung gegeben ist:

$$T_\Lambda = \frac{1}{2\pi}\sqrt{\frac{\Lambda}{3}}.$$

Für den beobachteten Wert von $\Lambda$ hätte diese Temperatur $T_\Lambda$ den absurd kleinen Wert von $\sim 10^{-30}$ K, und die Entropie hätte den riesigen Wert $\sim 3 \cdot 10^{122}$.

Diese Entropie ist noch deutlich größer als die Entropie, die wir aufgrund der Entstehung und abschließenden Verdampfung von

Schwarzen Löchern in dem gegenwärtig beobachtbaren Universum erwarten würden und die kaum mehr als rund $10^{115}$ sein dürfte. Das bezöge sich auf die Schwarzen Löcher in dem Bereich unseres gegenwärtigen Teilchenhorizonts (Kapitel 11). Wir sollten uns jedoch fragen, auf welchen Bereich des Universums sich die Entropie $S_\Lambda$ bezieht. Zunächst könnte man meinen, es handele sich um die Entropie, die das gesamte Universum einmal haben wird, denn es ist lediglich eine Zahl, die nur von der kosmologischen Konstante abhängt und ansonsten unabhängig von irgendwelchen anderen Vorgängen im Universum ist, insbesondere auch von der Wahl des unsterblichen Beobachters $O$ oder dem Endpunkt $o^+$ seiner Weltlinie auf $\mathscr{I}^+$. Diese Interpretation lässt sich jedoch nicht aufrecht erhalten, insbesondere auch weil das Universum räumlich unendlich ausgedehnt sein und insgesamt unendlich viele Schwarze Löchern enthalten könnte. In diesem Fall könnte schon die *gegenwärtige* Entropie des gesamten Universums leicht größer sein als $S_\Lambda$, im Widerspruch zum Zweiten Hauptsatz. Eine angemessenere Interpretation von $S_\Lambda$ könnte sein, dass es sich hierbei um die Entropie handelt, die „am Ende der Zeit" zu dem Teil unseres Universums gehören wird, der sich innerhalb irgendeines kosmologischen Ereignishorizonts befindet, also dem Vergangenheitslichtkegel zu irgendeinem beliebig gewählten $o^+$ auf $\mathscr{I}^+$. Die Materie, auf die sich diese Entropie bezieht, könnte der Anteil sein, der innerhalb des *Teilchen*horizonts von $o^+$ läge (siehe Abb. 17.1).

Nach den heutigen kosmologischen Vorstellungen[17.2] sollte unser Universum zu dem Zeitpunkt, wo $o^+$ erreicht wird, innerhalb seines Teilchenhorizonts ungefähr $(\frac{3}{2})^3 \approx 3{,}4$ mal mehr Materie enthalten, als wir sie *heute* in unserem Teilchenhorizont haben. Auf diesen Punkt werden wir in Kapitel 18 noch eingehen. Wenn *diese* Materie zu einem einzigen Schwarzen Loch wird, haben wir eine Entropie von rund $(\frac{3}{2})^6 \approx 11{,}4$ multipliziert mit $10^{124}$, wobei wir in Kapitel 12 den Wert $10^{124}$ schon als grobe *Obergrenze* für die Entropie angegeben haben, die wir mit der Materie im gegenwär-

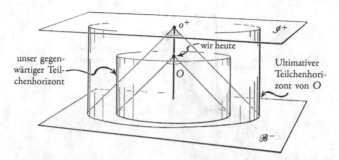

**Abb. 17.1** Nach dem gegenwärtigen Bild unseres Universums/Weltzeitalters, beträgt der Radius unseres heutigen Teilchenhorizonts ungefähr $\frac{2}{3}$ des Radius, den unser Teilchenhorizont letztendlich einmal haben wird.

tig beobachtbaren Universum erreichen können. Wir erhalten also ein Schwarzes Loch mit einer Entropie von rund $10^{125}$. Wenn diese Entropie im Prinzip innerhalb eines Universums mit dem von uns beobachteten Wert von $\Lambda$ erreicht werden könnte, wäre der Zweite Hauptsatz verletzt (da $10^{125} \gg 3 \cdot 10^{122}$). Wenn wir jedoch den obigen Wert für $T_\Lambda$ als Untergrenze für die Umgebungstemperatur in einem Universum mit dem beobachteten Wert von $\Lambda$ akzeptieren, bliebe die Temperatur eines derart großen Schwarzen Lochs immer unterhalb dieser Umgebungstemperatur, und das Schwarze Loch könnte niemals durch Hawking-Strahlung verdampfen. Damit hätten wir immer noch ein Problem, denn wir könnten für $o^+$ einen Punkt auf $\mathscr{I}^+$ wählen, der außerhalb dieses monströsen Schwarzen Lochs liegt, dessen Vergangenheitslichtkegel aber trotzdem dieses Schwarze Loch umschließt (in demselben Sinne wie irgendein externer Vergangenheitslichtkegel ein Schwarzes Loch umschließen kann). Es hat also den Anschein, als ob wir diese Entropie mit einbeziehen müssen (siehe Abb. 17.2), und damit hätten wir wieder eine grobe Verletzung des Zweiten Hauptsatzes.

Darüber hinaus haben wir hier einen gewissen Spielraum, denn

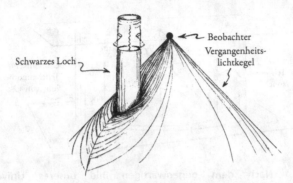

**Abb. 17.2**  Der Vergangenheitslichtkegel eines beliebigen „Beobachters" (der sich nicht unbedingt bei $\mathscr{I}^+$ befinden muss) „trifft" auf ein Schwarzes Loch, indem er es *umschließt* und nicht, indem er seinen Horizont schneidet.

wir können uns diese Menge an Materie – vergleichbar mit rund $10^{81}$ Baryonen (3,4 multipliziert mit den $10^{80}$ Baryonen innerhalb unseres heute beobachtbaren Universums, und das Ganze nochmals multipliziert mit 3, weil es entsprechend mehr Dunkle Materie als baryonische Materie gibt) – auf rund 100 getrennte Gebiete verteilt vorstellen, von denen jedes die Masse von $10^{79}$ Protonen enthält. Wenn in jedem dieser Gebiete aus dieser Masse ein Schwarzes Loch entstünde, wäre die zugehörige Temperatur immer noch oberhalb von $T_\Lambda$ und es würde verdampfen und schließlich zu einer Entropie von $\sim 10^{121}$ beitragen. Da wir 100 solche Gebiete haben, erhalten wir eine Gesamtentropie von $\sim 10^{123}$, was immer noch größer ist als $3 \cdot 10^{122}$. Damit wäre der Zweite Hauptsatz immer noch verletzt, wenn auch nicht so stark. Für definitive Schlussfolgerungen sind diese Zahlen vielleicht zu grob, aber für mich deuten sie an, dass man eine gewisse *Vorsicht* walten lassen sollte, wenn man $S_\Lambda$ als eine reale physikalische Entropie und dementsprechend $T_\Lambda$ als eine physikalische Temperatur interpretieren möchte.

Ich bin eher skeptisch, was die Interpretation von $S_\Lambda$ als eine *wah-*

*re* Entropie betrifft, und zwar aus noch mindestens zwei weiteren Gründen. Zum einen, wenn $\Lambda$ wirklich eine Konstante *ist*, dann ist $S_\Lambda$ einfach eine feste Zahl, und $\Lambda$ entspricht keinen wahrnehmbaren Freiheitsgraden. Der relevante Phasenraum wird durch das Vorhandensein von $\Lambda$ nicht größer, als er es ohne $\Lambda$ wäre. Im Rahmen von CCC wird das besonders deutlich, denn wenn wir die zur Verfügung stehende Freiheit bei $\mathscr{I}^+$ des vorherigen Weltzeitalters mit der von $\mathscr{B}^-$ des folgenden Zeitalters aufeinander abstimmen, bleibt absolut kein Platz für diese riesige Zahl von möglicherweise wahrnehmbaren Freiheitsgraden, die zu einer derart riesigen kosmologischen Entropie $S_\Lambda$ beitragen könnten. Außerdem scheint mir diese Behauptung auch *unabhängig* von der CCC-Annahme zu gelten, weil, wie wir in Kapitel 16 angeführt haben, das Volumenmaß invariant unter konformen Skalenänderungen ist.[17.3]

Es könnte allerdings auch sein, dass „$\Lambda$" keine Konstante ist, sondern irgendeine seltsame Materieform: ein „Skalarfeld der Dunklen Energie", wie es manche Kosmologen favorisieren. Dann wäre zu überlegen, ob die riesige Entropie $S_\Lambda$ nicht vielleicht zu den Freiheitsgraden dieses $\Lambda$-Felds gehört. Ich persönlich bin nicht sehr glücklich über diese Art von Lösung, denn es werden dadurch weitaus mehr schwierige Fragen aufgeworfen als beantwortet. Sollte es sich bei $\Lambda$ wirklich um ein dynamisches Feld handeln, vergleichbar mit anderen Feldern, beispielsweise im Elektromagnetismus, dann wäre $\Lambda g$ in den Einstein'schen Feldgleichungen

$$\mathbf{E} = 8\pi\mathbf{T} + \Lambda\mathbf{g}$$

(in Planck-Einheiten) kein separater „$\Lambda$-Term" mehr (wie am Schluss von Kapitel 12 behauptet). Es gäbe eigentlich keinen eigenen „$\Lambda$-Term" in den Einstein'schen Feldgleichungen, sondern wir müssten stattdessen dem $\Lambda$-Feld einen *Energietensor* $\mathbf{T}(\Lambda)$ zuschreiben, der (wenn er mit $8\pi$ multipliziert wird) nahe bei $\Lambda g$ liegt,

$$8\pi\mathbf{T}(\Lambda) \simeq \Lambda\mathbf{g},$$

und einen Beitrag zum *gesamten* Energietensor darstellt, der nun zu T+T($\Lambda$) wird. Die Einstein'schen Gleichungen enthalten nun *keinen* $\Lambda$-Term mehr:

$$E = 8\pi\{T + T(\Lambda)\}.$$

Doch $\Lambda$g ist ein sehr seltsamer Ausdruck für ($8\pi\times$) einen Energietensor, vollkommen anders als bei den anderen Feldern. Wenn wir uns beispielsweise vorstellen, dass Energie grundsätzlich äquivalent ist zu *Masse* (Einsteins „$E = mc^2$"), dann sollte sie auf andere Materieformen *anziehend* wirken, wohingegen dieses „$\Lambda$-Feld" einen *abstoßenden* Einfluss hat, obwohl seine Energie positiv ist. Ein meiner Meinung nach noch ernsthafterer Einwand ist, dass die *schwache Energiebedingung* aus Kapitel 10 (die von dem exakten Term $\Lambda$g so gerade eben erfüllt wird) fast sicher verletzt sein wird, sobald sich das $\Lambda$-Feld in größerem Umfang ändern darf.

Für mich persönlich gibt es sogar noch ein grundlegenderes Argument gegen die Interpretation von $S_\Lambda = \frac{3\pi}{\Lambda}$ als eine objektive physikalische Entropie: Im Gegensatz zu einem Schwarzen Loch gibt es hier keine physikalische Rechtfertigung für einen unwiderruflichen *Informationsverlust* an einer Singularität. Gelegentlich wurde argumentiert, dass die Information für einen Beobachter als „verloren" gilt, sobald sie hinter dem Ereignishorizont des Beobachters verschwindet. Doch ein solches Konzept würde vom jeweiligen Beobachter abhängen, und wenn wir eine Folge von raumartigen Flächen betrachten, wie in Abbildung 17.3, sehen wir, dass in Bezug auf das Universum als Ganzes eigentlich nichts „verlorengeht", das mit der kosmologischen Entropie in Verbindung gebracht werden könnte, da es keine Raumzeit-Singularität gibt (abgesehen von denen, die bereits innerhalb von Schwarzen Löchern existieren).[17.4] Außerdem kenne ich kein wirklich überzeugendes *physikalisches* Argument, mit dem man die Entropie $S_\Lambda$ rechtfertigen könnte, wie beispielsweise Bekensteins Argument für die Entropie eines Schwarzen Lochs, auf das wir früher in diesem Kapitel hingewiesen haben.[17.5].

Vielleicht wird das Problem, das ich in diesem Zusammenhang

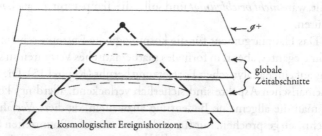

globale
Zeitabschnitte

kosmologischer Ereignishorizont

**Abb. 17.3** Für einen kosmologischen Ereignishorizont gibt es keinen Informationsverlust (anders als bei einem Schwarzen Loch), wie man an der alles umfassenden Natur einer Familie von globalen Zeitschnitten erkennen kann.

habe, deutlicher, wenn wir an die kosmologische „Temperatur" $T_\Lambda$ denken, da diese Temperatur sehr vom Beobachter abhängt. Bei einem Schwarzen Loch beruht die Hawking-Temperatur auf der sogenannten „Oberflächengravitation", die wiederum mit der Beschleunigung zusammenhängt, die ein stationärer Beobachter nahe am Schwarzen Loch spüren würde. „Stationär" bedeutet in diesem Fall, dass sich der Beobachter relativ zu einem Bezugssystem, das bei unendlich fest gehalten wird, nicht bewegt. Andererseits würde ein Beobachter, der frei in das Loch hineinfällt, die lokale Hawking-Temperatur *nicht* spüren.[17.6] Die Hawking-Temperatur hat somit einen subjektiven Charakter und lässt sich als Beispiel für den sogenannten *Unruh-Effekt* ansehen, den ein rasch beschleunigter Beobachter selbst in einem flachen Minkowski-Raum $\mathbb{M}$ spüren würde. Wenn wir nun die kosmologische Temperatur eines De-Sitter-Raums $\mathbb{D}$ betrachten, würden wir aus demselben Grund erwarten, dass ein *beschleunigter* Beobachter diese Temperatur spüren sollte im Gegensatz zu einem Beobachter im freien Fall (d. h., seine Weltlinie ist eine Geodäte; siehe den Schluss von Kapitel 9), der nichts beobachtet. Ein Beobachter, der in einem De-Sitter-Hintergrund frei fällt, wäre *nicht beschleunigt* und sollte die Temperatur $T_\Lambda$ auch *nicht* spüren.

Das Hauptargument für die kosmologische Entropie scheint ein sehr elegantes, aber rein formales mathematisches Verfahren zu sein, das auf einer analytischen Fortsetzung beruht (Kapitel 15). Die mathematischen Aspekte sind sicherlich verlockend, allerdings könnte man die allgemeine Bedeutung anzweifeln, da diese Verfahren, technisch gesprochen, nur für exakt symmetrische Raumzeiten (wie den De-Sitter-Raum $\mathbb{D}$) gelten.[17.7] Wiederum gibt es das subjektive Element hinsichtlich des Beschleunigungszustands des Beobachters, denn $\mathbb{D}$ besitzt viele verschiedene Symmetrien, die verschiedenen Beschleunigungszuständen für einen Beobachter entsprechen.

Noch offensichtlicher wird die Sache, wenn wir uns den Unruh-Effekt in einem Minkowski-Raum $\mathbb{M}$ genauer anschauen. In Abbildung 17.4 habe ich versucht, die Weltlinien von mehreren gleichmäßig beschleunigten Beobachtern – die man auch als *Rindler-Beobachter* bezeichnet[17.8] – anzudeuten. Aufgrund des Unruh-Effekts würden diese Beobachter eine Temperatur wahrnehmen (die allerdings für jede realistische Beschleunigung winzig ist), obwohl sie sich durch ein Vakuum bewegen. Es handelt sich dabei um einen Effekt aus der Quantenfeldtheorie. Zu dieser Temperatur gehört für einen Rindler-Beobachter ein ebenfalls dargestellter „Zukunftshorizont" $\mathcal{H}_0$, und es steht zu erwarten, dass mit $\mathcal{H}_0$ auch eine Entropie verbunden sein sollte, sowohl wegen der Temperatur, als auch wegen der Bekenstein-Hawking-Diskussion zu Schwarzen Löchern. Wir können uns nämlich überlegen, was in einem kleinen Gebiet in unmittelbarer Nähe des Horizonts eines sehr großen Schwarzen Lochs vor sich geht. Diese Situation entspricht ziemlich gut den Verhältnissen in Abbildung 17.5, wobei $\mathcal{H}_0$ lokal mit dem Horizont eines Schwarzen Lochs übereinstimmt, und die Rindler-Beobachter entsprächen nun den zuvor betrachteten „stationären Beobachtern nahe am Schwarzen Loch". Diese Beobachter „spüren" die lokale Hawking-Temperatur, wohingegen ein Beobachter, der frei fallend

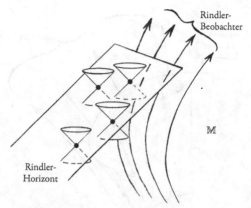

**Abb. 17.4** Gleichförmig beschleunigte Rindler-Beobachter spüren die Unruh-Temperatur.

in ein Schwarzes Loch hineinstürzt, einem inertialen (unbeschleunigten) Beobachter in $\mathbb{M}$ entspricht und diese lokale Temperatur nicht wahrnehmen würde. Würde man diese lokale Situation in $\mathbb{M}$ jedoch ins Unendliche ausdehnen, wäre die Gesamtentropie zu $\mathcal{H}_0$ *unendlich*, was verdeutlicht, dass letztendlich die Diskussion um die Entropie Schwarzer Löcher und ihre Temperatur auch nicht-lokale Überlegungen einbeziehen muss.

Ein kosmologischer Ereignishorizont $\mathcal{H}_\Lambda$, wie er nach den obigen Überlegungen für $\Lambda > 0$ auftreten sollte, hat eine große Ähnlichkeit mit einem Rindler-Horizont $\mathcal{H}_0$.[17.9] Insbesondere finden wir für den Grenzfall $\Lambda \to 0$, dass $\mathcal{H}_\Lambda$ *tatsächlich* zu einem Rindler-Horizont wird, nun allerdings *global*. Das würde mit der Entropieformel $S_\Lambda = 12\pi/\Lambda$ übereinstimmen, die in diesem Fall den Wert $S_0 = \infty$ liefert. Doch damit erhebt sich gleichzeitig die Frage, ob wir dieser Entropie wirklich eine objektive Realität zusprechen dürfen, denn für den Minkowski-Raum scheint diese *unendliche* Entropie objektiv kaum sinnvoll zu sein.[17.10]

Ich denke, es ist wichtig, dass wir diese Dinge hier in einer ge-

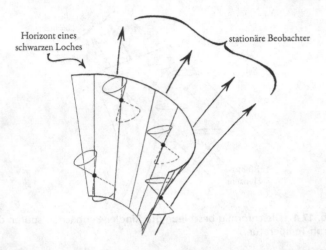

**Abb. 17.5** Stationäre Beobachter in der Nähe des Horizonts eines Schwarzen Lochs spüren sowohl eine große Beschleunigung als auch eine Hawking-Temperatur. Lokal gleicht diese Situation der von Abbildung 17.4.

wissen Ausführlichkeit angesprochen haben, denn das Problem, ob man dem Vakuum eine Temperatur und eine Entropie zuschreiben sollte, ist eine Angelegenheit der *Quantengravitation*, und sie hängt eng mit dem Konzept der sogenannten „Vakuumenergie" zusammen. Nach unserem heutigen Verständnis der Quantenfeldtheorie ist das Vakuum nicht vollkommen leer, sondern es besteht aus einem siedenden Durcheinander von Aktivitäten und Prozessen, die auf sehr kleinen Skalen stattfinden. Dabei entstehen für kurze Augenblicke sogenannte *virtuelle* Teilchen und ihre Antiteilchen in Form von „Vakuumfluktuationen", die sofort wieder verschwinden. Auf der Planck-Skala $l_P$ erwartet man, dass diese Quantenfluktuationen hauptsächlich aus *gravitativen* Prozessen bestehen. Die mathematischen Verfahren sind heute bei weitem noch nicht gut genug verstanden, um die Vakuumenergie explizit berechnen zu können, doch aus allgemeinen Symmetrieargumenten, die auf den Grundprinzipien der Relativitätstheorie beruhen, können wir schließen, dass diese Vakuumenergie insgesamt durch einen Energietensor $\mathbf{T}_v$ gegeben sein sollte, der von der Form

$$\mathbf{T}_v = \lambda \mathbf{g}$$

ist. $\lambda$ ist hierbei irgendeine Konstante. Wie wir oben gesehen haben, sieht das genauso aus wie der Energieterm $\mathbf{T}(\Lambda)$ zu einer kosmologischen Konstante, und daher heißt es häufig, die beste Interpretation für die kosmologische Konstante sei, dass sie die Vakuumenergie *ist* und somit

$$\lambda = (8\pi)^{-1}\Lambda.$$

In den „Vakuumfluktuationen" glaubt man nun die „Freiheitsgrade" zu sehen, die für die große kosmologische Entropie $S_\Lambda$ verantwortlich wären. Dabei handelt es sich nicht um – wie ich sie oben genannt habe – „beobachtbare" bzw. nachweisbare Freiheitsgrade. Falls sie wirklich einen Beitrag zum Phasenraumvolumen liefern, dann *gleichförmig* über den ganzen Raum verteilt, und sie bilden lediglich einen *Hintergrund* für die gewöhnlichen physikalischen Vorgänge, die *in* der Raumzeit stattfinden und von ihr nicht beeinflusst werden.

Diese Interpretation hat ein großes Problem, denn wenn man versucht, aus der Quantenfeldtheorie den tatsächlichen Wert für $\lambda$ zu berechnen, lautet die Antwort

$$\lambda = \infty, \text{ oder } \lambda = 0, \text{ oder } \lambda \approx t_\mathrm{p}^{-2},$$

wobei $t_\mathrm{p}$ die Planck-Zeit ist (siehe Kapitel 14). Die erste dieser drei möglichen Antworten ist die ehrlichste (und sie folgt sehr allgemein aus einer *direkten* Anwendung der Regeln der Quantenfeldtheorie!), doch sie ist gleichzeitig die falscheste. Bei der zweiten und dritten Möglichkeit handelt es sich eigentlich nur um Vermutungen, wie die Antwort lauten *könnte*, nachdem man eines der üblichen

Verfahren zur „Beseitigung von Unendlichkeiten" aus der Quantenfeldtheorie angewandt hat. (Diese recht anspruchsvollen Verfahren
liefern in Fällen, wo die Gravitation *nicht* betroffen ist, oft erstaunlich genaue Ergebnisse.) Lange Zeit schien die Möglichkeit $\lambda = 0$ die
bevorzugte Antwort, als die Beobachtungen noch auf einen Wert
$\Lambda = 0$ hindeuteten. Seit jedoch die in Kapitel 7 erwähnten Auswertungen der Beobachtungen von Supernovae den Wert $\Lambda > 0$ wahrscheinlicher erscheinen lassen und spätere Beobachtungen diesen
Schluss bestätigten, favorisiert man einen nicht-verschwindenden
Wert für $\lambda$. Wenn die kosmologische Konstante tatsächlich die Vakuumenergie im Sinne dieser *gravitativen* „Quantenfluktuationen"
*ist*, dann bleibt als mögliche Skala nur die Planck-Skala. Aus diesem Grund *sollte* $t_P$ (oder äquivalent $l_P$ bzw. ein vernünftiges kleines
Vielfaches davon) die Größenordnung von $\lambda$ sein. Aus Dimensionsgründen muss $\lambda$ dem inversen Quadrat eines Abstands entsprechen,
und somit würde man als grobe Antwort $\lambda \approx t_p^{-2}$ erwarten. Wie wir
jedoch in Kapitel 7 gesehen haben, entspricht der beobachtete Wert
von $\Lambda$ eher

$$\Lambda \approx 10^{-120} t_p^{-2}.$$

Irgendetwas kann offenbar nicht stimmen, entweder mit der Interpretation ($\lambda = \Lambda/8\pi$) oder mit den Rechnungen!

Wir verstehen die Sache noch nicht gut genug, und so gibt es
viele unterschiedliche Meinungen. Daher ist vielleicht ganz interessant, was CCC zu diesem Thema zu sagen hat. Die physikalische Bedeutung von $S_\Lambda$ oder $T_\Lambda$ hat keinen *wesentlichen* Einfluss auf CCC,
denn selbst wenn man die Entropie $S_\Lambda$ und die Temperatur $T_\Lambda$ als
physikalisch „real" ansieht, würde das nicht viel an den Überlegungen von CCC ändern. In dem uns bekannten Universum werden
wir kaum mit einem Schwarzen Loch rechnen können, dessen zeitliche Entwicklung aufgrund seiner Größe durch $T_\Lambda$ wesentlich beeinflusst wird. Und was $S_\Lambda$ betrifft, so scheint es uns bei dem in Kapitel 16 aufgeworfenen Problem nicht sehr zu helfen, da es dort um
die *nachweisbaren* Freiheitsgrade ging (d. h. die Freiheitsgrade, die

beobachtbaren physikalischen Prozessen entsprechen). Die Einführung einer „Entropie" mit dem festen Wert $3\pi/\Lambda$ ändert nicht wirklich etwas. Wir können sie einfach weglassen, da sie keinen Einfluss auf die Dynamik zu haben scheint, und selbst wenn wir sie als „real" interpretieren, scheint sie keinen physikalisch nachweisbaren Freiheitsgraden zu entsprechen. Wie dem auch sei, ich vertrete die Meinung, dass wir $S_\Lambda$ *und* $T_\Lambda$ unberücksichtigt lassen können, und ich werde ohne sie weitermachen.

Andererseits *macht* das CCC-Modell klare, wenn auch unkonventionelle Aussagen darüber, wie sich die Quantengravitation auf die klassischen Raumzeit-Singularitäten auswirkt. Da sich die Raumzeit-Singularitäten in der klassischen Allgemeinen Relativitätstheorie (Kapitel 10, 12 und 15) nicht vermeiden lassen, hoffen die Physiker, dass sich die physikalischen Kosequenzen aus diesen extrem großen Raumzeit-Krümmungen in der Nähe solcher Singularitäten im Rahmen der Quantengravitation *irgendwie* erklären lassen. Bisher gibt es allerdings nur wenig Übereinstimmung, in welcher Weise die Quantengravitation diese klassisch singulären Bereiche tatsächlich beeinflussen könnte. Noch nicht einmal hinsichtlich der Frage, *was* die „Quantengravitation" überhaupt ist, sind sich die Physiker einig.

Solange die Radien der Raumzeit-Krümmung sehr groß im Vergleich zur Planck-Länge $l_P$ sind (siehe Kapitel 14), ist man jedoch allgemein der Meinung, dass sich das „klassische" Bild der Raumzeit in angemessener Form beibehalten lässt und bestenfalls winzige „Quantenkorrekturen" zu den üblichen Gleichungen der Allgemeinen Relativitätstheorie hinzukommen. In Bereichen sehr großer Raumzeit-Krümmungen, wenn die Krümmungsradien zu der absurd kleinen Größenordnung von $l_P$ schrumpfen (rund 20 Größenordnungen kleiner als der klassische Radius eines Protons), müssen wir vermutlich sogar das herkömmliche Bild eines glatten, kontinuierlichen Raums aufgeben und durch etwas vollkommen anderes ersetzen.

Darüber hinaus haben schon Wheeler und andere darauf hingewiesen, dass selbst die gewöhnliche flache Raumzeit unserer Erfahrung, würde man sie auf der winzigen Größenordnung der Planck-Skala untersuchen, sehr wahrscheinlich ein turbulentes, chaotisches Verhalten zeigen würde. Vielleicht wäre sie diskret und granular – vielleicht hätte sie auch irgendeine andere abwegige Struktur, die man vollkommen anders beschreiben müsste. Wheeler vermutete, dass sich die Raumzeit auf Planck-Niveau durch Quanteneffekte der Gravitation zu topologisch komplizierten Strukturen aufrollen könnte, die er sich wie „Quantenschaum" oder mikroskopische „Wurmlöcher" vorstellte.[17.11] Andere Physiker dachten an irgendeine Form von diskreter Struktur (wie verknotete „Schleifen",[17.12] Spinschaum,[17.13], gitterartige Gebilde,[17.14], kausale Mengen,[17.15] Polyeder-Komplexe,[17.16], usw.[17.17]). Andere Vorschläge sind der Quantenmechanik nachempfunden und postulieren eine mathematische Struktur, die man als „nicht-kommutative Geometrie" bezeichnet.[17.18] Wieder andere Physiker glauben, dass eine höher-dimensionale Geometrie wichtig werden könnte, bei der stringartige oder membranartige Objekte eine Rolle spielen,[17.19] oder dass überhaupt keine Raumzeit-Struktur vorhanden ist und unser vertrautes makroskopisches Bild der Raumzeit nur ein nützliches Konzept ist, das sich aus einer zugrundeliegenden geometrischen Struktur (wie beispielsweise in den „Mach'schen" Theorien[17.20] und den „Twistor-Theorien"[17.21]) ableiten lässt. Aus dieser Vielfalt vollkommen unterschiedlicher Vorschläge wird schon deutlich, dass die Meinungen hinsichtlich dessen, was aus unserer „Raumzeit" bei der Planck-Skala wird, sehr divergieren.

Vergleichen wir diese Überlegungen nun mit dem CCC-Modell, so ist das Verhalten der Raumzeit beim Urknall bei weitem nicht so wild oder revolutionär, im Gegenteil, das Bild ist wesentlich *konservativer*: Die Raumzeit ist glatt, und sie unterscheidet sich von der Einstein'schen Raumzeit nur darin, dass es keine konforme Skala gibt und dass sich die Zeitentwicklung durch ganz gewöhnliche mathematische Verfahren behandeln lässt. Andererseits haben die Singularitäten im Inneren von Schwarzen Löchern eine ganz andere Struktur als die Singularität am Urknall. Für die Schwarzen Löcher muss man möglicherweise wirklich irgendeine Form von exotischer, Information zerstörender Physik betrachten, wo auch Ideen der Quantengravitation einfließen und bei der das Konzept der Raumzeit nicht mehr viel mit dem zu tun hat, was wir uns heute in der Physik vorstellen. Vermutlich müssen wir bei diesen Singularitäten tatsächlich irgendwelche wilden und revolutionären Ideen, wie wir sie oben erwähnt haben, einbeziehen.

Vielen Jahre lang hatte ich ebenfalls den Standpunkt vertreten, dass die beiden singulären Enden der Zeit (Anfang und Ende) vollkommen unterschiedlicher Natur sind. Damit wollte ich dem Zweiten Hauptsatz Rechnung tragen, wonach aus bestimmten Gründen die gravitativen Freiheitsgrade am Anfang sehr stark unterdrückt waren, nicht allerdings am Ende. Ich hatte es immer als störend empfunden, dass die Quantengravitation diese beiden Arten von Raumzeit-Singularitäten so unterschiedlich behandeln sollte. Doch ich war davon ausgegangen, wie es auch heute die vorherrschende Meinung zu sein scheint, dass tatsächlich irgendeine Form der *Quantengravitation* für die geometrischen Strukturen verantwortlich ist, die wir in der Nähe von *beiden* singulären Raumzeit-Geometrien finden. Entgegen der allgemeinen Auffassung hatte ich jedoch den Standpunkt vertreten, dass die wahre „Quantengravitation" in Bezug auf die Zeit sehr asymmetrisch sein muss und in mehrfacher Hinsicht von den üblichen Regeln der Quantenmechanik abweicht. Einige dieser Ideen habe ich gegen Ende von Kapitel 16 angesprochen.

Woran ich jedoch nicht gedacht hatte, bevor ich mich dem CCC-Modell zuwandte, war, dass man den Urknall im Wesentlichen als *klassische* Zeitentwicklung behandeln sollte und dass deterministische Differenzialgleichungen wie in der Allgemeinen Relativitätstheorie das Verhalten bestimmen. Die Frage war: Wie kann CCC

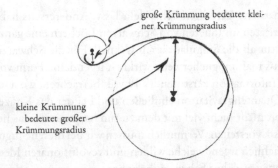

**Abb. 17.6** Die Krümmung wird oft durch den „Krümmungsradius" ausgedrückt, der ein *reziprokes* Maß für die Krümmung ist. Der Krümmungsradius ist klein, wenn die Krümmung groß ist, und er ist groß, wenn die Krümmung klein ist. Allgemein wird angenommen, dass die Quantengravitation wichtig wird, wenn die Radien der Raumzeit-Krümmung zur Planck-Länge schrumpfen.

umgehen, dass nahe dem Urknall riesige Raumzeit-Krümmungen mit Radien bis hinunter zur Planck-Skala $l_P$ ein Eingreifen der *Quantengravitation* unvermeidbar werden lassen? Wie lässt sich all das Chaos vermeiden, das damit verbunden ist? Die Antwort von CCC lautet: Es gibt zwei Arten von Krümmungen, oder genauer, es gibt die Weyl-Krümmung **C** und es gibt die Einstein-Krümmung **E** (die Letztere ist äquivalent zur Ricci-Krümmung; siehe Kapitel 12 und Anhang A). CCC streitet gar nicht ab, dass die verrückt erscheinenden Auswirkungen der Quantengravitation (was auch immer das sein mag) eine Rolle spielen, wenn sich der Krümmungsradius der Planck-Skala nähert, doch das gilt nur, wenn es sich bei der Krümmung um die *Weyl*-Krümmung handelt, die durch den konformen Krümmungstensor **C** beschrieben wird. Der Krümmungsradius im Einstein-Tensor **E** kann so klein werden wie er will, trotzdem bleibt die Geometrie der Raumzeit im Wesentlichen klassisch und glatt, solange der Radius der Weyl-Krümmung im Vergleich zur Planck-Skala *groß* bleibt (Abb. 17.6).

Im CCC-Modell finden wir beim Urknall $C = 0$ (d. h. einen *un-endlichen* Radius für die Weyl-Krümmung), also dürfen wir davon ausgehen, dass die Situation durch klassische Überlegungen ausreichend beschrieben wird. Die Einzelheiten für den Urknall in einem Weltzeitalter sind durch die Vorgänge in der fernen Zukunft des vorherigen Weltzeitalters vollkommen festgelegt, und das sollte auch beobachtbare Konsequenzen haben, von denen ich einige in Kapitel 18 ansprechen werde. Es sind daher klassische Feldgleichungen, welche die zeitliche Entwicklung von masselosen Feldern aus der fernen Zukunft des vorhergehenden Zeitalters hinüber in den Urknall des nächsten Zeitalters beschreiben. Demgegenüber gehen viele der heute gängigen Modelle hinsichtlich der Anfänge unseres Universums davon aus, dass der Urknall durch die *Quantengravitation* bestimmt wird. In diesem Sinne versucht die inflationäre Kosmologie (unter Einbeziehung eines „Inflatonfelds") zu beschreiben, wie die winzigen Schwankungen in der CMB-Temperatur ursprünglich aus „Quantenfluktuationen" entstanden sind. Wie wir im nächsten Kapitel sehen werden, nimmt CCC in dieser Hinsicht einen anderen Standpunkt ein.

# 18

## Beobachtbare
## Auswirkungen

Nun möchte ich auf die Frage eingehen, ob man irgendwelche eindeutigen beobachtbaren Hinweise für oder gegen die Gültigkeit von CCC finden kann. Denkt man an die riesigen Temperaturen beim Urknall, die alle Information über eventuell vorhandene frühere Prozesse auszulöschen scheinen, so könnte man leicht auf die Idee kommen, dass der Nachweis von Anzeichen für ein mögliches „Weltzeitalter" vor unserem Urknall weit jenseits unserer Möglichkeiten liegt. Wir dürfen jedoch nicht vergessen, dass es im Urknall als direkte Folge des Zweiten Hauptsatzes eine sehr hohe Ordnung geben muss. Die Argumente, die ich in diesem Buch vorgebracht habe, deuten darauf hin, dass diese „Ordnung" von einer ganz besonderen Form ist, sodass es möglich ist, den Urknall konform zu einem Weltzeitalter vor dem unsrigen fortzusetzen. Diese Fortsetzung wird durch eine festgelegte deterministische Zeitentwicklung beschrieben. Aus diesem Grund gibt es durchaus eine berechtigte Hoffnung, dass wir in gewisser Hinsicht tatsächlich in dieses frühere Zeitalter „hineinblicken" können!

Also fragen wir uns, welche besonderen Eigenschaften der fernen Zukunft eines Weltzeitalters vor dem unsrigen für uns möglicherweise beobachtbar sind. Einer Sache können wir uns beispielsweise sicher sein, sofern CCC richtig ist, nämlich dass die globale räumliche Geometrie unseres Weltzeitalters mit der des vorherigen Weltzeitalters übereinstimmen muss. War das vorherige Weltzeitalter räumlich endlich, dann gilt das auch für unser Weltzeitalter. Hatte das frühere Weltzeitalter auf großen Skalen die Form einer 3-dimensionalen euklidischen Geometrie ($K = 0$), dann ist unser Universum ebenfalls räumlich flach, und wenn seine räumliche Geometrie hyperbolisch war ($K < 0$), dann wäre auch unser Universum hyperbolisch. All das folgt aus der Tatsache, dass die räumliche Geometrie in einem Weltzeitalter durch die Geometrie der 3-dimensionalen Übergangsfläche festgelegt ist, und diese 3-dimensionale Fläche berandet beide Weltzeitalter gleichermaßen. Natürlich gewinnen wir dadurch in Bezug auf die Beobachtungen nichts Neues, da wir keine unabhängigen Informationen über die globale räumliche Geometrie des vorherigen Weltzeitalters haben.

Auf etwas kleineren Skalen können sich jedoch die Materieverteilungen im Verlauf eines Weltzeitalters nach vielleicht komplizierten, aber im Prinzip nachvollziehbaren dynamischen Gesetzen einstellen. Gegen *Ende* des Weltzeitalters sollte diese Materieverteilung (nach den in Kapitel 14 genannten Forderungen von CCC) aus masseloser Strahlung bestehen, und diese könnte charakteristische Signaturen auf der 3-dimensionalen Übergangsfläche hinterlassen, die dann möglicherweise als beobachtbare, sehr spezielle Unregelmäßigkeiten in der CMB des folgenden Weltzeitalters ablesbar wären. Die Aufgabe besteht nun darin festzustellen, welche Prozesse im Verlauf des vorangegangenen Weltzeitalters in dieser Hinsicht am wichtigsten gewesen sein könnten und wie wir die in den winzigen Schwankungen der CMB versteckten Signale entziffern können.

Um Signale dieser Art interpretieren zu können, müssen wir zunächst sehr genau verstehen, durch welche Vorgänge sie verursacht werden. Dazu müssen wir uns die dynamischen Prozesse anschauen, die im vorangegangenen Weltzeitalter stattgefunden haben, und natürlich auch die Mechanismen, nach denen Information von einem Weltzeitalter zum nächsten übertragen wird. Um jedoch auf Einzelheiten in Bezug auf die Natur des vorherigen Weltzeitalters schließen zu können, hilft es anzunehmen, dass es in wesentlichen Zügen dem unsrigen glich. Unter dieser Annahme können wir davon ausgehen, dass sich das Weltzeitalter vor dem unsrigen in seiner fernen Zukunft ähnlich verhalten hat, wie wir es in unserem Universum beobachten bzw. für die ferne Zukunft für unser Universum erwarten.

Zunächst einmal erwarten wir für die fernen Zukunft des vorherigen Weltzeitalters eine exponentielle Expansion, hervorgerufen durch eine positive kosmologische Konstante, ähnlich wie für unser Universum (sofern wir $\Lambda$ als Konstante ansehen). Diese exponentielle Expansion des vorherigen Weltzeitalters hätte für uns eine erstaunliche Ähnlichkeit mit dem heute favorisierten Modell einer inflationären Phase. Die heutigen Theorien verlegen diese Phase der exponentiellen Expansion in die sehr frühe Geschichte *unseres* Universums, meist zwischen rund $10^{-36}$ und $10^{-32}$ Sekunden nach dem Urknall (siehe Kapitel 7 und 12). Demgegenüber legt CCC diese „inflationäre Phase" *vor* den Urknall und identifiziert sie mit der abschließenden exponentiellen Expansion des vorherigen Weltzeitalters. In Kapitel 15 habe ich schon erwähnt, dass eine ähnliche Idee im Jahre 1998 von Gabriele Veneziano vorgeschlagen wurde,[18.1] wobei allerdings sein Modell auf Ideen aus der String-Theorie beruht.

In diesem Zusammenhang ist ganz wesentlich, dass zwei besonders wichtige Charakteristika in den schwachen Temperaturunterschieden der CMB, die bisher als klarer Hinweis auf eine inflationäre Kosmologie gegolten haben, auch von anderen Vor-Urknall-Theorien, wie dem Modell von Veneziano oder CCC, erklärt werden können. Eine dieser Tatsachen besteht in beobachteten *Korrelationen* in den Temperaturschwankungen in der CMB über Winkelabstände am Himmel (bis zu 60°), die sich im Rahmen der Standardkosmologien von Friedmann oder Tolman (Kapitel 7 und 15) nur dann erklären lassen, wenn man annimmt, dass es schon beim Urknall selbst solche Korrelationen gab. Dieser Widerspruch wird aus dem schematisch konformen Diagramm von Abbildung 18.1 deutlich. Wir erkennen hier, dass die Fläche der letzten Streuung

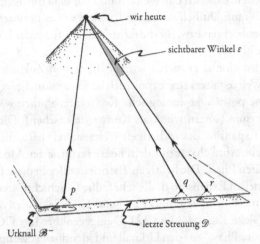

**Abb. 18.1** Herkömmliche Kosmologien (ohne inflationäre Phase) behaupteten, dass Punkte am CMB-Himmel, die weiter als $\varepsilon = 2°$ in der Abbildung voneinander entfernt sind, nicht korreliert sein sollten (da sich die Vergangenheitslichtkegel von $q$ und $r$ nicht schneiden). Demgegenüber beobachtet man solche Korrelationen bis zu einem Winkelabstand von $\sim 60°$, wie beispielsweise zu den Punkten $p$ und $r$.

$\mathscr{D}$ (die Rekombination, siehe Kapitel 8) viel zu nahe an der 3-dimensionalen Urknall-Fläche $\mathscr{B}^-$ liegt, als dass Ereignisse, die aus unserem Blickwinkel weiter als rund 2° am Himmel auseinanderliegen, jemals in kausalem Kontakt hätten stehen können. Dabei wird angenommen, dass sämtliche Korrelationen dieser Art von Prozessen herrühren, die *nach* dem Urknall stattfanden, und somit verschiedene Punkte auf $\mathscr{B}^-$ tatsächlich vollkommen unkorreliert sind. Mithilfe der Inflation lassen sich solche Korrelationen erklären, denn die „inflationäre Phase" vergrößert in einem konformen Diagramm effektiv den Abstand zwischen $\mathscr{B}^-$ und $\mathscr{D}$,[18.2] sodass auch Punkte, die aus unserem Blickwinkel unter einem sehr viel

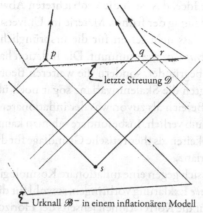

**Abb. 18.2** Durch die Inflation wird der Abstand zwischen $\mathscr{D}$ und $\mathscr{B}^-$ größer, sodass es die Korrelationen aus Abbildung 18.1 geben kann.

größeren Winkel erscheinen, in kausalem Kontakt gestanden haben könnten; siehe Abbildung 18.2.

Die zweite Beobachtung zugunsten der inflationären Modelle ist, dass die anfänglichen Dichtefluktuationen – die sich als Temperaturschwankungen in der CMB äußern – über einen sehr großen Bereich *skaleninvariant* erscheinen. Die Erklärung der inflationären Kosmologie lautet, dass es kurz nach dem Urknall möglicherweise vollkommen zufällige Schwankungen gegeben hat – beispielsweise winzige *Quantenfluktuationen* im „Inflatonfeld" (Kapitel 12) –, und dass bei der anschließenden inflationären exponentiellen Expansion diese Schwankungen zu riesigen Bereichen aufgebläht wurden, die wir heute[18.3] in den Dichteschwankungen der (hauptsächlich Dunklen) Materie beobachten. Eine exponentielle Expansion ist ein selbstähnlicher Prozess, also kann man sich vorstellen, dass die anfangs zufälligen Fluktuationen nach der exponentiellen Dehnung eine gewisse *Skaleninvarianz* zeigen. Doch schon im Jahre 1970, lange vor dem inflationären Modell, hatten E. R. Harrison und Y. B.

Zel'dovich die Idee, dass sich die beobachteten Abweichungen von der Gleichverteilung der frühen Materie im Universum dadurch erklären lassen, dass man schon für die ursprünglichen Fluktuationen eine *Skaleninvarianz* annimmt. Die Inflation hat diese Annahme nicht nur begründet, sondern die weiteren Beobachtungen der CMB bestätigten die Skaleninvarianz sogar noch über einen weitaus größeren Bereich als zuvor, was der inflationären Idee einen beachtlichen Schub verlieh. Insbesondere sah man kaum andere Erklärungsmöglichkeiten als theoretische Grundlage für diese beobachtete Skaleninvarianz.

Wenn man sich gegen eine inflationäre Kosmologie wendet, muss man eine *andere* Exklärung vorbringen, sowohl für die Skaleninvarianz als auch für die Korrelationen jenseits der Horizontgröße in den anfänglichen Dichteschwankungen. CCC (ebenso wie das zeitlich frühere Modell von Veneziano) erklärt diese Dinge einfach dadurch, dass die inflationäre Phase des Universums von einem Augenblick unmittelbar nach dem Urknall zu einer Expansion *vor* dem Urknall verschoben wird. Da diese Expansion des Universums (wie bei der Inflation) selbstähnlich ist, kann man auch für die Dichtefluktuationen eine Skaleninvarianz erwarten. Außerdem kann es Korrelationen außerhalb der Horizonte der Friedmann- oder Tolman-Modelle geben, die nun allerdings auf Ereignissen beruhen, die in dem Weltzeitalter vor unserem eigenen stattfanden (siehe Abb. 18.3).

Wollen wir genauer auf die Ereignisse eingehen, um die es sich hierbei nach der CCC-Hypothese handeln könnte, müssen wir uns zunächst überlegen, was vermutlich die wichtigsten Prozesse in dem Weltzeitalter vor unserem gewesen sein könnten. Doch bevor wir hier in Einzelheiten gehen, steht noch ein großes Fragezeichen im Raum, das ich ansprechen sollte. In Kapitel 15 hatten wir schon einmal eine Überlegung erwähnt, die in diesem Zusammenhang von großer Bedeutung sein könnte. Es geht um die Idee von John A. Wheeler, dass die fundamentalen Naturkonstanten in dem vorigen Weltzeitalter *nicht* genau dieselben Werte hatten wie in unserem. Ei-

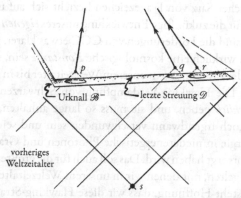

**Abb. 18.3**  Im Rahmen von CCC können die geforderten Korrelationen von Abbildung 18.1 von Prozessen innerhalb des vorherigen Weltzeitalters herrühren.

ne naheliegende (und einfache) Möglichkeit wäre die große Zahl $N$ aus Kapitel 8, die in unserem Weltzeitalter einen Wert von $N \approx 10^{20}$ hat. Ihr Wert könnte im vorherigen Weltzeitalter ein anderer gewesen sein. Wie so oft, gibt es auch hier zwei Seiten. Wir können uns das Leben leichter machen, indem wir einfach *davon ausgehen*, dass die fundamentalen Konstanten wie $N$ im vorherigen Weltzeitalter denselben Wert hatten wie in unserem oder dass sich (plausible) Veränderungen dieser Größen nicht auf die Beobachtungen auswirken. Falls jedoch andere Werte für eine Zahl wie $N$ messbare Auswirkungen haben sollten, könnte das möglicherweise sehr aufregende Konsequenzen haben. In diesem Fall können wir vielleicht *überprüfen*, ob eine solche Zahl tatsächlich eine fundamentale Konstante ist (die im Prinzip vielleicht sogar mathematisch berechnet werden kann) oder ob sie sich *tatsächlich* von Weltzeitalter zu Weltzeitalter verändert, möglicherweise sogar nach bestimmten mathematischen Regeln, die selbst wieder durch Beobachtungen getestet werden könnten.

Ein ähnlicher Satz von Fragezeichen bezieht sich auf unsere Erwartungen für die zukünftige Entwicklung unseres *eigenen* Weltzeitalters. Hier sind die Forderungen von CCC etwas klarer. Insbesondere muss Λ wirklich eine kosmologische *Konstante* sein, sodass die exponentielle Ausdehnung in unserem Weltzeitalter bis in alle Ewigkeit anhält. Die Hawking-Verdampfung von Schwarzen Löchern muss es *wirklich* geben, und sie muss so lange anhalten, bis jedes Schwarze Loch irgendwann verschwunden sein und seine gesamte Ruheenergie in niederenergetische Photonen und Gravitationsstrahlung entsorgt haben wird. Das soll auch für die größten Schwarzen Löcher gelten, mit denen wir in unserem Weltzeitalter rechnen müssen. Besteht Hoffnung, dass wir diese Hawking-Strahlung aus einem früheren Weltzeitalter als dem unsrigen tatsächlich *nachweisen* können? Dazu müssen wir bedenken, dass die gesamte Massenenergie eines Schwarzen Loches, gleichgültig, wie groß sie auch zu Beginn gewesen sein mag, irgendwann in Form dieser niederenergetischen elektromagnetischen Strahlung entsorgt sein wird. Diese Energie würde schließlich die Übergangsfläche erreichen und ihren schwachen, aber sehr speziellen Abdruck in der CMB unseres Weltzeitalters hinterlassen. Es ist ganz und gar nicht ausgeschlossen, sofern CCC stimmen sollte, dass diese Information tatsächlich aus den winzigen Schwankungen in der CMB herausgelesen werden kann. Das wäre außerordentlich bemerkenswert, denn die Hawking-Strahlung in unserem eigenen Weltzeitalter gilt gewöhnlich als ein derart winziger Effekt, dass sie als absolut unbeobachtbar angesehen wird!

Eine von den herkömmlichen Vorstellungen abweichende Folgerung aus CCC ist, dass die Ruhemassen sämtlicher Teilchen irgendwann im Verlauf der riesigen Zeitspannen bis zur Ewigkeit verschwinden sollten (siehe Kapitel 14), sodass die Teilchen (einschließlich der geladenen Teilchen), die diesen asymptotischen Grenzfall überleben, masselos werden. Dieses Hinwegsiechen der Ruhemassen wäre nach CCC eine allgemeine Eigenschaft aller massebehafteten Teilchen, sodass man sich vorstellen könnte, dass dieser Effekt beobachtbar ist. Nach unserem derzeitigen Verständnis liefert uns das Modell allerdings keine Vorhersage für die Rate, mit der die Massen zerfallen sollten. Sie könnte so klein sein, dass der Einwand, ein solcher Zerfall sei bis heute noch nicht beobachtet worden, nicht als Gegenargument zu CCC gewertet werden kann. Ich sollte in diesem Zusammenhang erwähnen, dass für den Fall, dass die Zerfallsrate der Teilchen proportional zu ihrer Masse ist, dieser Effekt wie ein langsames Schrumpfen der Gravitationskonstante erscheinen würde. Nach dem Stand der Experimente im Jahre 1998[18.4] müsste eine solche Zerfallsrate der Gravitationskonstante in jedem Fall kleiner als rund $1,6 \cdot 10^{-12}$ pro Jahr sein. Man darf andererseits aber auch nicht vergessen, dass eine Zeitdauer von $10^{12}$ Jahren ein Klacks ist im Vergleich mit den Zeitskalen von mindestens $10^{100}$ Jahren, um die es geht, bis alle Schwarzen Löcher verschwunden sind. Derzeit ist mir kein sinnvoller Vorschlag für ein Experiment oder eine Beobachtung bekannt, mit der man diesen Aspekt von CCC – das Verschwinden aller Ruhemassen in der fernen Zukunft – ernsthaft testen könnte.

Es gibt jedoch eine klare Vorhersage aus CCC, die sich mit einer entsprechenden Untersuchung der CMB überprüfen lassen sollte. Der Effekt, den ich hier meine, ist die Gravitationsstrahlung von Beinahezusammenstößen zwischen extrem schweren Schwarzen Löchern (hauptsächlich den Riesenlöchern in den Zentren von Galaxien). Was wäre das Ergebnis solcher Zusammenstöße? Wenn die Löcher sehr eng aneinander vorbeifliegen, beeinflussen sie sich gegenseitig in ihren Bewegungen so stark, dass es zu einer intensiven Abstrahlung von Gravitationswellen kommen sollte, die eine beachtliche Menge der Energie der beiden Löcher wegträgt. Ist der Beinahezusammenstoß wirklich sehr eng, könnten sie sich gegenseitig einfangen, wobei sie anschließend auf Bahnkurven umeinanderkreisen, die durch den Energieverlust durch Gravitationswellen immer enger werden. Auf diese Weise geht eine riesige Energiemenge

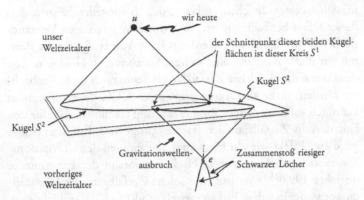

unser
Weltzeitalter

wir heute

der Schnittpunkt dieser beiden Kugel-
flächen ist dieser Kreis $S^1$

Kugel $S^2$

Kugel $S^2$

Gravitationswellen-
ausbruch

Zusammenstoß riesiger
Schwarzer Löcher

vorheriges
Weltzeitalter

**Abb. 18.4** Zusammenstöße zwischen riesigen Schwarzen Löchern im vorherigen Weltzeitalter hätten zu erheblichen Ausbrüchen an Gravitationsstrahlung geführt. Diese sollten sich als Kreise mit leicht erhöhter oder erniedrigter Temperatur (abhängig von der Gesamtgeometrie) am CMB-Himmel bemerkbar machen.

verloren, und schließlich verschlucken sie sich gegenseitig und werden zu einem einzigen Schwarzen Loch. In extremen Fällen könnte dieses einzelne Schwarze Loch auch das Ergebnis eines Frontalzusammenstoßes sein, wobei das resultierende Schwarze Loch anfänglich heftig verformt ist, bevor es sich schließlich aufgrund der Gravitationsstrahlung langsam beruhigt. In allen Fällen erwarten wir eine enorme Abstrahlung von Gravitationswellen, die sehr wahrscheinlich einen nicht unerheblichen Anteil der riesigen Gesamtmasse der beiden Löcher wegträgt.

Im Vergleich zu den Zeitskalen, um die es uns hier geht, ereignen sich diese Gravitationswellenausbrüche praktisch in einem Augenblick. Wenn wir weitere verzerrende Effekte im Universum vernachlässigen können, sollte sich diese Strahlung im Wesentlichen innerhalb einer dünnen, nahezu kugelförmigen Schale befinden, die sich ausgehend von dem Punkt $e$ des Zusammenstoßes in alle Ewigkeit mit Lichtgeschwindigkeit ausdehnen würde. In einem (schematisch) konformen Bild (Abb. 18.4) hätte dieser Energieausbruch die Form eines nach außen gerichteten Lichtkegels $\mathscr{C}^+(e)$, der sich von $e$ bis $\mathscr{I}^\wedge$ erstreckt (wobei $\mathscr{I}^\wedge$ nun die Fläche $\mathscr{I}^+$ des Weltzeitalters ist, das unserem voranging). Zunächst könnte man meinen, dass diese Strahlung, wenn sie schließlich $\mathscr{I}^\wedge$ erreicht hat, derart schwach und unscheinbar geworden ist, dass ein nachweisbarer Effekt nicht mehr möglich ist. Doch eine genauere Überlegung zeigt, dass das nicht unbedingt der Fall sein muss. Erinnern wir uns an Kapitel 14. Das Gravitationsfeld wird durch einen $\begin{bmatrix} 0 \\ 4 \end{bmatrix}$-Tensor $\mathbf{K}$ beschrieben, der einer konform invariante Wellengleichung $\nabla \mathbf{K} = 0$ genügt. Wegen der konformen Invarianz dieser Wellengleichung können wir uns vorstellen, dass sich $\mathbf{K}$ in der Raumzeit von Abbildung 18.4 ausbreitet, und hier dürfen wir den Zukunftsrand $\mathscr{I}^\wedge$ als eine ganz gewöhnliche 3-dimensionale Hyperfläche auffassen. Die Welle erreicht $\mathscr{I}^\wedge$ innerhalb einer endlichen Zeit, und $\mathbf{K}$ hat dort einen endlichen Wert, den man aus der Geometrie von Abbildung 18.4 abschätzen kann.

Wegen der Beziehung zwischen $\mathbf{K}$ und dem konformen Tensor $\mathbf{C}$ bei einer konformen Reskalierung der Metrik, die wir für Abbildung 18.4 verwenden würden (das „$\hat{\mathbf{C}} = \Omega \hat{\mathbf{K}}$" aus Kapitel 14), muss der konforme Tensor $\mathbf{C}$ bei $\mathscr{I}^\wedge$ den Wert *null* annehmen, allerdings mit einer nicht verschwindenden Normalenableitung auf $\mathscr{I}^\wedge$ (siehe Abb. 18.5; vergleiche auch Abb. 14.3). Wie in Anhang B.12 argumentiert wird, hat diese nicht verschwindende Normalenableitung zwei unmittelbare Auswirkungen. Zum einen gibt es einen Einfluss auf die *konforme Geometrie* auf der Übergangsfläche ($\mathscr{I}^\wedge / \mathscr{B}^-$), und zwar über eine konforme Krümmung, die man als „Cotton-York-Tensor" bezeichnet. Aus diesem Grund können wir nicht erwarten, dass die räumliche Geometrie in dem folgenden (also unserem) Weltzeitalter zum Zeitpunkt des Urknalls exakt einem der FLRW-Modelle entspricht, sondern wir müssen mit gewissen schwachen Irregularitäten rechnen. Der zweite Effekt wäre, und der lässt sich direkter beobachten, dass die Materie zu dem $\varpi$-Feld – das nach

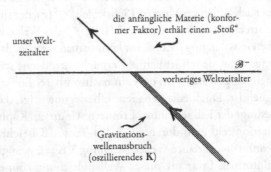

**Abb. 18.5** Wenn der Gravitationswellenausbruch auf die 3-dimensionale Übergangsfläche trifft, überträgt er der Materie zu Beginn des folgenden Weltzeitalters einen „Stoß" in Richtung der Welle.

unserer Diskussion in Kapitel 14 die Anfangsphase unserer neuen *Dunklen Materie* beschreibt – einen kräftigen Stoß in Richtung der Strahlung erhält (siehe Abb. 18.5).

Wenn der Punkt $u$ unseren gegenwärtigen Ort in der Raumzeit darstellt, dann entspricht der Vergangenheitslichtkegel $\mathscr{C}^-(u)$ dem Teil des Universums, den wir direkt „sehen" können. Die Schnittmenge von $\mathscr{C}^-(u)$ mit der Rekombinationsfläche $\mathscr{D}$ ist somit das, was wir direkt in der CMB beobachten können. Da sich jedoch in einem streng konformen Diagramm die Fläche $\mathscr{D}$ sehr nahe an der Übergangsfläche $\mathscr{B}^-$ befindet (in der Darstellung bei ungefähr 1 % der Höhe des gesamten Weltzeitalters), können wir uns diese Ereignismenge auch als die Schnittmenge von $\mathscr{C}^-$ mit $\mathscr{B}^-$ vorstellen.[18.5] Wenn wir einmal alle Einflüsse vernachlässigen, die auf eine ungleichförmige Materieverteilung innerhalb unseres Weltzeitalters zurückzuführen sind, entspricht dies geometrisch einer *Kugel*. Der Zukunftslichtkegel $\mathscr{C}^+(e)$ von $e$ trifft ebenfalls in Form einer Kugel auf $\mathscr{I}^\wedge (= \mathscr{B}^-)$, wobei wir auch hier den Einfluss der

Dichteschwankungen im *vorherigen* Weltzeitalter vernachlässigen. Das bedeutet, der für uns durch seinen Einfluss auf die CMB direkt sichtbare Teil der Strahlung aus dem Zusammenstoß von Schwarzen Löchern bei $e$ ist die Schnittmenge zwischen diesen beiden Kugeln auf $\mathcal{B}^-$, und diese Schnittmenge ist geometrisch genau ein *Kreis C*, wobei ich hier die leichten Unterschiede zwischen den 3-dimensionalen Flächen $\mathcal{B}^-$ und $\mathcal{D}$ vernachlässige.

Der „Stoß", den die (vermutlich vorhandene) Dunkle Materie durch das Auftreffen von Energie und Impuls aus dem Gravitationswellenausbruch erhält, hat eine Komponente in unsere Richtung, die entweder auf uns zu- oder von uns weggerichtet ist, je nach der geometrischen Beziehung zwischen $u$, $e$ und der Übergangsfläche. Dieser Einfluss – auf uns zu oder von uns weg – wäre überall auf dem Kreis $C$ derselbe. Wir würden also erwarten, dass jeder solche Zusammenstoß von Schwarzen Löchern im vorherigen Weltzeitalter, für den sich diese beiden Kugeln überschneiden, einen Kreis am CMB-Himmel hinterlassen hat, der entweder positiv oder negativ zur mittleren CMB-Hintergrundtemperatur am Himmel beiträgt.

Als nützliche Analogie stelle man sich einen Teich bei schwachem Regen an einem ansonsten ruhigen, windstillen Tag vor. Jeder Regentropfen verursacht eine kleine kreisförmige Welle, die sich vom Aufprallpunkt nach außen ausbreitet. Wenn es sehr viele solche Aufprallpunkte gibt, sind die einzelnen Wellen sehr bald nicht mehr einzeln erkennbar, weil sie sich in ihren Bewegungen in komplizierter Weise überlappen. Jeder Aufprall eines Tropfens entspricht einem der oben erwähnten Zusammenstöße zwischen Schwarzen Löchern. Nach einer Weile lässt der Regen nach (was dem Verdampfen der Schwarzen Löcher durch die Hawking-Strahlung entspricht), und wir sehen nur noch die wie zufällig aussehenden Muster der Wellen. Es wäre sehr schwer, aus einem Foto dieser Muster die Entstehungsgeschichte der Wellen zu rekonstruieren, doch im Prinzip sollte es mit einer aufwendigen statistischen Anaylse der Muster möglich sein (wenn der Regen nicht allzu lange angehalten hat), die Auf-

prallpunkte der ursprünglichen Regentropfen – räumlich wie zeitlich – zu rekonstruieren. Insbesondere kann man ziemlich sicher erkennen, ob die Muster tatsächlich aus einzelnen Einschlägen von
Regentropfen entstanden sind.

Ich könnte mir denken, dass eine genaue statistische Untersuchung der CMB in dieser Richtung ebenso in der Lage sein sollte,
einen guten Test für die CCC-Hypothese zu liefern. Bei einem Be-
such an der Princeton University Anfang Mai 2008 nahm ich die
Gelegenheit wahr, um mit David Spergel zu sprechen, einem der
weltweit erfahrensten Experten in der Analyse der CMB-Daten.
Ich fragte ihn, ob irgendjemand einen solchen Effekt in den CMB-
Daten gesehen hat, worauf er „nein" antwortete, gefolgt von: „Allerdings hat auch noch niemand danach geschaut!" Später gab er das
Problem einem seiner Assistenten, Amir Hajian, der sich unverzüg-
lich die Daten des WMAP-Satelliten vornahm und zunächst grob
nach Hinweisen auf einen solchen Effekt suchte.

Hajian wählte verschiedene Radien, beginnend mit einem Winkelradius von rund 1° zunehmend in Schritten von rund 0,4° bis zu
einem Winkelradius von 60° (also ingesamt 171 verschiedene Radien). Für jeden Radius legte er die Mittelpunkte der zugehörigen
Kreise gleichförmig verteilt über den ganzen Himmel an 196 608
verschiedene Punkte und bestimmte zu jedem der Kreise die mittlere CMB-Temperatur. Dann erstellte er ein Histogramm, um zu
sehen, ob die Ergebnisse signifikant von dem, was man aus einem
„Gauß'schen Verhalten" von vollkommen zufälligen Daten erwarten würde, abwichen. Zunächst sah man „Peaks", die auf eine ganze
Anzahl solcher Kreise, wie CCC sie vorhersagt, hindeuteten. Bald
wurde jedoch klar, dass es sich dabei um reine Störungen handelte,
da die fraglichen Kreise bestimmte Gebiete am Himmel überdeck-
ten, die teilweise mit der Lage unserer Milchstraße zusammenhängen und von denen bekannt ist, dass sie heißer oder auch kälter als
der mittlere CMB-Himmel sind. Zur Beseitigung dieser störenden
Effekte musste die Information aus Bereichen nahe an der galakti-

schen Ebene unterdrückt werden, und auf diese Weise ließen sich die falschen „Peaks" recht gut beseitigen.

An dieser Stelle sollte man auch erwähnen, dass viele der Kreise zu diesen Peaks einen Winkelradius von über 30° hatten, und solche Kreise sollten nach der CCC-Hypothese ohnehin nicht auftreten – zumindest falls die Geschichte des Weltzeitalters vor dem unsrigen auch nur halbwegs vergleichbar ist mit der, die wir für unser Weltzeitalter vermuten. Der Grund dafür ist, dass die galaktischen Zusammenstöße von Schwarzen Löchern, um die es hier geht, nicht vor einer Zeit aufgetreten sein sollten, die im vorherigen Weltzeitalter unserer „Gegenwart" entsprochen hat, und in unserem Weltzeitalter sollten diese in dem konformen Diagramm (Abb. 18.6) bei rund $\frac{2}{3}$ der vertikalen Strecke liegen. Eine einfache geometrische Überlegung zeigt (siehe Abb. 18.7), dass aus unserem Blickwinkel bei $u$ die Radien der Kreise aus Zusammenstößen von Schwarzen Löchern, bei denen $e$ in dem konformen Diagramm des vorherigen Weltzeitalters später als $\frac{2}{3}$ der Strecke nach oben liegt, in jedem Fall *kleiner* als 30° sein müssen (im Gegensatz zu vielen der Spitzen). Dementsprechend sollten sich auch die Korrelationen in der Temperatur aufgrund dieses Effekts nicht um mehr als 60° über den Himmel erstrecken. Seltsamerweise brechen die Korrelationen in der beobachteten CMB-Temperatur *tatsächlich* bei rund 60° ein, und soviel ich weiß, hat das herkömmliche Bild der Inflation keine Erklärung dafür. Hierin könnte man vielleicht ein kleines Indiz zur Unterstützung der CCC-Hypothese sehen.

Nachdem die unerwünschten Spitzen aus dem Histogramm entfernt worden waren, schienen in der Analyse von Hajian immer noch einige scheinbar signifikante Abweichungen von einer Gauß'schen Zufälligkeit aufzutreten. Diese Abweichungen bezogen sich insbesondere auf einen Überschuss an kalten Kreisen mit einem Winkelradius zwischen rund 7° und 15°. Sie sehen besonders vielversprechend aus und bedürfen meiner Meinung nach in jedem Fall einer Erklärung. Natürlich ist es gut möglich, dass es

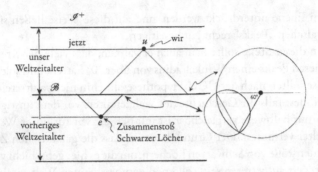

**Abb. 18.6** In einem konformen Diagramm befinden wir uns bei einer Höhe von rund $\frac{2}{3}$ innerhalb unseres Weltzeitalters. Falls die frühesten Zusammenstöße zwischen Schwarzen Löchern im vorherigen Weltzeitalter bei einer ähnlichen Höhe stattgefunden haben, erwartet man oberhalb von 60° keine Winkelkorrelationen mehr.

sich hierbei um irgendwelche Störfaktoren handelt, die nichts mit CCC zu tun haben. Ein für mich wesentlicher Punkt ist jedoch, ob solche Abweichungen von reinen Zufallsverteilungen besonders für solche Bereiche am Himmel auftreten, die *kreisförmig* sind, und nicht für irgendwelche anderen Formen, denn kreisförmige Abweichungen in der CMB sind ein charakteristisches Zeichen dieser Vorhersage aus der CCC-Hypthese. Also schlug ich vor, die Analyse zu wiederholen, allerdings mit einer flächenerhaltenden „Verdrillung" der Himmelskugel (siehe Abb. 18.7), sodass Kreise an der Himmelskugel nun zu Ellipsen werden. Nach meinen Überlegungen war die Vorhersage von CCC, dass die nicht-Gauß'schen Effekte ohne Verdrillung am größten sind, etwas kleiner mit einer geringen Verdrillung, und sie sollten bei einer großen Verdrillung ganz verschwinden.

Das Ergebnis dieser Untersuchung (die im Herbst 2008 von Hajian durchgeführt wurde) überraschte mich allerdings! Vollkommen systematisch über einen Radiusbereich von 8,4° bis 12,4° (was zwölf verschiedene Histogramme umfasste) *verstärkten* kleine Himmels-

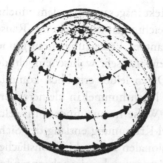

**Abb. 18.7** Eine Verdrillung des CMB-Himmels (beispielsweise nach der Formel $\theta' = \theta$, $\phi' = \phi + 3a\pi\theta^2 - 2a\theta^3$) in Kugelkoordinanten. Dadurch erhalten Kreise eine elliptische Form.

verdrillungen diesen besonderen Effekt ganz deutlich, wohingegen er bei größeren Verdrillungen tatsächlich verschwand. Auch in anderen Teilen der Histogramme gab es Anzeichen für Abweichungen in Abhängigkeit von der Kreisförmigkeit der untersuchten Formen. Zunächst war ich durch diese Befunde etwas verblüfft und konnte mir nicht vorstellen, wie diese Zunahme durch eine kleine Verdrillung erklärt werden könnte, doch dann kam mir der Gedanke, dass die Massenverteilung (vorzugsweise) in unserem Weltzeitalter zum Teil sehr inhomogen gewesen sein könnte, und solche Inhomogenitäten können kreisförmige Bilder zu schwach elliptischen Bildern verzerren.[18.6] In Kapitel 12 hatten wir über die Verzerrungen von Bildern gesprochen, die durch eine Weyl-Krümmung hervorgerufen werden (siehe Abb. 18.7). Die Zunahme des Effekts aufgrund der kleinen Verdrillung könnte sich (nach meinen Überlegungen) dadurch erklären lassen, dass es in manchen Himmelsbereichen eine zufällige Übereinstimmung zwischen dem Grad der Verdrillung und einer tatsächlichen Verzerrung durch eine Weyl-Krümmung gibt. In anderen Bereichen würde die Verdrillung einer solchen Übereinstimmung zwar *entgegen*wirken, doch unter bestimmten Umständen könnte der Effekt insgesamt trotzdem zunehmen, da die entgegengesetzten Abweichungen sehr leicht im „Rauschen" untergehen.

Solche signifikanten Verzerrungen aufgrund von störenden Weyl-Krümmungen sind sehr wahrscheinlich, doch dadurch wird die Analyse der Daten leider erheblich komplizierter. Es könnte sinnvoll sein, den Nachthimmel in kleinere Bereiche zu unterteilen, um auf diese Weise herauzufinden, in welche Richtungen es eine erhöhte Weyl-Krümmung entlang der Sichtlinie zwischen $u$ und der 3-dimensionalen Rekombinationsfläche $\mathscr{D}$ geben könnte. Vielleicht hängt diese ja mit bereits bekannten Inhomogenitäten in der Masseverteilung des Universums zusammen (z. B. den großen „leeren Bereichen"[18.7]). In jedem Fall haben die Beobachtungen etwas Aufregendes, und es steht zu hoffen, dass sich die Dinge in nicht allzu ferner Zukunft lösen lassen und damit die Bedeutung der konformen zyklischen Kosmologie für die Physik eindeutig geklärt wird.

# Nachspiel

Tom schaute Tante Priscilla ungläubig an und meinte nur: „Und *das* ist die verrückteste Idee, von der ich je gehört habe!"

Mit großen Schritten macht sich Tom auf den Weg zum Auto seiner Tante, das ihn nach Hause bringen würde, und seine Tante folgte ihm rasch. Doch dann hielt er an und beobachtete die Regentropfen, die in einen großen Teich auf der anderen Seite der Mühle fielen. Der Regen hatte mittlerweile deutlich nachgelassen und war in ein schwaches Träufeln übergegangen. Man konnte deutlich die einzelnen Regentropfen auf das Wasser fallen sehen. Tom beobachtete sie für eine Weile – und er begann sich zu fragen …

# Anhang

# A

# Konforme Reskalierung, 2-Spinoren, die Theorie von Maxwell und Einstein

Viele der Gleichungen, die ich hier explizit angeben werde, verwenden den 2-Spinor-Formalismus. Das ist nicht zwingend notwendig, denn der bekanntere 4-Tensor-Formalismus wäre ebenso möglich, doch der 2-Spinor-Formalismus ist nicht nur einfacher, wenn es darum geht, konform invariante Eigenschaften auszudrücken (siehe A.6), sondern er ermöglicht auch einen systematischeren Überblick, wenn es darum geht, die Ausbreitung von masselosen Feldern und die Schrödinger-Gleichung der zugehörigen Teilchen zu verstehen.

Die hier geltenden Konventionen, einschließlich der Verwendung von abstrakten Indizes, beziehen sich auf Penrose und Rindler (1984, 1986)[A.1] mit folgenden Ausnahmen: Ich bezeichne hier die kosmologische Konstante mit $\Lambda$, wohingegen dort „$\lambda$" verwendet wurde; das dort verwendete Symbol $\Lambda$ für die skalare Krümmung ist gleich $\frac{1}{24}R$, was im Folgenden als $\frac{1}{6}\Lambda$ bezeichnet wird. Literaturverweise, die mit „P&R" beginnen, beziehen sich auf dieses Buch, und sämtliche Gleichungen findet man in Band 2 aus dem Jahre 1986. Der hier verwendete Einstein-Tensor $E_{ab}$ ist das *Negative* des „Einstein-Tensors" $R_{ab} - \frac{1}{2}Rg_{ab}$, der dort verwendet wurde (wobei das Vorzeichen für den Ricci-Tensor $R_{ab}$ dasselbe ist wie hier). Die Einstein'schen Feldgleichungen lauten somit (vgl. Kapitel 12 und 17)

$$E_{ab} = \frac{1}{2}Rg_{ab} - R_{ab} = 8\pi G T_{ab} + \Lambda g_{ab}.$$

# A.1 Die 2-Spinor-Schreibweise: Maxwell-Gleichungen

Der 2-Spinor-Formalismus verwendet Größen mit abstrakten Spinorindizes (für den komplex 2-dimensionalen Spinraum), für die ich große lateinische Kursivbuchstaben verwende, entweder ungestrichen ($A$, $B$, $C$, ...) oder gestrichen ($A'$, $B'$, $C'$, ...). Unter komplexer Konjugation werden diese Indizes vertauscht. Der (komplexifizierte) Tangentenraum an jedem Raumzeit-Punkt ist das Tensorprodukt aus dem ungestrichenen und dem gestrichenen Spinraum. Das führt auf die abstrakte Indexschreibweise

$$a = AA' , \quad b = BB' , \quad c = CC' , \dots$$

wobei sich die kursiven lateinischen Kleinbuchstaben $a$, $b$, $c$, ... auf die Indizes in den Tangentenräumen der Raumzeit beziehen. Genauer beziehen sich die Indizes in *hochgestellter* Form auf die Tangentenräume und die Indizes in *tiefgestellter* Form auf die Ko-Tangentenräume.

Der antisymmetrische Maxwell-Feldtensor $F_{ab}$ ($= -F_{ba}$) lässt sich in der 2-Spinor-Form durch einen symmetrischen 2-Spinor $\varphi_{AB}$ ($= \varphi_{BA}$) mit zwei Indizes ausdrücken:

$$F_{ab} = \varphi_{AB} \varepsilon_{A'B'} + \overline{\varphi}_{A'B'} \varepsilon_{AB},$$

wobei $\varepsilon_{AB}$ ($= -\varepsilon_{BA} = \overline{\varepsilon_{A'B'}}$) die komplex symplektische Struktur des Spinraums definiert und mit der Metrik über die (in abstrakten Indizes ausgedrückte) Gleichung

$$g_{ab} = \varepsilon_{AB} \varepsilon_{A'B'}$$

zusammenhängt. Spinorindizes werden nach folgender Vorschrift nach oben bzw. unten gezogen (wobei die Reihenfolge der Indizes an den Epsilons wichtig ist!):

$$\xi^A = \varepsilon^{AB} \xi_B, \quad \xi_B = \xi^A \varepsilon_{AB}, \quad \eta^{A'} = \varepsilon^{A'B'} \eta_{B'}, \quad \eta_{B'} = \eta^{A'} \varepsilon_{A'B'}.$$

Die Maxwell'schen Feldgleichungen (die wir in Kapitel 14 durch $\nabla\mathbf{F} = 4\pi\mathbf{J}$ zusammengefasst haben) lauten

$$\nabla_{[a}F_{bc]} = 0, \quad \nabla_a F^{ab} = 4\pi J^b$$

(wobei eckige Klammern um Indizes eine Antisymmetrisierung andeuten und runde Klammern eine Symmetrisierung). Die Erhaltung des Ladungsstroms wird durch die Gleichung

$$\nabla_a J^a = 0$$

ausgedrückt. In der 2-Spinor-Schreibweise nehmen diese Gleichungen folgende Form an (P&R 5.1.52, P&R 5.1.54)

$$\nabla^{A'B}\varphi^A_{\ B} = 2\pi J^{AA'} \quad \text{und} \quad \nabla_{AA'}J^{AA'} = 0.$$

Ohne Quellen ($J^a = 0$) erhalten wir die freien Maxwell-Gleichungen (in Kapitel 14 in der Form $\nabla\mathbf{F} = 0$ geschrieben)

$$\nabla^{AA'}\varphi_{AB} = 0.$$

## A.2  Schrödinger-Gleichung für ein masseloses freies Feld

Die letzte Gleichung entspricht dem Fall $n = 2$ für die Feldgleichung eines masselosen freien Feldes (P&R 4.12.42), bzw. der „Schrödinger-Gleichung"[A.2] für ein masseloses Teilchen mit Spin $\frac{1}{2}n$ ($> 0$):

$$\nabla^{AA'}\phi_{ABC\ldots E} = 0,$$

wobei $\phi_{ABC\ldots E}$ insgesamt $n$ Indizes trägt und vollkommen symmetrisch ist:

$$\phi_{ABC\ldots E} = \phi_{(ABC\ldots E)}.$$

Für den Fall $n = 0$ nimmt man als Feldgleichung gewöhnlich $\Box \phi = 0$, wobei der D'Alembert-Operator $\Box$ durch

$$\Box = \nabla_a \nabla^a$$

definiert ist. In einer gekrümmten Raumzeit soll der Operator $\nabla_a$ allerdings eine *kovariante* Ableitung sein, und wir nehmen die Gleichung in der Form (P&R 6.8.30)

$$\left( \Box + \frac{R}{6} \right) \phi = 0,$$

da sie in der in A.6 angegebenen Bedeutung konform invariant ist. $R = R_a{}^a$ ist die skalare Krümmung.

## A.3 Raumzeit-Krümmungen

Der (Riemann-Christoffel-) *Krümmungstensor* $R_{abcd}$ besitzt die Symmetrien

$$R_{abcd} = R_{[ab][cd]} = R_{cdab} \, , \quad R_{[abc]d} = 0$$

und hängt mit den Kommutatoren der Ableitungen über (P&R 4.2.31)

$$(\nabla_a \nabla_b - \nabla_b \nabla_a) V^d = R_{abc}{}^d V^c$$

zusammen. Damit ist auch das Vorzeichen für $R_{abcd}$ festgelegt. Wir definieren hier den Ricci-Tensor, den Einstein-Tensor und den Ricci-Skalar jeweils durch

$$R_{ac} = R_{abc}{}^b, \; E_{ab} = \frac{1}{2} R g_{ab} - R_{ab}, \; \text{wobei } R = R_a{}^a,$$

und der konforme Weyl-Tensor $C_{abcd}$ ist definiert durch (P&R 4.8.2)

$$C_{ab}{}^{cd} = R_{ab}{}^{cd} - 2R_{[a}{}^{[c}g_{b]}{}^{d]} + \frac{1}{3}Rg_{[a}{}^{c}g_{b]}{}^{d}.$$

Dieser Tensor hat dieselben Symmetrien wie $R_{abcd}$, allerdings verschwinden zusätzlich noch sämtliche Spuren:

$$C_{abc}{}^{b} = 0.$$

In der Spinor-Notation können wir schreiben (P&R 4.6.41)

$$C_{abcd} = \Psi_{ABCD}\,\varepsilon_{A'B'}\varepsilon_{C'D'} + \overline{\Psi}_{A'B'C'D'}\varepsilon_{AB}\varepsilon_{CD},$$

wobei der *konforme Spinor* $\Psi_{ABCD}$ vollkommen symmetrisch ist:

$$\Psi_{ABCD} = \Psi_{(ABCD)}.$$

Die restliche Information von $R_{abcd}$ steckt in der skalaren Krümmung $R$ und dem spurfreien Anteil des Ricci- (oder Einstein-)Tensors, wobei der Letztere in der Spinor-Größe $\Phi_{ABC'D'}$ steckt, die folgende Symmetrie- und Hermitizitätsbedingungen erfüllt

$$\Phi_{ABC'D'} = \Phi_{(AB)(C'D')} = \overline{\Phi_{CDA'B'}},$$

wobei

$$\Phi_{ABA'B'} = -\frac{1}{2}R_{ab} + \frac{1}{8}Rg_{ab} = \frac{1}{2}E_{ab} - \frac{1}{8}Rg_{ab}.$$

## A.4  Masselose Gravitationsquellen

In Anhang B behandeln wir die Einstein'schen Feldgleichungen besonders für den Fall, dass der (symmetrische) Quellentensor $T_{ab}$ *spurfrei* ist:

$$T_a{}^a = 0.$$

Dies entspricht *masselosen* Quellen (d. h. Quellen mit verschwindender Ruhemasse). Unter diesen Bedingungen hat die entsprechende Spinor-Größe $T_{ABA'B'} = \overline{T}_{A'B'AB} = T_{ab}$ folgende Symmetrie:

$$T_{ABA'B'} = T_{(AB)(A'B')}.$$

Die Divergenzgleichung $\nabla^a T_{ab} = 0$, d. h. $\nabla^{AA'} T_{ABA'B'} = 0$, lässt sich auch folgendermaßen ausdrücken:

$$\nabla^{A'}_B T_{CDA'B'} = \nabla^{A'}_{(B} T_{CD)A'B'}.$$

Aus den obigen Einstein-Gleichungen wird nun (P&R 4.6.32)

$$\Phi_{ABA'B'} = 4\pi G T_{ab}, \quad R = 4\Lambda.$$

Gibt es eine Ruhemasse, d. h. $T_{ab}$ besitzt eine Spur

$$T_a{}^a = \mu,$$

dann wird aus den Einstein-Gleichungen:

$$\Phi_{ABA'B'} = 4\pi G T_{(AB)(A'B')}, \quad R = 4\Lambda + 8\pi G \mu.$$

## A.5 Bianchi-Identitäten

Aus der allgemeinen Bianchi-Identität $\nabla_{[a} R_{bc]de} = 0$ wird in der Notation mit Spinor-Indizes (P&R 4.10.7, 4.10.8)

$$\nabla^A_{B'} \Psi_{ABCD} = \nabla^{A'}_{(B} \Phi_{CD)A'B'} \quad \text{und} \quad \nabla^{CA'} \Phi_{CDA'B'} + \frac{1}{8} \nabla_{DB'} R = 0.$$

Für konstantes $R$ – was für die Einstein-Gleichungen mit *masselosen* Quellen der Fall ist – gilt:

$$\nabla^{CA'} \Phi_{CDA'B'} = 0, \quad \text{und damit} \quad \nabla^A_{B'} \Psi_{ABCD} = \nabla^{A'}_B \Phi_{CDA'B'},$$

wobei auf der rechten Seite die Symmetrie in $BCD$ ausgenutzt wurde. Zusammen mit den Einstein-Gleichungen für masselose Quellen folgt somit

$$\nabla^A_{B'} \Psi_{ABCD} = 4\pi G \nabla^{A'}_B T_{CDA'B'}$$

(siehe P&R 4.10.12). Man beachte, dass wir für den Fall $T_{ABC'D'} = 0$ die Gleichung (P&R 4.10.9)

$$\nabla^{AA'} \Psi_{ABCD} = 0$$

erhalten, also die Gleichung für masselose freie Felder aus A.2 für $n = 4$ (d. h., Spin 2).

## A.6 Konforme Reskalierungen

Für die konformen Reskalierungen (wobei $\Omega > 0$ glatt sein soll)

$$g_{ab} \mapsto \hat{g}_{ab} = \Omega^2 g_{ab}$$

erhalten wir mit abstrakten Indizes die folgenden Relationen:

$$\hat{g}^{ab} = \Omega^{-2} g_{ab},$$

$$\hat{\varepsilon}_{AB} = \Omega \varepsilon_{AB}, \quad \hat{\varepsilon}^{AB} = \Omega^{-1} \varepsilon^{AB}$$

$$\hat{\varepsilon}_{A'B'} = \Omega \varepsilon_{A'B'}, \quad \hat{\varepsilon}^{A'B'} = \Omega^{-1} \varepsilon^{A'B'}.$$

Für den Operator $\nabla_a$ folgt das Transformationsgesetz

$$\nabla_a \mapsto \hat{\nabla}_a$$

aus der Forderung, dass die Wirkung von $\nabla_a$ auf eine allgemeine Größe mit Spinor-Indizes durch folgende Beziehungen generiert wird:

$$\hat{\nabla}_{AA'}\phi = \nabla_{AA'}\phi,$$
$$\hat{\nabla}_{AA'}\xi_B = \nabla_{AA'}\xi_B - \Upsilon_{BA'}\xi_A,$$
$$\hat{\nabla}_{AA'}\eta_{B'} = \nabla_{AA'}\eta_{B'} - \Upsilon_{AB'}\eta_{A'},$$

wobei

$$\Upsilon_{AA'} = \Omega^{-1}\nabla_{AA'}\Omega = \nabla_a \log\Omega.$$

Die Wirkung auf Größen mit mehreren unteren Indizes ergibt sich aus diesen Regeln mit einem entsprechenden Term für jeden Index. (Für hochgestellte Indizes gilt eine ähnliche Beziehung, die wir hier jedoch nicht brauchen.)

Ein masseloses Feld $\phi_{ABC...E}$ soll nach folgender Vorschrift skalieren:

$$\hat{\phi}_{ABC...E} = \Omega^{-1}\phi_{ABC...E},$$

mit den obigen Regeln finden wir:

$$\hat{\nabla}^{AA'}\hat{\phi}_{ABC...E} = \Omega^{-3}\nabla^{AA'}\phi_{ABC...E}.$$

Wird eine der beiden Seiten null, verschwindet auch die andere Seite, und somit sind die Feldgleichungen für masselose Felder konform invariant. Betrachten wir die Maxwell-Gleichungen mit Quellen, so finden wir, dass das gesamte System $\nabla^{A'B}\varphi_B^A = 2\pi J^{AA'}$, $\nabla_{AA'}J^{AA'} = 0$ (P&R 5.1.52, P&R 5.1.54 in A2) unter den Skalierungen

$$\hat{\varphi}_{AB} = \Omega^{-1}\varphi_{AB} \quad \text{und} \quad \hat{J}^{AA'} = \Omega^{-4}J^{AA'}$$

konform invariant ist, da:

$$\hat{\nabla}^{A'B}\hat{\varphi}_B^A = \Omega^{-4}\nabla^{A'B}\varphi_B^A \quad \text{und} \quad \hat{\nabla}^{AA'}\hat{J}_{AA'} = \Omega^{-4}\nabla^{AA'}J_{AA'}.$$

## A.7 Yang-Mills-Felder

Es ist wichtig festzustellen, dass auch die Yang-Mills-Gleichungen, mit denen wir sowohl die starken als auch die schwachen Kernkräfte beschreiben, konform invariant sind, zumindest solange die Felder noch keine *Masse* durch die Vermittlung des Higgs-Feldes erhalten haben. Die Feldstärken des Yang-Mills-Feldes lassen sich durch einen Tensor (eine „Bündelkrümmung") beschreiben:

$$F_{ab\Theta}{}^{\Gamma} = -F_{ba\Theta}{}^{\Gamma},$$

wobei sich die (abstrakten) Indizes $\Theta$ und $\Gamma$ auf die innere Symmetriegruppe (U(2), SU(3) oder was auch immer) beziehen, die für die Teilchensymmetrien relevant ist. Wir können diese Bündelkrümmung durch die Spinorgröße $\varphi_{AB\Theta}{}^{\Gamma}$ ausdücken (P&R 5.5.36):

$$F_{ab\Theta}{}^{\Gamma} = \varphi_{AB\Theta}{}^{\Gamma} \varepsilon_{A'B'} + \overline{\varphi}_{A'B'\,\Theta}{}^{\Gamma} \varepsilon_{AB},$$

wobei für eine unitäre innere Symmetriegruppe das komplex Konjugierte eines unteren inneren Index zu einem oberen inneren Index wird und umgekehrt. Die Feldgleichungen gleichen den Maxwell-Gleichungen, allerdings nun, wie oben angegeben, mit zusätzlichen inneren Indizes. Dementsprechend gilt die konforme Invarianz der Maxwell-Theorie auch für die Yang-Mills-Gleichungen, da die inneren Indizes $\Theta, \Gamma, \ldots$ mit der konformen Reskalierung nichts zu tun haben.

## A.8 Skalierung von Energietensoren zu verschwindenden Ruhemassen

Wir sollten anmerken, dass die Erhaltungsgleichung $\nabla^a T_{ab} = 0$ eines spurfreien Energietensors $T_{ab}$ ($T_a{}^a = 0$) auch unter einer Reskalierung (P&R 5.9.2)

$$\hat{T}_{ab} = \Omega^{-2} T_{ab}$$

erhalten bleibt, da

$$\hat{\nabla}^a \hat{T}_{ab} = \Omega^{-4} \nabla^a T_{ab}.$$

In der Maxwell-Theorie können wir den Energietensor durch $F_{ab}$ ausdrücken, was in der Spinor-Schreibweise (P&R 5.2.4) folgendermaßen aussieht:

$$T_{ab} = \frac{1}{2\pi} \varphi_{AB} \overline{\varphi}_{A'B'}.$$

Bei einer Yang-Mills-Theorie treten lediglich zusätzliche Indizes auf:

$$T_{ab} = \frac{1}{2\pi} \varphi_{AB\Theta}{}^{\Gamma} \overline{\varphi}_{A'B'}{}^{\Theta}{}_{\Gamma}.$$

Für das schon betrachtete masselose Skalarfeld, das der Gleichung $(\Box + \frac{R}{6})\phi = 0$ genügt (P&R 6.8.30), folgt die konforme Invarianz aus (P&R 6.8.32)

$$\left( \hat{\Box} + \frac{\hat{R}}{6} \right) \hat{\phi} = \Omega^{-3} \left( \Box + \frac{R}{6} \right) \phi,$$

wobei

$$\hat{\phi} = \Omega^{-1} \phi.$$

Unter diesen Bedingungen erfüllt der zugehörige Energietensor (den man manchmal als „new improved energy tensor" bezeichnet) (P&R 6.8.36)

$$T_{ab} = C\{2\nabla_{A(A'}\phi\nabla_{B')B}\phi - \phi\nabla_{A(A'}\nabla_{B')B}\phi + \phi^2\Phi_{ABA'B'}\}$$

$$= \frac{1}{2}C\left\{ 4\nabla_a\phi\nabla_b\phi - g_{ab}\nabla_c\phi\nabla^c\phi - 2\phi\nabla_a\nabla_b\phi \right.$$

$$\left. + \frac{1}{6}R\phi^2 g_{ab} - \phi^2 R_{ab} \right\},$$

(wobei $C$ eine positive Konstante ist) die geforderten Bedingungen:

$$T_a{}^a = 0, \quad \nabla^a T_{ab} = 0, \quad \text{und} \quad \hat{T}_{ab} = \Omega^{-2} T_{ab}.$$

# A.9 Konforme Skalierungen des Weyl-Tensors

Der konforme Spinor $\Psi_{ABCD}$ enthält die Information über die konforme Krümmung der Raumzeit, und er ist konform invariant (P&R 6.8.4):

$$\hat{\Psi}_{ABCD} = \Psi_{ABCD}.$$

Man beachte den seltsamen (aber wichtigen) Unterschied zwischen dieser konformen Invarianz und der Invarianz, die notwendig ist, damit die freien masselosen Feldgleichungen erfüllt bleiben, bei denen auf der rechten Seite ein Faktor $\Omega^{-1}$ auftritt. Um dieser Diskrepanz Rechnung zu tragen, können wir eine Größe $\psi_{ABCD}$ definieren, die überall proportional zu $\Psi_{ABCD}$ ist, die sich unter Skalierungen aber folgendermaßen transformiert:

$$\hat{\psi}_{ABCD} = \Omega^{-1}\psi_{ABCD}.$$

Damit ist unsere „Schrödinger-Gleichung" für Gravitonen[A.4] (P&R 4.10.9)

$$\nabla^{AA'}\psi_{ABCD} = 0$$

im Vakuum ($T_{ab} = 0$) konform invariant. In Kapitel 14 wurde diese Gleichung in der Form

$$\nabla\mathbf{K} = 0$$

geschrieben, denn ähnlich wie beim Weyl-Tensor (A.3, P&R 4.6.41) können wir definieren

$$K_{abcd} = \psi_{ABCD}\varepsilon_{A'B'}\varepsilon_{C'D'} + \overline{\psi}_{A'B'C'D'}\varepsilon_{AB}\varepsilon_{CD}$$

und erhalten die entsprechenden Skalierungen (die wir in Kapitel 14 in der Form $\hat{\mathbf{C}} = \Omega^2\mathbf{C}$ und $\hat{\mathbf{K}} = \Omega\mathbf{K}$ geschrieben haben)

$$\hat{C}_{abcd} = \Omega^2 C_{abcd}, \quad \hat{K}_{abcd} = \Omega K_{abcd}.$$

# B
## Die Gleichungen beim Übergang

Wie in Anhang A entsprechen die Konventionen, einschließlich der für den Gebrauch von abstrakten Indizes, denen in Penrose und Rindler (1984, 1986), wobei wir hier allerdings die kosmologische Konstante nicht mit „$\lambda$", sondern mit $\Lambda$ bezeichnen. In dem genannten Buch wurde die skalare Krümmung mit „$\Lambda$" bezeichnet und entsprach $\frac{1}{24}R$, was im Folgenden $\frac{1}{6}\Lambda$ sein soll. Vieles in der nun folgenden ausführlicheren Darstellung ist möglicherweise unvollständig und vorläufig und muss mit großer Wahrscheinlichkeit für eine vollständige Behandlung der Thematik verfeinert werden. Trotzdem scheinen wir es mit wohldefinierten klassischen Gleichungen zu tun zu haben, die uns in konsistenter und vollkommen determinierter Weise von der fernen Zukunft eines früheren Weltzeitalters in den Bereich unmittelbar nach dem Urknall des folgenden Weltzeitalters hinübertragen.

## B.1 Die Metriken $\hat{g}_{ab}$, $g_{ab}$ und $\check{g}_{ab}$

Wir untersuchen nun die Geometrie in der Umgebung einer 3-dimensionalen Übergangsfläche $\mathscr{X}$ in Anlehnung an die Überlegungen aus Teil 3. Dort hatten wir angenommen, dass es einen *Kragen* $\mathscr{C}$ in Form einer glatten konformen Raumzeit gibt, der $\mathscr{X}$ enthält und der sich sowohl in die Vergangenheit als auch in die Zukunft von $\mathscr{X}$ erstreckt. Vor dem Übergang $\mathscr{B}$ soll es innerhalb von

$\mathscr{C}$ nur masselose Felder geben. In diesem Kragen wählen wir einen glatten metrischen Tensor $\mathfrak{g}_{ab}$, der zumindest lokal (und anfänglich mehr oder weniger beliebig) mit der gegebenen konformen Struktur verträglich ist. Die *physikalische* Einstein-Metrik in der 4-dimensionalen Raumzeit $\mathscr{C}^{\wedge}$ unmittelbar vor $\mathscr{X}$ sei $\hat{g}_{ab}$, und in der 4-dimensionalen Raumzeit $\mathscr{C}^{\vee}$ unmittelbar nach $\mathscr{X}$ sei sie durch $\check{g}_{ab}$ gegeben, wobei

$$\hat{g}_{ab} = \Omega^2 \mathfrak{g}_{ab} \quad \text{und} \quad \check{g}_{ab} = \omega^2 \mathfrak{g}_{ab}.$$

(Man beachtet, dass diese Konventionen nicht identisch sind mit denen in Kapitel 14, da dort das „dachlose" $g_{ab}$ für die physikalische Einstein-Metrik verwendet wurde. Die expliziten Formeln aus Anhang A bleiben jedoch gültig.) Als „Gedächtnishilfe" können wir uns die Symbole „$\wedge$" und „$\vee$" als die entsprechenden Abschnitte der Lichtkegel an den Punkten auf $\mathscr{X}$ vorstellen. In beiden Gebieten nehmen wir an, dass die Einstein-Gleichungen mit einer festen kosmologischen Konstanten $\Lambda$ gelten und dass sämtliche gravitativen Quellen in dem *früheren* Gebiet $\mathscr{C}^{\wedge}$ *masselos* sind, sodass ihr Gesamtenergietensor $\hat{T}_{ab}$ *spurfrei* ist:

$$\hat{T}_a{}^a = 0.$$

Aus Gründen, die später deutlich werden, verwende ich für den Energietensor in $\mathscr{C}^{\vee}$ ein anderes Symbol $\check{U}_{ab}$. Es wird sich zeigen, dass dieser Tensor in einer widerspruchsfreien Formulierung von CCC tatsächlich eine kleine Spur besitzt:

$$\check{U}_a{}^a = \mu,$$

sodass der Energietensor in $\mathscr{C}^{\vee}$ eine Komponente zu einer Ruhemasse besitzt. Man kann darüber spekulieren, ob das etwas mit dem Auftreten einer Ruhemasse für den Higgs-Mechanismus zu tun hat,[B.1] doch diese Überlegungen will ich hier nicht weiter verfolgen. (Ich sollte anmerken, dass die Indizes bei den überdachten

Größen, beispielsweise $\hat{T}_{ab}$, jeweils mit der Metrik $\hat{g}^{ab}$ bzw. $\hat{g}_{ab}$ nach oben und unten gezogen werden, bzw. bei den Spinorindizes mit $\hat{\epsilon}^{AB}$, $\hat{\epsilon}^{A'B'}$, $\hat{\epsilon}_{AB}$ und $\hat{\epsilon}_{A'B'}$, wohingegen die Indizes bei den Größen mit „umgedrehtem Dach", wie bei $\check{U}_{ab}$, durch $\check{g}^{ab}$, $\check{g}_{ab}$, bzw. $\check{\epsilon}^{AB}$, $\check{\epsilon}^{A'B'}$, $\check{\epsilon}_{AB}$ und $\check{\epsilon}_{A'B'}$ verstellt werden.) Die Einstein-Gleichungen gelten jeweils in den Gebieten $\mathscr{C}^{\wedge}$ und $\mathscr{C}^{\vee}$, sodass dort die jeweiligen Versionen „mit Dach" bzw. mit „umgekehrtem Dach" gelten:

$$\hat{E}_{ab} = 8\pi G \hat{T}_{ab} + \Lambda \hat{g}_{ab},$$

$$\check{E}_{ab} = 8\pi G \check{U}_{ab} + \Lambda \check{g}_{ab},$$

wobei ich für beide Bereiche *dieselbe*[B.2] kosmologische Konstante annehme, sodass

$$\hat{R} = 4\Lambda, \quad \check{R} = 4\Lambda + 8\pi G \mu.$$

Im Augenblick sei die Metrik $\mathfrak{g}_{ab}$, welche die 3-dimensionale Übergangsfläche $\mathscr{X}$ überbrückt, noch vollkommen frei, sie soll allerdings stetig und konsistent mit den gegebenen konformen Strukturen von $\mathscr{C}^{\wedge}$ und $\mathscr{C}^{\vee}$ zusammenhängen. Später werde ich Möglichkeiten vorschlagen, die kanonisch und in angemessener Weise eine eindeutige Skalierung für $\mathfrak{g}_{ab}$ festzulegen scheinen, und für diese ausgezeichnete Wahl für $\mathfrak{g}_{ab}$ werde ich dann die übliche Bezeichnung „$g_{ab}$" verwenden. Für die Krümmungen $R_{abcd}$ etc. benutze ich die übliche kursive Form, unabhängig davon, ob $\mathfrak{g}_{ab}$ schon zu $g_{ab}$ spezialisiert wurde oder nicht.

## B.2  Die Gleichungen für $\mathscr{C}^{\wedge}$

Im Folgenden betrachte ich zunächst die Gleichungen, die in dem Gebiet $\mathscr{C}^{\wedge}$ gelten. Den Bereich $\mathscr{C}^{\vee}$ behandele ich später (siehe B.11).

Wir können das Transformationsgesetz für den Einstein- (und Ricci-) Tensor folgendermaßen schreiben (P&R 6.8.24)

$$\hat{\Phi}_{ABA'B'} - \Phi_{ABA'B'} = \Omega \nabla_{A(A'} \nabla_{B')B} \Omega^{-1} = -\Omega^{-1} \nabla_{A(A'} \nabla_{B')B} \Omega$$

zusammen mit (P&R 6.8.25)

$$\Omega^2 R - R = 6\Omega^{-1} \Box \Omega,$$

d. h.

$$\left( \Box + \frac{R}{6} \right) \Omega = \frac{1}{6} R \Omega^3.$$

Diese letzte Gleichung ist rein mathematisch betrachtet sehr interessant, denn es handelt sich um eine sogenannte *Calabi-Gleichung*.[B.3] Sie ist allerdings auch von *physikalischem* Interesse als Gleichung für ein konform invariantes nicht-lineares Skalarfeld $\varpi$, die sich mit $R = 4\Lambda$ in folgender Form schreiben lässt:

$$\left( \Box + \frac{R}{6} \right) \varpi = \frac{2}{3} \Lambda \varpi^3.$$

Jede Lösung dieser „$\varpi$-Gleichung", wie ich sie von nun an nennen werde, liefert uns eine neue Metrik $\varpi^2 \mathfrak{g}_{ab}$, deren skalare Krümmung den konstanten Wert $4\Lambda$ hat. Die konforme Invarianz der $\varpi$-Gleichung bedeutet Folgendes: Wenn wir einen *neuen* konformen Faktor $\tilde{\Omega}$ wählen und die Metrik $\mathfrak{g}_{ab}$ entsprechend konform transformieren,

$$\mathfrak{g}_{ab} \mapsto \tilde{\mathfrak{g}}_{ab} = \tilde{\Omega}^2 \mathfrak{g}_{ab},$$

dann führt uns die konforme Skalierung des $\varpi$-Feldes

$$\tilde{\varpi} = \tilde{\Omega}^{-1} \varpi$$

auf die Gleichung (vgl. Anhang A.8 und auch P&R 6.8.32)

$$\left( \tilde{\Box} + \frac{\tilde{R}}{6} \right) \tilde{\varpi} = \tilde{\Omega}^{-3} \left( \Box + \frac{R}{6} \right) \varpi,$$

aus der sich sofort die verlangte konforme Invarianz der nicht linearen $\varpi$-Gleichung ergibt. (Man beachte, dass wir für $\hat{\Omega} = \Omega$ und $\varpi = \Omega$ einfach zur Einstein-Metrik $\hat{g}_{ab}$ sowie $\tilde{\varpi} = 1$ gelangen und diese Gleichung zu einer Identität $\frac{2}{3}\Lambda = \frac{2}{3}\Lambda$ wird.)

In A.8 haben wir gesehen, dass der *Energietensor* für ein solches physikalisches $\varpi$-Feld ohne den $\varpi^3$-Term durch (P&R 6.8.36)

$$T_{ab}[\varpi] = C\{2\nabla_{A(A'}\varpi\nabla_{B')B}\varpi - \varpi\nabla_{A(A'}\nabla_{B')B}\varpi + \varpi^2\Phi_{ABA'B'}\}$$
$$= C\varpi^2\{\varpi\nabla_{A(A'}\nabla_{B')B}\varpi^{-1} + \Phi_{ABA'B'}\}$$

gegeben wäre, wobei $C$ eine Konstante ist. Außerdem finden wir, dass der $\varpi^3$-Term in der $\varpi$-Gleichung keinen Einfluss auf die Erhaltungsgleichung $\nabla^a T_{ab}[\varpi] = 0$ hat. Daher übernehmen wir diesen Ausdruck für den Energietensor auch für das $\varpi$-Feld, und aus Gründen der Konsistenz mit dem, was gleich noch folgen wird, wähle ich

$$C = \frac{1}{4\pi G}.$$

Durch den Vergleich mit (P&R 6.8.24, bzw. B.2) folgt aus der Einstein-Gleichung

$$\hat{\Phi}_{ABA'B'} = 4\pi G \hat{T}_{ab},$$

die für die $\hat{g}_{ab}$-Metrik gilt, die Beziehung:

$$T_{ab}[\Omega] = \frac{1}{4\pi G}\Omega^2\hat{\Phi}_{ABA'B'} = \Omega^2\hat{T}_{ab}.$$

Für einen spurfreien Energietensor ist die Skalierungsbedingung $\hat{T}_{ab} = \Omega^{-2}T_{ab}$ (A.8, P&R 5.9.2) mit der Erhaltungsgleichung verträglich, sodass wir für masselose Quellen $T_{ab}$ zu einer bemerkenswerten Neuformulierung von Einsteins Theorie in Bezug auf die $g_{ab}$-Metrik gelangen:

$$T_{ab} = T_{ab}[\Omega].$$

## B.3  Die Rolle des Phantomfeldes

Wenn es sich bei $\Omega$ um eine bestimmte Realisierung des masselosen, nicht linearen, konform invarianten Feldes $\varpi$ handelt, werde ich von dem *Phantomfeld* sprechen.[B.4] Es liefert uns keine physikalisch unabhängigen Freiheitsgrade, doch es zeigt uns (in der $\mathfrak{g}_{ab}$-Metrik) die Skalierungsfreiheit, die wir zur Verfügung haben, um die physikalische Metrik zu einer glatten Metrik $\mathfrak{g}_{ab}$ reskalieren zu können, die konform äquivalent mit der physikalischen Einstein-Metrik ist und die glatt die beiden Endstücke von einem Weltzeitalter zum nächsten überdeckt. Mit Hilfe dieser Metriken, welche die 3-dimensionalen Übergangsflächen überdecken, können wir im Detail die genauen Beziehungen zwischen den Weltzeitaltern im Rahmen von CCC untersuchen, wobei wir nur explizite klassische Differenzialgleichungen verwenden müssen.

Die Rolle des Phantomfeldes besteht lediglich darin, den Bezug zur *wirklichen* physikalischen Einstein-Metrik zu halten: Es sagt uns, mit welcher Skalierung wir von der Metrik $\mathfrak{g}_{ab}$ zur physikalischen Metrik gelangen (über $\hat{g}_{ab} = \Omega^2 \mathfrak{g}_{ab}$). Die Tatsache, dass die Einstein-Gleichungen in dem Vor-Übergangsbereich $\mathscr{C}^\wedge$ erfüllt sind, lässt sich nun in der $\mathfrak{g}_{ab}$-Metrik einfach durch $T_{ab} = T_{ab}[\Omega]$ ausdrücken. Das bedeutet, die Einstein-Gleichungen stecken nun in der Forderung, dass der volle Energietensor $T_{ab}$ zu allen physikalischen Materiefeldern in dem Raumzeit-Gebiet $\mathscr{C}^\wedge$ (die als masselos und mit dem richtigen Skalenverhalten angenommen werden) gleich dem Energietensor des Phantomfeldes $T_{ab}[\Omega]$ ist. Auch wenn man das einfach als eine Reformulierung von Einsteins Theorie (mithilfe von $\mathfrak{g}_{ab}$) in dem offenen Gebiet $\mathscr{C}^\wedge$ auffassen kann, steckt doch etwas mehr dahinter. Wir können auf diese Weise unsere Gleichungen bis zur Zukunftsrandfläche $\mathscr{I}^+$ und sogar darüber hinaus fortsetzen. Dazu müssen wir uns die Gleichungen für die relevanten Größen und ihr Verhalten bei Annäherung an $\mathscr{X}$ etwas genauer anschauen. Außerdem müssen wir die Freiheit verstehen und nach Möglichkeit eliminieren, die zunächst in der etwas willkürlichen Wahl der $\mathfrak{g}$-Metrik – d. h. dem konformen Faktor $\Omega$ – steckt, die wir für die „Halskrause" $\mathscr{C}$ vorgenommen haben.

Im Rahmen des bisherigen Bildes gibt es tatsächlich noch eine beachtliche Freiheit für $\Omega$. Bisher haben wir lediglich gefordert, dass $\Omega$ uns von der physikalischen Einstein-Metrik $\hat{g}_{ab}$ zu einer Metrik $\mathfrak{g}_{ab}$ führt (über $\mathfrak{g}_{ab} = \Omega^{-2}\hat{g}_{ab}$), die endlich ist, nicht verschwindet und auf $\mathscr{X}$ glatt sein soll. Zunächst scheint schon die Forderung, dass es ein solches $\Omega$ überhaupt gibt, recht stark zu sein; es gibt jedoch sehr allgemeine Ergebnisse von Helmut Friedrich [B.5], aus denen wir schließen können, dass die volle Freiheit in den masselosen Strahlungsfeldern für eine positive kosmologische Konstante $\Lambda$ in einem sich exponentiell ausdehnenden Universum, das frei von massebehafteten Quellen ist, auf einer glatten (raumartigen) Fläche $\mathscr{I}^{+}$ realisiert ist. Mit anderen Worten, wir können erwarten, dass $\mathscr{C}^{\wedge}$ eine glatte konforme Fläche $\mathscr{I}^{+}$ als Zukunftsrand besitzt, und das ist mehr oder weniger eine direkte Folgerung aus der Tatsache, dass sich das Universum endlos ausdehnt und dass alle gravitativen Quellen masselose Felder sind, die sich nach konform invarianten Gleichungen ausbreiten. Wir sollten anmerken, dass an dieser Stelle noch nicht gefordert wird, dass die skalare Krümmung $R$ zur $\mathfrak{g}$-Metrik konstant ist, geschweige denn $R = 4\Lambda$ gilt, d. h., der konforme Faktor $\Omega^{-1}$, der uns zur Einstein'schen Metrik $\hat{g}_{ab}$ zurückbringt, muss nicht notwendigerweise die $\varpi$-Gleichung $(\hat{\Box} + \frac{1}{6}\hat{R})\varpi = \frac{2}{3}\Lambda\varpi^{3}$ in der $\hat{g}$-Metrik erfüllen.

## B.4  Die Normale N an $\mathscr{X}$

Wenn man sich $\mathscr{I}^{+}$ $(= \mathscr{X})$ von unten (d. h. der Vergangenheit) nähert, divergiert $\Omega \to \infty$, denn $\Omega$ ist der Skalenfaktor, der die endliche $\mathfrak{g}$-Metrik bei $\mathscr{I}^{+}$ um einen unendlich Betrag reskaliert, sodass sie zu der fernen Zukunft des vorherigen Weltalters wird. Damit geht

$$\omega = -\Omega^{-1}$$

in glatter Weise gegen *null*, wenn man sich $\mathscr{I}^+$ von unten nähert (das Minuszeichen wird für das Kommende benötigt), und zwar derart, dass die Größe

$$\nabla^a \omega = N^a$$

an der 3-dimensionalen Übergangsfläche $\mathscr{X}$ ($= \mathscr{I}^+$) nicht verschwindet. Diese Größe definiert uns somit bei den Punkten auf $\mathscr{X}$ einen in die Zukunft gerichteten zeitartigen 4-Vektor $\mathbf{N}$, der *senkrecht* auf $\mathscr{X}$ steht. Wir wollen die Dinge so arrangieren, dass dieses bestimmte „$\omega$" glatt über die Fläche $\mathscr{X}$ von $\mathscr{C}^\wedge$ in den Bereich $\mathscr{C}^\vee$ fortgesetzt wird, ohne dass die Ableitung verschwindet, sodass es tatsächlich zu *derselben* (positiven) Größe „$\omega$" wird, wie wir sie zur Rekonstruktion der Einstein-Metrik $\check{g}_{ab} = \omega^2 \mathfrak{g}_{ab}$ in $\mathscr{C}^\vee$ benötigen (aus diesem Grund brauchen wir auch das Minuszeichen in „$\omega = -\Omega^{-1}$"). Wir sollten an dieser Stelle anmerken, dass die „Normierungsbedingung" (P&R 9.6.17)

$$\mathfrak{g}_{ab} N^a N^b = \frac{1}{3}\Lambda$$

*automatisch* für die konforme Unendlichkeit (in diesem Fall $\mathscr{X}$) gilt, wenn es für das Gravitationsfeld nur masselose Quellen gibt. Somit ist

$$\left(\frac{3}{\Lambda}\right)^{\frac{1}{2}} \mathbf{N}$$

ein *Einheitsvektor* senkrecht auf $\mathscr{X}$ und unabhängig von der besonderen Wahl für den konformen Faktor $\Omega$.

# B.5 Die Fläche des Ereignishorizonts

Als Nebenbemerkung fügen wir ein, dass wir aus obiger Beziehung sofort eine Tatsache ableiten können, die wir bereits in Kapitel 17 erwähnt haben, nämlich dass die Schnittfläche von jedem *kosmologischen Ereignishorizont* die obere Grenze $12\pi/\Lambda$ hat. Jeder Ereignishorizont (berechnet innerhalb des früheren Weltzeitalters) entspricht dem Vergangenheitslichtkegel $\mathcal{C}$ zu dem zukünftigen Endpunkt $o^+$ auf $\mathcal{X}$ eines (unsterblichen) Beobachters in diesem Weltzeitalter (siehe Kapitel 11 und Abb. 11.18). Die Grenzfläche der Schnittfläche von $\mathcal{C}$, wenn man sich $o^+$ von unten nähert, ist $4\pi r^2$, wobei $r$ (in der $g$-Metrik) gleich dem räumlichen Radius dieses Querschnitts ist. In der $\hat{g}_{ab}$-Metrik wird diese Fläche zu $4\pi r^2\Omega^2$, und aus dem oben (B.4) Gesagten ergibt sich sofort, dass sich $\Omega r$ in diesem Grenzfall $\left(\frac{1}{3}\Lambda\right)^{-1/2}$ nähert, wenn man sich $o^+$ nähert, sodass die Fläche des Ereignishorizonts tatsächlich zu $4\pi \times (3/\Lambda) = 12\pi/\Lambda$ wird. (Dieses Argument wurde zwar im Zusammenhang mit CCC vorgebracht, doch es wird lediglich eine schwache Form von Glattheit für die raumartige konforme Unendlichkeit gefordert, was, wie sich aus den Arbeiten von Friedrich ergibt,[B.6] für $\Lambda > 0$ eine sehr schwache Annahme ist.)

# B.6 Die Reziprokannahme

Natürlich ist die besondere Situation hier etwas unbefriedigend, denn bei dem Übergang von $\mathcal{C}^\Lambda$ nach $\mathcal{C}^V$ haben wir weder in $\Omega$ noch in $\omega$ eine glatte Größe, mit der wir die Skalierungen zu den beiden Einstein-Metriken $\hat{g}_{ab}$ und $\check{g}_{ab}$ insgesamt gleichförmig beschreiben können. Es scheint jedoch an dieser Stelle vernünftig, die schon erwähnte *Reziprokannahme* $\omega = -\Omega^{-1}$ zu übernehmen. Dazu bietet es sich an, die 1-Form $\Pi$ zu definieren:

$$\Pi = \frac{d\Omega}{\Omega^2 - 1} = \frac{d\omega}{1 - \omega^2},$$

bzw.

$$\Pi_a = \frac{\nabla_a \Omega}{\Omega^2 - 1} = \frac{\nabla_a \omega}{1 - \omega^2}.$$

Diese 1-Form ist nun endlich und glatt auf $\mathscr{X}$, solange wir davon ausgehen, dass die in der obigen Reziprokannahme implizit gemachten Annahmen gültig bleiben. Die Größe $\Pi$ enthält die Information über die metrische Skalierung der Raumzeit, wenn auch in einer (notwendigerweise) nicht ganz eindeutigen Weise.[B.7] Wir können die 1-Form integrieren und erhalten einen Parameter $\tau$, sodass

$$\Pi = d\tau, \quad -\coth\tau = \Omega \; (\tau < 0), \quad \tanh\tau = \omega \; (\tau \geq 0).$$

Selbst hier finden wir noch einen lästigen Vorzeichenwechsel, denn obwohl $\Pi$ die Ersetzung von $\Omega$ durch $\Omega^{-1}$ bzw. die Ersetzung von $\omega$ durch $\omega^{-1}$ nicht spürt, gibt es immer noch einen Vorzeichenwechsel bei der Ersetzung von $\Omega^{-1}$ durch $\omega$. Wir könnten uns zunächst auf den Standpunkt stellen, dass das Vorzeichen des konformen Faktors keine Rolle spielt, da die konformen Faktoren $\Omega$ und $\omega$ in den Reskalierungen der Metrik $\hat{g}_{ab} = \Omega^2 g_{ab}$ und $\check{g}_{ab} = \omega^2 g_{ab}$ immer nur *quadratisch* auftreten, sodass es eine reine Frage der Konvention ist, ob wir den positiven oder negativen Wert dieser konformen Faktoren übernehmen. Wie wir jedoch in Anhang A gesehen haben, gibt es unzählige Größen, die direkt (*ohne* das Quadrat) mit dem Faktor $\Omega$ (oder $\omega$) skalieren. Insbesondere hatten wir auf die unterschiedliche Skalierung zwischen $\hat{\Psi}_{ABCD} = \Psi_{ABCD}$ und $\hat{\psi}_{ABCD} = \Omega^{-1}\psi_{ABCD}$ hingewiesen, die schließlich für den Raum $\mathscr{C}^\wedge$ auf

$$\Psi_{ABCD} = \Omega^{-1}\psi_{ABCD}, \text{ bzw. } C = \Omega^{-1}K$$

führt, denn hier ist $\hat{g}_{ab}$ die Einstein-Metrik und somit gilt

$$\hat{\Psi}_{ABCD} = \hat{\psi}_{ABCD}, \text{ bzw. } \hat{C} = \hat{K}.$$

(Diese Konvention unterscheidet sich von der in Kapitel 14, da nun die Einstein-Gleichungen für die Metrik „mit Hut" gelten.) Wenn wir also das glatte Verhalten von Größen bei $\mathscr{X}$ betrachten, wo sowohl $\Omega$ als auch $\omega$ ihr Vorzeichen wechseln (beim Durchgang durch $\infty$ bzw. 0), müssen wir darauf achten, die physikalische Bedeutung dieser Vorzeichen zu verfolgen.

Die hier verwendete besondere Reziprokenbeziehung zwischen $\Omega$ und $\omega$ hängt mit einer Einschränkung bei der Wahl für die Skalierung der $g_{ab}$-Metrik zusammen, es muss nämlich in Verbindung mit $\hat{R} = 4\Lambda = \check{R} - 8\pi G\mu$ (siehe B.1) die Bedingung

$$R = 4\Lambda$$

gelten. Diese Skalierung lässt sich leicht erreichen, am einfachsten lokal, indem man einfach eine neue (lokale) Metrik $\tilde{g}_{ab}$ für $\mathscr{C}$ nach der Vorschrift

$$\tilde{g}_{ab} = \tilde{\Omega}^2 g_{ab}$$

wählt, wobei $\tilde{\Omega}$ eine glatte Lösung der $\varpi$-Gleichung in der Nähe der Übergangsfläche ist. Diese Metrik $\tilde{g}$ ist noch nicht die eindeutige Metrik $g$, nach der wir suchen und mit der wir den Übergang auf kanonische Weise vornehmen wollen, da es immer noch viele mögliche Lösungen $\tilde{\Omega}$ für die $\varpi$-Gleichung gibt. Auf die weiteren Einschränkungen an unsere kanonische Metrik $g_{ab}$ werden wir gleich eingehen. Im Augenblick nehmen wir einfach an, unsere Metrik $g_{ab}$ sei so gewählt, dass $R = 4\Lambda$ gilt (d. h., die Metrik $\tilde{g}_{ab}$ wird nun unsere neue Wahl für $g_{ab}$). Ohne die Einschränkung $R = 4\Lambda$ wäre die Reziprokbeziehung zwischen $\Omega$ und $\omega$ noch nicht festgelegt. Betrachtet man jedoch das Modell von Paul Tod[B.8] (siehe Kapitel 12 sowie Kapitel 13 und 14), bei dem bei einem Urknall nur reine Strahlungsquellen für die Gravitation vorliegen, oder auch die Strahlungslösungen von Tolman[B.9] (siehe Kapitel 15), so erwartet man für den konformen Faktor $\omega$, dass er sich bei Annäherung an den Urknall tatsächlich so verhält, als ob er *proportional* zum Kehrwert einer glatten

Fortsetzung eines $\Omega$-Skalenfaktors aus dem vorherigen Weltzeital-
ter wäre. Die Wahl $R = 4\Lambda$ für die Metrik von $\mathscr{C}$ bei $\mathscr{X}$ legt diesen
Proportionalitätsfaktor zu $(-)1$ fest. Das zeigt die bemerkenswerte
Gleichung (die man erhält, wenn man die Divergenz von $\Pi_a$ nimmt
und dann die $\varpi$-Gleichung für $\Omega$ ausnutzt)

$$\Omega = \frac{\nabla^a \Pi_a}{\frac{2}{3}\Lambda - 2\Pi_b \Pi^b},$$

die sich ergibt, wenn man $R$ diese Einschränkung auferlegt. Die besondere Form für $\Pi$ (im Gegensatz zu einer allgemeineren Form,
wie beispielsweise $d\Omega/(\Omega^2 - A)$) hängt gerade so von dieser Einschränkung ab, dass der konforme Faktor $\Omega$ (minus) sein Inverses
$\omega = -1/\Omega$ wird, statt beispielsweise $-A/\Omega$. Man beachte, dass bei
$\mathscr{X}$ der konforme Faktor unendlich wird, also $\Omega = \infty$, und somit
muss gelten

$$\Pi_b \Pi^b = \frac{1}{3}\Lambda.$$

Bei $\mathscr{X}$ haben wir auch $\Pi_a = \nabla_a \omega = N_a$, also hat der Normalen-
vektor zu $\mathscr{X}$ die Länge $\sqrt{\Lambda/3}$, wie schon früher angemerkt wurde
(P&R 9.6.17).

## B.7  Die Dynamik bei $\mathscr{X}$

Wie können wir mit unseren dynamischen Gleichungen in eindeu-
tiger Weise die Übergangsfläche $\mathscr{X}$ überqueren? Ich gehe davon
aus, dass in der fernen Zukunft des vorherigen Weltzeitalters die
Einstein-Gleichungen gelten und dass alle Quellen masselos sind
und ihre zeitliche Entwicklung durch wohldefinierte, deterministische, konform invariante klassische Gleichungen gegeben ist. Dabei kann es sich um die Maxwell-Gleichungen handeln, die masselosen Yang-Mills-Gleichungen oder auch Gleichungen wie die Dirac-
Weyl-Gleichung $\nabla^{AA'}\Phi_A = 0$ (die Dirac-Gleichung im Grenzfall

verschwindender Masse), wobei solche Teilchen auch Quellen der Eichfelder sein können. Entsprechend der Diskussion in Kapitel 14 sollen alle Ruhemassen den Wert null erreicht haben. Die Ankopplung dieser Felder an das Gravitationsfeld wird durch die Gleichung $T_{ab} = T_{ab}[\Omega]$ ausgedrückt, wobei $\Omega$ das Phantomfeld ist. Wir wissen, dass $T_{ab}[\Omega]$ auf $\mathcal{X}$ endlich bleiben soll, obwohl $\Omega$ hier unendlich wird, denn $T_{ab}$ soll bei $\mathcal{X}$ endlich bleiben, weil die Ausbreitung der Felder in $T_{ab}$ konform invariant ist und daher die genaue Lage von $\mathcal{X}$ in $\mathcal{C}$ nicht spürt. Die Idee von CCC ist, dass *dieselben* konform invarianten Gleichungen auch für die materiellen Quellen im Bereich $\mathcal{C}^{\vee}$ nach dem Urknall gelten sollen, zumindest bis zu dem Punkt, an dem die Situation komplizierter wird und die Gravitationsquellen eine Ruhemasse erhalten, beispielsweise durch einen Higgs-Mechanismus oder irgendeine andere Möglichkeit, die sich irgendwann einmal als adäquater erweisen sollte. Wir werden jedoch sehen, dass sich trotz der abgespeckten Situation, die wir hier betrachten, kurz nach dem Durchgang durch $\mathcal{X}$ das Auftreten einer Ruhemasse nicht vermeiden lässt (siehe B.11).

# B.8  Der konform invariante $D_{ab}$-Operator

Da wir die physikalischen Auswirkungen von CCC für den Bereich $\mathcal{C}^{\vee}$ besser verstehen und sehen wollen, wie die Einstein-Gleichungen in diesem Bereich wirken, untersuchen wir zunächst $T_{ab}[\Omega]$ explizit:

$$T_{ab}[\Omega] = \frac{1}{4\pi G}\Omega^2\{\Omega\nabla_{A(A'}\nabla_{B')B}\Omega^{-1} + \Phi_{ABA'B'}\}.$$

Mit $\omega = -\Omega^{-1}$ können wir das folgendermaßen umschreiben:

$$\{\nabla_{A(A'}\nabla_{B')B} + \Phi_{ABA'B'}\}\omega = 4\pi G\omega^3 T_{ab}[\Omega].$$

Diese Gleichung ist sehr interessant, denn auf der linken Seite tritt der Operator zweiter Ordnung auf,

$$D_{ab} = \nabla_{(A(A'}\nabla_{B')B)} + \Phi_{ABA'B'},$$

der, wenn er auf eine skalare Größe von konformem Gewicht 1 wirkt (die zusätzliche Symmetrie über $AB$ spielt keine Rolle, wenn der Operator, wie hier, auf eine skalare Größe wirkt), konform invariant ist. Dies wurde schon von Eastwood und Rice betont.[B.10] In tensorieller Schreibweise können wir das in folgender Form ausdrücken (wobei die hier gewählten Vorzeichenkonventionen für $R_{ab}$ eingehen):

$$D_{ab} = \nabla_a\nabla_b - \frac{1}{4}\mathfrak{g}_{ab}\Box - \frac{1}{2}R_{ab} + \frac{1}{8}R\mathfrak{g}_{ab}.$$

Die Größe $\omega$ hat tatsächlich das konforme Gewicht 1. Dies sieht man, wenn man $\mathfrak{g}_{ab}$ nach der Vorschrift

$$\mathfrak{g}_{ab} \mapsto \tilde{\mathfrak{g}}_{ab} = \tilde{\Omega}^2\mathfrak{g}_{ab}$$

skaliert und nun für $\tilde{\omega}$ zur $\tilde{\mathfrak{g}}$-Metrik die entsprechend gespiegelte Relation zu $\omega$ (zur $\mathfrak{g}$-Metrik) nimmt:

$$\tilde{\mathfrak{g}}_{ab} = \tilde{\omega}^2\hat{\mathfrak{g}}_{ab} \quad \text{entsprechend} \quad \mathfrak{g}_{ab} = \omega^2\hat{\mathfrak{g}}_{ab}.$$

Nun finden wir:

$$\omega \mapsto \tilde{\omega} = \tilde{\Omega}\omega,$$

also hat $\omega$ tatsächlich das Gewicht 1. Somit gilt

$$\tilde{D}_{ab}\tilde{\omega} = \tilde{\Omega}D_{ab}\omega.$$

Wir können diese konforme Invarianz in Operatorschreibweise ausdrücken:

$$\tilde{D}_{ab} \circ \tilde{\Omega} = \tilde{\Omega} \circ D_{ab}.$$

Die Einstein-Gleichungen für die $\hat{g}$-Metrik, ausgedrückt in der g-Metrik mit den oben angegebenen Termen,

$$D_{ab}\omega = 4\pi G\omega^3 T_{ab},$$

sagen uns, dass die Größe $D_{ab}\omega$ *in dritter Ordnung* bei $\mathscr{X}$ verschwinden muss, wenn $T_{ab}$ bei $\mathscr{X}$ glatt sein soll (wie wir es erwarten würden). Insbesondere folgt aus $D_{ab}\omega = 0$ auf $\mathscr{X}$, dass

$$\nabla_{A|(A'}\nabla_{B')|B}\,\omega\,(= -\omega\Phi_{ABA'B'}) = 0 \ \text{ auf } \mathscr{X},$$

was wir in folgender Form umschreiben können:

$$\nabla_{(a}N_{b)} = \frac{1}{4}g_{ab}\nabla_c N^c \ \text{ auf } \mathscr{X}$$

(mit $N_c = \nabla_c\omega$, wie oben in B.4). Das bedeutet, die Normalen an $\mathscr{X}$ haben bei $\mathscr{X}$ keine „Scherung", was wiederum die Bedingung dafür ist, dass sämtliche Punkte von $\mathscr{X}$ „Nabelpunkte" sind.[B.11]

# B.9  Wie bleibt die Gravitationskonstante positiv?

Wir wollen nun mehr über die Interpretation der Physik, wie sie sich aus CCC ergibt, erfahren. Dazu betrachten wir die Wechselwirkung zwischen den masselosen Quellen des Gravitationsfeldes, ausgedrückt durch $T_{ab}$, und dem Gravitationsfeld (oder „Gravitonfeld") $\psi_{ABCD}$. Sie ergibt sich aus Gleichung (P&R 4.10.12) aus A.5 in der „Form mit Hut" und ausgedrückt durch $\omega = -\Omega^{-1}$ zu

$$\nabla^A_{B'}(-\omega\psi_{ABCD}) = 4\pi G\nabla^{A'}_B((-\omega)^2 T_{CDA'B'}),$$

aus der wir die entsprechende Gleichung „ohne Hut" ableiten können:

$$\nabla^A_{B'}\psi_{ABCD} = -4\pi G\{\omega\nabla^{A'}_B T_{CDA'B'} + 3N^{A'}_B T_{CDA'B'}\}.$$

Offensichtlich bleibt diese Gleichung wohldefiniert, wenn $\omega$ glatt durch null geht (von negativen zu positiven Werten). Das zeigt nochmals, dass die Differenzialgleichungen für die zeitliche Entwicklung des gesamten Systems, ausgedrückt durch die $\mathfrak{g}$-Metrik, bei dem Übergang von $\mathscr{C}^\wedge$ durch $\mathscr{X}$ zu $\mathscr{C}^\vee$ nicht zu Problemen führen.

Stellen wir uns vor, wir kommen in das Gebiet $\mathscr{C}^\vee$, verwenden aber weiterhin die ursprüngliche Metrik $\hat{g}$. Wenn wir von dem anfänglichen „Störterm" bei $\mathscr{X}$ absehen, ergibt sich aus unseren klassischen Gleichungen das folgende Bild für die zeitliche Evolution der Raumzeit $\mathscr{C}^\vee$: Unser Universum würde kollabieren, indem es sich in (invers) exponentieller Weise aus dem Unendlichen nach innen zusammenzieht, und das Ganze gliche dem zeitlich rückwärts ablaufenden Prozess, den wir für unser Universum erwarten würden. Es gibt hier allerdings einen wichtigen Punkt in der Interpretation, denn wenn $\omega$ sein Vorzeichen vom Negativen zum Positiven wechselt, hat auch die „effektive Gravitationskonstante" (wie man insbesondere an dem Term $-G\omega$ in der obigen Formel sieht, wenn der erste Term auf der rechten Seite mit zunehmendem $\omega$ dominiert) einen *Vorzeichenwechsel*, nachdem $\mathscr{X}$ überquert wurde.[B.12] Eine solche alternative Interpretation der Physik im frühen $\mathscr{C}^\vee$-Gebiet wäre jedoch inkonsistent mit grundlegenden Überlegungen aus der Quantenfeldtheorie, da eine negative Gravitationskonstante zu Widersprüchen führt, wenn gravitative Wechselwirkungen wichtig werden. CCC vertritt daher einen anderen Standpunkt, wonach man zur Beschreibung der Evolution in das $\mathscr{C}^\vee$-Gebiet für die physikalische Interpretation die $\breve{g}$-Metrik verwenden soll. Hierbei ersetzt der positive konforme Faktor $\omega$ den nun negativen Faktor $\Omega$, und die effektive Gravitationskonstante ist wieder positiv.

# B.10  Die Elimination der unphysikalischen Freiheitsgrade in der $\mathfrak{g}$-Metrik

In diesem Abschnitt soll es um das Problem gehen, in welcher Weise wir nach den Forderungen von CCC eine *eindeutige* Fortsetzung in das Gebiet $\mathscr{C}^\vee$ erreichen können. Das wäre kein Problem, gäbe es nicht die unerwünschte zusätzliche Freiheit aufgrund der Beliebigkeit des konformen Faktors. Offenbar erhalten wir aus dieser Freiheit gewisse unphysikalische Freiheitsgrade, welche die nicht konform invariante gravitative Dynamik von $\mathscr{C}^\vee$ in unphysikalischer Weise beeinflussen könnten. Diese unphysikalischen Freiheitsgrade müssen beseitigt werden, damit die Fortsetzung durch $\mathscr{X}$ nicht von diesen zusätzlichen Daten abhängt, die durch die Physik von $\mathscr{C}^\wedge$ nicht festgelegt werden. Diese unphysikalischen „Eichfreiheitsgrade" in der Wahl der $\breve{\mathfrak{g}}$-Metrik lassen sich als konformer Faktor $\tilde{\Omega}$ ausdrücken, der auf $\mathfrak{g}_{ab}$ angewandt werden kann und uns eine neue Metrik $\tilde{\mathfrak{g}}_{ab}$ liefert (in Übereinstimmung mit dem, was wir schon früher gemacht haben):

$$\mathfrak{g}_{ab} \mapsto \tilde{\mathfrak{g}}_{ab} = \tilde{\Omega}^2 \mathfrak{g}_{ab},$$

wobei wir wie zuvor annehmen:

$$\omega \mapsto \tilde{\omega} = \tilde{\Omega}\omega.$$

Alles, was wir von $\tilde{\Omega}$ bisher gefordert haben, ist, dass es sich um ein positives, glatt variierendes Skalarfeld auf $\mathscr{C}$ handelt (zumindest in lokalen Gebieten), das die $\varpi$-Gleichung in der $\mathfrak{g}$-Metrik erfüllt, damit die skalare Krümmung $\tilde{R}$ gleich $4\Lambda$ bleibt. Die $\varpi$-Gleichung ist eine gewöhnliche hyperbolische Gleichung zweiter Ordnung, sodass wir erwarten würden, eine eindeutige Lösung für $\tilde{\Omega}$ zu erhalten (für eine enge Halskrause um $\mathscr{X}$), sofern der *Wert* von $\tilde{\Omega}$ sowie seine *Normalenableitung* beide als glatte Funktionen auf $\mathscr{X}$ vorgegeben werden. Das wäre kein Problem, wenn wir wüssten, welche Werte wir hier wählen sollten, damit wir eine ausgezeichnete Charakterisierung der $\tilde{g}$-Metrik erhalten. Somit stehen wir vor der Frage: Welche Bedingung sollen wir an diese Metrik stellen, damit wir die unphysikalischen Freiheitsgrade eliminieren können?

Auf jeden Fall *nicht* erreichen können wir eine Bedingung an die $\tilde{g}$-Metrik (vielleicht zusammen mit dem $\tilde{\omega}$-Feld), die konform invariant ist und in der Klasse der Reskalierungen verbleibt, welche die Bedingung $\tilde{R} = 4\Lambda$ unverändert lassen. Um ein triviales Beispiel zu geben: Wir können nicht eine Bedingung der Art stellen, dass die skalare Krümmung $\tilde{R}$ zur $\tilde{g}$-Metrik einen *anderen* Wert als $4\Lambda$ annimmt, und gleichzeitig erwarten, dass die Forderung, sie solle tatsächlich den Wert $4\Lambda$ annehmen, eine zusätzliche Bedingung an das Feld darstellt. Mit einer solchen Bedingung können wir die unphysikalischen Freiheitsgrade also nicht eliminieren. Das Gleiche, wenn auch nicht ganz so offensichtlich, gilt auch für irgendeine Forderung an den Wert der quadrierten Länge $\tilde{g}_{ab}\tilde{N}^a\tilde{N}^b$ des Normalenvektors $\tilde{N}^a = \nabla^a\tilde{\omega}$ auf $\mathscr{X}$ (wobei die Indizes mit der $\tilde{g}$-Metrik verschoben werden). Würden wir für diesen Wert irgendetwas anderes als $\Lambda/3$ fordern, dann ließe sich (wie wir vorher gesehen haben; P&R 9.6.17) die Bedingung nicht mehr erfüllen; wenn andererseits der Wert tatsächlich auf $\Lambda/3$ festgelegt wird, dann ist das keine Einschränkung an die unphysikalischen Freiheitsgrade.

Ähnliche Probleme gäbe es auch mit Forderungen der Art

$$\tilde{D}_{ab}\tilde{\omega} = 0,$$

die keine Einschränkung der Wahl des konformen Faktors darstellt, da sie selbst konform invariant ist (wie vorher gezeigt). Wegen

$$\tilde{D}_{ab}\omega = \tilde{\Omega}D_{ab}\omega$$

folgt aus $\tilde{D}_{ab}\tilde{\omega} = 0$ auch $D_{ab}\omega = 0$. Eine Bedingung der Art $\tilde{D}_{ab}\tilde{\omega}$ wäre auch aus anderen Gründen nicht geeignet, denn sie enthält mehrere Komponenten. Wir suchen jedoch eine Bedingung, die an jedem Punkt von $\mathscr{X}$ nur *zwei* Freiheitsgrade festlegt (wie eine Forderung an $\omega$ und seine Normalenableitung an jedem Punkt von $\mathscr{X}$). Wir sollten jedoch betonen, dass (wie wir oben gesehen haben) $D_{ab}\,\omega$ bei $\mathscr{X}$ *notwendigerweise* in dritter Ordnung verschwinden muss, d. h.

$$\tilde{D}_{ab}\,\tilde{\omega} = O(\omega^3),$$

da $D_{ab}\,\omega = 4\pi G\omega^3 T_{ab}$. Eine vernünftige Bedingung, die man stellen könnte, ist $\tilde{N}^a\tilde{N}^b\tilde{\Phi}_{ab} = 0$ auf $\mathscr{X}$. Genauer können wir diese Bedingung in der Form

$$\tilde{N}^a\tilde{N}^b\tilde{\Phi}_{ab} = O(\omega)$$

schreiben. Tatsächlich können wir sogar fordern, dass diese Größe bis zur *zweiten Ordnung* auf $\mathscr{X}$ verschwindet, d. h.

$$\tilde{N}^a\tilde{N}^b\tilde{\Phi}_{ab} = O(\omega^2),$$

womit wir einen geeigneten Kandidaten für die erforderlichen *zwei* Bedingungen pro Punkt auf $\mathscr{X}$ hätten, die wir zur eindeutigen Festlegung von $\tilde{\Omega}$ und damit auch der g-Metrik (über $g_{ab} = \tilde{\Omega}^2\mathfrak{g}_{ab}$) brauchen. Aus der Definition von $D_{ab}$ folgt, dass diese neuen Bedingungen äquivalent sind zu den jeweiligen Forderungen

$$\tilde{N}^{AA'}\tilde{N}^{BB'}\tilde{\nabla}_{A(A'}\tilde{\nabla}_{B')B}\tilde{\omega} = O(\omega^2) \ \text{bzw.} \ O(\omega^3).$$

In der gewöhnlichen Tensorschreibweise lauten diese beiden Ausdrücke

$$\tilde{N}^a\tilde{N}^b\left(\frac{1}{8}\tilde{g}_{ab} - \frac{1}{2}\tilde{R}_{ab}\right) \ \text{bzw.} \ \tilde{N}^a\tilde{N}^b\left(\tilde{\nabla}_a\tilde{\nabla}_b - \frac{1}{4}\tilde{g}_{ab}\tilde{\Box}\right)\tilde{\omega},$$

wobei wir die folgende Beziehung ausgenutzt haben (ohne die „Schlangenlinien")

$$\nabla_{A(A'}\nabla_{B')B} = \nabla_a\nabla_b - \frac{1}{4}g_{ab}\Box.$$

Außerdem ist:

$$N^{AA'}N^{BB'}\nabla_{A(A'}\nabla_{B')B}\omega = N^a N^b \nabla_a \nabla_b \omega - \frac{1}{4}N_a N^a \square\omega$$

$$= N^a N^b \nabla_a N_b - \frac{1}{2}N_a N^a \left\{ \omega^{-1}\left( N^b N_b - \frac{1}{3}\Lambda\right) + \frac{1}{3}\Lambda\omega\right\}.$$

Das legt eine durchaus sinnvolle alternative Bedingung (bzw. ein Paar von Bedingungen) nahe, die man stellen könnte, nämlich:

$$N^a N^b \nabla_a N_b = O(\omega) \text{ bzw. } O(\omega^2),$$

was die obige Bedingung wesentlich vereinfacht (wobei in diesem Fall $N^b N_b - \frac{1}{3}\Lambda$ bis zur zweiten bzw. dritten Ordnung verschwindet). Verschwindet umgekehrt $N^b N_b - \frac{1}{3}\Lambda$ bis zur zweiten Ordnung auf $\mathscr{X}$, dann gilt

$$N^a N^b \nabla_a N_b = \frac{1}{2}N^a \nabla_a(N^b N_b)$$

$$= \frac{1}{2}N^a \nabla_a \left( N^b N_b - \frac{1}{3}\Lambda\right) = 0 \text{ auf } \mathscr{X}.$$

Wir können also jede dieser gleichwertigen Bedingungen (in der Form $\tilde{N}^a \tilde{N}^b \tilde{\nabla}_a \tilde{\nabla}_b = O(\omega)$ oder $\tilde{N}^b \tilde{N}_b - \frac{1}{3}\Lambda = O(\omega^2)$) als eine der notwendigen Einschränkungen an $\tilde{\Omega}$ wählen. Man beachte, dass in dem Ausdruck $\Omega = \nabla^a \Pi_a/(\frac{2}{3}\Lambda - 2\Pi_b \Pi^b)$ aus Anhang B.6 unser Skalenfaktor $\Omega$ auf $\mathscr{X}$ eine einfache Polstelle haben muss. Wenn also der Nenner bis zur zweiten Ordnung verschwindet, muss der Zähler $\nabla^a \Pi_a$ bis zur ersten Ordnung verschwinden. Tatsächlich ist $\tilde{\nabla}^a \tilde{\Pi}_a = O(\omega)$ eine gute einfache Bedingung, die man stellen könnte, und aus Anhang B.8 erinnern wir uns, dass auf $\mathscr{X}$ gilt $\nabla_{(a}N_{b)} = \frac{1}{4}g_{ab}\nabla_c N^c$, d. h. $4N^a N^b \nabla_a N_b - N_a N^a \nabla_c N^c = O(\omega)$.

Im folgenden Abschnitt B.11 werden wir sehen, dass der Energietensor $U_{ab}$ für das Gebiet $\mathscr{C}^\vee$ im Rahmen des hier verwendeten

Verfahrens in jedem Fall eine *Spur* $\mu$ erhält; es treten also Gravitationsquellen mit einer Ruhemasse auf. Diese Spur verschwindet jedoch, wenn $3\Pi^a\Pi_a = \Lambda$. Man kann sich auf den Standpunkt stellen, dass man im Sinne der Philosophie von CCC das Auftreten von Ruhemassen nach dem Urknall so lange wie möglich hinausschieben sollte. Dementsprechend können wir auch die folgende Bedingung in Betracht ziehen:

$$3\tilde{\Pi}^a\tilde{\Pi}_a - \Lambda = O(\omega),$$

die ebenfalls die geforderten zwei Zahlen pro Punkt auf $\mathscr{X}$ liefert, mit denen die $g$-Metrik festgelegt wird. Genauer werden wir sehen, dass gilt

$$2\pi G\mu = \omega^{-4}(1-\omega^2)^2(3\Pi^a\Pi_a - \Lambda).$$

Dieser Ausdruck wird auf $\mathscr{X}$ unendlich, wenn die Nullstelle in $3\Pi^a\Pi_a - \Lambda$ nicht mindestens von vierter Ordnung ist. Das ist jedoch kein Problem, weil $\mu$ nur in der $\breve{g}$-Metrik auftritt, bezüglich derer $\mathscr{X}$ den singulären Urknall darstellt. Hier dominieren andere unendliche Krümmungsgrößen den Beitrag von $\mu$ ohnehin, wenn wir die Nullstelle in $3\Pi^a\Pi_a - \Lambda$ nur von dritter Ordnung annehmen.

Wir sehen also, dass es viele Möglichkeiten gibt, die beiden notwendigen Bedingungen pro Punkt auf $\mathscr{X}$ festzulegen, wodurch $\tilde{\Omega}$ und damit auch die $g$-Metrik eindeutig bestimmt wären. Im Augenblick bin ich mir noch nicht sicher, welche dieser Bedingungen am geeignetsten ist (und welche dieser Bedingungen unabhängig von welchen anderen Bedingungen sind). Meine erste Wahl wäre jedoch das Verschwinden von $3\tilde{\Pi}^a\tilde{\Pi}_a - \Lambda$ in dritter Ordnung, wie oben beschrieben.

## B.11  Der Materiegehalt von $\mathscr{C}^\vee$

Um den physikalischen Gehalt unserer Gleichungen in dem Gebiet $\mathscr{C}^\vee$ nach dem Urknall zu sehen, müssen wir sie durch die Größen mit „umgekehrtem Dach" ausdrücken, d. h. mit der Metrik $\check{g}_{ab} = \omega^2 g_{ab}$, wobei $\Omega = \omega^{-1}$. Wie schon erwähnt, schreibe ich für den Energietensor nach dem Urknall $U_{ab}$, um eine Verwechslung mit dem konform reskalierten Energietensor zur (masselosen) Materie, die von $\mathscr{C}^\wedge$ nach $\mathscr{C}^\vee$ propagiert, zu vermeiden:

$$
\begin{aligned}
\check{T}_{ab} &= \omega^{-2} T_{ab} \\
&= \omega^{-4} \hat{T}_{ab}.
\end{aligned}
$$

Da $\hat{T}_{ab}$ spurfrei und divergenzfrei ist, muss das auch für $\check{T}$ gelten (wobei die Skalierungen entsprechend den Regeln aus Anhang A.8 vorgenommen werden):

$$
\check{T}_a{}^a = 0 , \quad \nabla^a \check{T}_{ab} = 0 .
$$

Wir werden sehen, dass der Energietensor nach dem Urknall zwei zusätzliche divergenzfreie Komponenten enthält, sodass gilt:

$$
\check{U}_{ab} = \check{T}_{ab} + \check{V}_{ab} + \check{W}_{ab}.
$$

Hierbei bezieht sich $\check{V}_{ab}$ auf ein masseloses Feld, bei dem es sich um das Phantomfeld $\Omega$ handelt, das nun zu einem *realen*, selbst gekoppelten, konform invarianten Feld in der $\check{g}$-Metrik geworden ist, da $\varpi = \Omega$ nun die $\varpi$-Gleichung in der $\check{g}$-Metrik erfüllt:

$$
\left( \Box + \frac{R}{6} \right) \varpi = \frac{2}{3} \Lambda \varpi^3 .
$$

Das muss gelten, da die $\varpi$-Gleichung konform invariant ist und für $\varpi = -1$ in der $g$-Metrik erfüllt ist, was in der $\check{g}$-Metrik zu $\varpi = -\omega^{-1} = \Omega$ wird. Wir lesen die Dinge also nun genau umgekehrt im Vergleich zu dem, was wir für $\mathscr{C}^\wedge$ gemacht haben, wo das „Phantomfeld" $\Omega$ eine Lösung der $\varpi$-Gleichung in der $\mathfrak{g}$-Metrik war und nur als Skalenfaktor interpretiert wurde, der uns zur physikalischen Einstein-Metrik $\hat{g}$ zurückführte. In *dieser* Metrik ist das

Phantomfeld einfach „1" und besitzt somit keinerlei physikalischen Gehalt. *Nun* betrachten wir $\Omega$ als *tatsächlich vorhandenes* physikalisches Feld in der physikalischen Einstein-Metrik $\breve{g}_{ab}$, und seine Interpretation als konformer Faktor ist genau umgekehrt, da es uns nun sagt, wie wir zur $g$-Metrik zurückgehen können, wo das Feld den Wert „1" annehmen würde. Für diese Interpretation ist es wichtig, dass die konformen Faktoren $\omega$ und $\Omega$ invers zueinander sind – obwohl wir auch noch das Minus-Zeichen einbauen müssen; in Wirklichkeit liefert uns also $-\Omega$ die Skalierung von $\breve{g}$ zurück zu $g_{ab}$. Diese inverse Interpretation stimmt mit den Gleichungen überein, da $\Omega$ (und nicht $\omega$) die $\varpi$-Gleichung in der entsprechenden Metrik erfüllen muss.

Dementsprechend ist der Tensor $\breve{V}_{ab}$ der Energietensor zu diesem Feld $\Omega$ in der $\breve{g}$-Metrik:

$$\breve{V}_{ab} = \breve{T}_{ab}[\Omega].$$

Wir finden nun

$$4\pi G \breve{T}_{ab}[\Omega] = \Omega^2 \{\Omega \nabla_{A(A'}\nabla_{B')B}\Omega^{-1} + \Phi_{ABA'B'}\}$$
$$= \Omega^3 D_{ab}\Omega^{-1} = \omega^{-3}D_{ab}\omega = \omega^{-2}D_{ab}1$$
$$= \omega^{-2}\Phi_{ABA'B'}.$$

Man beachte, dass die Größe $\breve{V}_{ab}$ sowohl spur- als auch divergenzfrei ist:

$$\breve{V}_a{}^a = 0 \quad \text{und} \quad \nabla^a \breve{V}_{ab} = 0.$$

Es ist wichtig festzuhalten, dass die Gleichung, die $\omega$ in der $g$-Metrik erfüllt, *nicht* die $\varpi$-Gleichung ist, denn wie wir gesehen haben, erfüllt $\Omega$ (also $-1$ mal das *Inverse* von $\omega$) diese Gleichung, was bedeutet

$$\left(\Box + \frac{R}{6}\right)\omega^{-1} = \frac{2}{3}\Lambda\omega^{-3}$$

und somit

$$\Box \omega = 2\omega^{-1}\nabla^a\omega\nabla_a\omega + \frac{2}{3}\Lambda\{\omega - \omega^{-1}\}.$$

Dementsprechend muss die skalare Krümmung zur $\check{g}$-Metrik auch *nicht* gleich $4\Lambda$ sein. Stattdessen (siehe B.2, P&R 6.8.25, A.4) gilt nun

$$\check{R} = 4\Lambda + 8\pi G\mu,$$

mit

$$\omega^2 \check{R} - R = 6\omega^{-1}\Box\omega,$$

und somit

$$\omega^2(4\Lambda + 8\pi G\mu) - 4\Lambda = 6\omega^{-1}\left\{2\omega^{-1}\left(\nabla^a\omega\nabla_a\omega - \frac{1}{3}\Lambda\right) + \frac{2}{3}\Lambda\omega\right\}.$$

Damit erhalten wir (siehe B.6):

$$
\begin{aligned}
\mu &= \frac{1}{2\pi G}\omega^{-4}(1-\omega^2)^2(3\Pi^a\Pi_a - \Lambda) \\
&= \frac{1}{2\pi G}\{3\nabla^a\Omega\nabla_a\Omega - \Lambda(\Omega^2 - 1)^2\} \\
&= \frac{1}{2\pi G}(\Omega^2 - 1)^2(3\Pi^a\Pi_a - \Lambda).
\end{aligned}
$$

Der volle Energietensor $\check{U}_{ab}$ muss die Einstein-Gleichungen erfüllen, d. h., zusätzlich zu $\check{R} = 4\Lambda + 8\pi G\mu$ gilt noch:

$$4\pi G\check{T}_{(AB)(A'B')} = \Phi_{ABA'B'}.$$

Da sowohl $\check{T}_{ab}$ als auch $\check{V}_{ab}$ spurfrei ist, muss die Spur in $\check{W}$ stecken:

$$
\begin{aligned}
\check{U}_a{}^a = \check{W}_a{}^a &= \mu \\
&= \frac{1}{2\pi G}(3\Pi^a\Pi_a - \Lambda)(\Omega^2 - 1)^2.
\end{aligned}
$$

Mit den obigen Ausdrücken für $\check{U}_{ab}$, $\check{T}_{ab}$ und $\check{V}_{ab}$ können wir $\check{W}_{ab}$ aus

$$4\pi G\check{W}_{ab} = 4\pi G(\check{U}_{ab} - \check{T}_{ab} - \check{V}_{ab})$$

berechnen und erhalten den folgenden Ausdruck für $4\pi G \breve{W}_{ab}$:

$$\frac{1}{2}(3\Pi^a\Pi_a + \Lambda)(\Omega^2 - 1)^2 \breve{g}_{ab} + (2\Omega^2 + 1)\Omega\nabla_{A(A'}\nabla_{B')B}\Omega$$

$$-2(3\Omega^2 + 1)\nabla_{A(A'}\Omega\nabla_{B')B}\Omega - \Omega^4\Phi_{ab}.$$

Hier besteht noch weiterer Interpretationsbedarf.

## B.12  Die Gravitationsstrahlung bei $\mathcal{X}$

Eine Folgerung der unendlichen konformen Reskalierung der Metrik beim Übergang durch die Fläche $\mathcal{X}$ (mit der Metrik $g_{ab}$) von $\mathcal{C}^\wedge$ (mit der Metrik $\hat{g}_{ab}$) zu $\mathcal{C}^\vee$ (mit der Metrik $\breve{g}$) ist die Art, wie die gravitativen Freiheitsgrade, die ursprünglich vorhanden waren und in der $\hat{g}_{ab}$-Metrik durch $\psi_{ABCD}$ beschrieben werden (was gewöhnlich auf $\mathcal{X}$ nicht verschwindet), zu neuen Größen in der $\breve{g}$-Metrik werden. Während die Beziehung (A.9, P&R 6.8.4)

$$\hat{\Psi}_{ABCD} = \Psi_{ABCD} = \breve{\Psi}_{ABCD} = O(\omega)$$

auf $\mathcal{X}$ glatt erfüllt ist, ist die Größe $\psi_{ABCD}$, die das „Gravitonfeld" beschreibt, auf $\mathcal{X}$ *nicht stetig*. Im Folgenden bezieht sich „$\psi_{ABCD}$" auf diese Größe in $\mathcal{C}^\wedge$ *vor* der Übergangsfläche bzw. auf ihre glatte Fortsetzung in das Gebiet $\mathcal{C}^\vee$. Der tatsächliche Wert des Gravitonfeldes in $\mathcal{C}^\vee$ springt jedoch auf $\mathcal{X}$ auf null (in der $g_{ab}$-Metrik). Definieren wir nämlich $^*\psi_{ABCD}$ als das tatsächliche Feld im Anschluss an die Übergangsfläche, so gilt $^*\breve{\psi}_{ABCD} = \breve{\Psi}_{ABCD}$ und somit in $\mathcal{C}^\vee$

$$^*\psi_{ABCD} = \omega\Psi_{ABCD} = -\omega^2\psi_{ABCD},$$

also

$$^*\psi_{ABCD} = O(\omega^2).$$

Die Gravitationsstrahlung ist also während des Urknalls sehr stark unterdrückt.

Trotzdem hinterlassen die Freiheitsgrade der Gravitationsstrahlung, die in dem Gebiet $\mathscr{C}^\wedge$ durch $\psi_{ABCD}$ beschrieben wird, ihre Spuren in den frühen Stadien von $\mathscr{C}^\vee$. Um das zu sehen, bilden wir zunächst die Ableitung der Beziehung

$$\Psi_{ABCD} = -\omega\,\psi_{ABCD}$$

und erhalten

$$\nabla_{EE'}\Psi_{ABCD} = -\nabla_{EE'}(\omega\,\psi_{ABCD}) = -N_{EE'}\psi_{ABCD} - \omega\nabla_{EE'}\psi_{ABCD}.$$

Während die Weyl-Krümmung auf $\mathscr{X}$ verschwindet, liefert uns ihre Normalenableitung ein Maß für die Gravitationsstrahlung (freie Gravitonen) bei $\mathscr{I}^\wedge$:

$$\Psi_{ABCD} = 0, \quad N^e\nabla_e\Psi_{ABCD} = -N^e N_e\psi_{ABCD} = -\frac{1}{3}\Lambda\psi_{ABCD} \text{ auf } \mathscr{X}.$$

Aus den Bianchi-Identitäten (A.5, P&R 4.10.7, P&R 4.10.8) erhalten wir

$$\nabla^A_{B'}\Psi_{ABCD} = \nabla^{A'}_B\Phi_{CDA'B'} \text{ und } \nabla^{CA'}\Phi_{CDA'B'} = 0$$

und somit

$$\nabla^{A'}_B\Phi_{CDA'B'} = -N^A_B\psi_{ABCD} \text{ auf } \mathscr{X},$$

woraus sich ergibt:

$$N^{BB'}\nabla^{A'}_B\Phi_{CDA'B'} = 0 \text{ auf } \mathscr{X}.$$

Der Operator $N^{B(B'}\nabla^{A')}_B$ wirkt tangential entlang $\mathscr{X}$ (da $N^{B(B'}N^{A')}_B = 0$), sodass diese Gleichung eine Einschränkung liefert, wie sich $\Phi_{CDA'B'}$ auf $\mathscr{X}$ verhält. Außerdem gilt

$$N^C_{A'}\nabla^{D'}_A\Phi_{BCB'D'} = -N^C_{A'}N^D_{B'}\psi_{ABCD},$$

woraus folgt, dass der *elektrische Anteil* der Normalenableitung des Weyl-Tensors auf $\mathscr{X}$

$$N_{A'}^{C} N_{B'}^{D} \psi_{ABCD} + N_A^{C'} N_B^{D'} \overline{\psi}_{A'B'C'D'}$$

im Wesentlichen gleich

$$N^a \nabla_{[b} \Phi_{c]d} \ \text{auf} \ \mathscr{X}$$

ist, wohingegen der *magnetische Anteil*

$$\mathrm{i} N_{A'}^{C} N_{B'}^{D} \psi_{ABCD} - \mathrm{i} N_A^{C'} N_B^{D'} \overline{\psi}_{A'B'C'D'}$$

im Wesentlichen gleich

$$\varepsilon^{abcd} N_a \nabla_{[b} \Phi_{c]e} \ \text{auf} \ \mathscr{X}$$

ist ($\varepsilon^{abcd}$ ist der total antisymmetrische Levi-Civita-Tensor). Dies ist der Cotton(-York)-Tensor, der die intrinsische konforme Krümmung auf $\mathscr{X}$ beschreibt.[B.13]

# Anmerkungen

**3.1**  Die Hamilton'sche Theorie ist ein mathematischer Rahmen, der die gesamte klassische Physik umfasst, und der gleichzeitig einen wichtigen Bezug zur Quantenmechanik herstellt. Siehe R. Penrose (2004), *The Road to Reality*, Kap. 20.

**3.2**  Die Planck'sche Formel lautet: $E = h\nu$. Zur Erklärung der Symbole siehe Anmerkung 8.6.

**3.3**  Erwin Schrödinger (1950), *Statistical thermodynamics*, Zweite Ausgabe, Cambridge University Press. (Deutsch: *Statistische Thermodynamik*, Vieweg 1978.))

**3.4**  Die Bezeichnung „Produkt" hat hier durchaus seine Berechtigung und gleicht der Multiplikation von gewöhnlichen ganzen Zahlen in dem Sinne, dass ein Raum mit $m$ Punkten und ein Raum mit $n$ Punkten zu einem Raum mit $mn$ Punkten wird.

**4.1**  Im Jahre 1803 veröffentlichte der Mathematiker Lazare Carnot sein Werk *Fundamental principles of equilibrium and movement* (Deutsch *Grundsätze der Mechanik vom Gleichgewicht und der Bewegung*), in dem er über den „Verlust an Aktivität" schreibt, d. h., den Verlust an nützlicher Arbeit. Sein Sohn Sadi Carnot postulierte daraufhin, dass bei jeder mechanischen Arbeit auch „etwas Wärme verlorengeht". Im Jahre 1854 entwickelte Clausius das Konzept einer „Inneren Energie", also die Energie, „welche die Atome des Körpers aufeinander ausüben", sowie den Begriff der „Äußeren Energie", also der Energie, „die auftritt, weil der Gegenstand äußeren Einflüssen ausgesetzt ist".

**4.2**   Claude E. Shannon, Warren Weaver (1949), *The mathematical theory of communication*, University of Illinois Press. (Deutsch: *Mathematische Grundlagen in der Informationstheorie* (1976), Oldenbourg.)

**4.3**   Der mathematische Grund für dieses Problem ist, dass makroskopische Ununterscheidbarkeit keine so genannte *transitive* Eigenschaft ist, d. h., Zustände $A$ und $B$ können ununterscheidbar sein, ebenso die Zustände $B$ und $C$, und trotzdem sind $A$ und $C$ unterscheidbar.

**4.4**   Der „Spin" eines Atomkerns lässt sich eigentlich nur im Rahmen der Quantenmechanik verstehen, doch man kann sich zur Veranschaulichung vorstellen, dass sich der Atomkern um eine Achse dreht wie ein Cricket- oder Baseball. Der Beitrag zum Gesamtspin eines Atomkerns kommt zum Teil von den einzelnen Spins der Protonen und Neutronen und zum Teil von ihren Bewegungen umeinander.

**4.5**   E.L. Hahn (1950), „Spin echoes". *Physical Review* **80**, 580–94.

**4.6**   J.P. Heller (1960), „An unmixing demonstration". *Am. J. Phys.* **28**, 348–53.

**4.7**   Im Zusammenhang mit Schwarzen Löchern könnte es allerdings sein, dass das Konzept der Entropie ein gewisses Maß an Objektivität erlangt. Wir werden auf diesen Punkt in den Kapiteln 12 und 16 eingehen.

**7.1**   Gelegentlich wurden verschiedene andere Interpretationen der Rotverschiebung vorgeschlagen, wobei die Idee der „Lichtermüdung", wonach die Photonen auf ihrem Weg zu uns einfach „Energie verlieren", die größte Verbreitung erlangt hat. Nach einem anderen Vorschlag soll die Zeit in der Vergangenheit langsamer abgelaufen sein. Ideen dieser Art erweisen sich entweder als im Widerspruch zu anderen akzeptierten Beobachtungen oder Prinzipien, oder aber sie sind nicht wirklich „hilfreich" in dem Sinn, dass sie sich umformulieren lassen und als *äquivalent* zu dem herkömmlichen Bild des expandierenden Universums sind, wobei allerdings ungewöhnliche Definitionen für die Maße von Raum und Zeit verwendet wurden.

**7.2**    A. Blanchard, M. Douspis, M. Rowan-Robinson und S. Sarkar (2003), „An alternative to the cosmological 'concordance model'". *Astronomy & Astrophysics* **412**, 35–44. arXiv:astro-ph/0304237v2, 7. Juli 2003.

**7.3**    Der Ausdruck „Big Bang" fiel zum ersten Mal in einer Radiosendung des BBC am 28. März 1949 und war dort von Fred Hoyle in einem eher geringschätzigen Sinn gemeint. Hoyle war ein überzeugter Anhänger des rivalisierenden „Steady State"-Modells, siehe Kapitel 8.

**7.4**    Die Dunkle Materie ist nicht „dunkel" (wie beispielsweise die großen, sichtbaren dunklen *Staubwolken* im Universum, die sich beobachten lassen, weil sie den Hintergrund abdecken), sondern man sollte besser von einer *unsichtbaren* Materie sprechen. Außerdem hat das, was man als „Dunkle Energie" bezeichnet, nicht viel mit der Energie zu tun, die man an gewöhnlicher Materie beobachtet und die nach Einsteins Formel $E = mc^2$ einen *anziehenden* Einfluss auf andere Materie hat. Stattdessen ist die Wirkung der Dunklen Energie *abstoßend*. Diese Wirkung entspricht jedoch der sogenannten *kosmologischen Konstante*. Hierbei handelt es sicht nicht um gewöhnliche Energie, sondern um einem zusätzlichen Beitrag zu den Einstein'schen Gleichungen, der von Einstein im Jahre 1917 eingeführt wurde, und der seitdem von nahezu allen Lehrbüchern zur Kosmologie berücksichtigt wird. Diese Konstante sollte tatsächlich *konstant* sein und gehört, im Gegensatz zu gewöhnlicher Energie, nicht zu einem unabhängigen Freiheitsgrad.

**7.5**    Harlan Arp *und 33 weitere Personen*, „An open letter to the scientific community", *New Scientist*, 22. Mai 2004.

**7.6**    Bei einem *Pulsar* handelt es sich um einen Neutronenstern, also ein sehr dichtes Objekt mit einem Durchmesser von rund zehn Kilometern und einer Masse, die etwas größer ist als die der Sonne. Außerdem hat ein Pulsar ein starkes Magnetfeld und er dreht sich sehr schnell um seine Achse, wodurch wir hier auf der Erde präzise getaktete Pulse von elektromagnetischer Strahlung empfangen.

**7.6**    Seltsamerweise hat Friedmann selbst den einfachsten Fall, bei dem die räumliche Krümmung *null* ist, gar nicht betrachtet: *Zeitschrift für Physik* **21**, 326–32.

**7.8**    Zumindest, wenn man von möglichen topologischen Identifikationen absieht, die uns hier nicht weiter interessieren.

**7.9**    Für die beiden Fälle $K = 0$ und $K < 0$ gibt es auch topologisch geschlossene Versionen (indem man bestimmte Punkte in der räumlichen Geometrie miteinander identifiziert), sodass die räumliche Geometrie endlich wird. Allerdings verliert man in all diesen Fällen die globale räumliche Isotropie.

**7.10**    Eine Supernova ist eine außerordentlich heftige Explosion eines sterbenden Sterns (dessen Masse etwas größer ist als die unserer Sonne). Für wenige Tage kann seine Helligkeit die der ganzen Galaxie, in der sich der Stern befindet, übertreffen. Siehe auch Kapitel 10.

**7.11**    S. Perlmutter *et al.* (1999), *Astrophysical J.* **517**, 565. A. Reiss *et al.* (1998), *Astronomical J.* **116**, 1009.

**7.12**    Eugenio Beltrami (1868), „Saggio di interpretazione della geometria non-euclidea", *Giornale di Mathematiche* **VI**, 285-315. Eugenio Beltrami (1868), „Teoria fondamentale degli spazii di curvatura costante", *Annali Di Mat., ser. II* **2**, 232–55.

**8.1**    H. Bondi, T. Gold (1948), „The steady-state theory of the expanding universe", *Monthly Notices of the Royal Astronomical*

*Society* **108**, 252–70. Fred Hoyle (1948), „A new model for the expanding universe", *Monthly Notices of the Royal Astronomical Society* **108**, 372–82.

**8.2**  Ich habe sehr viel über Physik und ihre aufregenden Ideen von meinem guten Freund Dennis Sciama gelernt, der damals ein überzeugter Anhänger des Steady-State-Modells war. Außerdem hörte ich faszinierende Vorlesungen von Bondi und Dirac.

**8.3**  J. R. Shakeshaft, M. Ryle, J. E. Baldwin, B. Elsmore, J. H. Thomson (1955), *Mem. RAS* **67**, 106–54.

**8.4**  Wenn es um Grundlagen der Physik geht, wählt man als Temperatureinheit gewöhnlich das „Kelvin" (ausgedrückt durch das Symbol „K"). Der Zahlenwert entspricht der Anzahl der Celsiusgrade vom *absoluten Nullpunkt* an gerechnet.

**8.5**  Manchmal findet man auch die Abkürzungen CMBR, CBR und MBR. Im Deutschen spricht man meist von der „Mikrowellenhintergrundstrahlung" oder einfach vom „Mikrowellenhintergrund" bzw. der „kosmischen Hintergrundstrahlung".

**8.6**  Die Planck'sche Formel für die Intensität der Schwarzkörperstrahlung bei gegebener Temperatur $T$ und für die Frequenz $\nu$ lautet: $2h\nu^3/(e^{h\nu/kT}-1)$, wobei $h$ die Planck'sche Konstante und $k$ die Boltzmann-Konstante sind.

**8.7**  R. C. Tolman (1934), *Relativity, thermodynamics, and cosmology*, Clarendon Press.

**8.8**  Die lokale Galaxiengruppe (der galaktische Galaxiencluster, zu dem auch die Milchstraße unseres Sonnensystems gehört) scheint sich mit einer Geschwindigkeit von rund $630\,\mathrm{km\,s^{-1}}$ relativ zu dem Bezugssystem der CMB zu bewegen. A. Kogut *et al.* (1993), *Astrophysical J.* **419**, 1.

**8.9**  H. Bondi (1952), *Cosmology*, Cambridge University Press.

**8.10**  Eine interessante Ausnahme findet man bei Vulkanschloten an ungewöhnlichen Orten auf dem Grund der Ozeane, von denen Kolonien von seltsamen Lebensformen abzuhängen scheinen. Vulkanische Aktivität beruht auf einer Erwärmung durch radioaktives Material, das ursprünglich auf anderen Sternen entstanden ist und irgendwann in der fernen Vergangenheit von diesen Sternen bei einer Supernova-Explosion in den Weltraum geschleudert wurde. Die Rolle der Sonne als Quelle niedriger Entropie übernehmen in solchen Fällen diese Sterne, doch die eigentliche Aussage des Textes bleibt davon unberührt.

**8.11**  Die kleinen Abweichungen von dieser Regel beruhen einerseits auf den geringen Wärmemengen, die durch radioaktive Substanzen erzeugt werden (vgl. Anmerkung 8.10), andererseits auf der Verbrennung fossiler Brennstoffe und der globalen Erwärmung.

**8.12**  Dieser allgemeine Punkt scheint zum ersten Mal von Erwin Schrödinger in seinem bemerkenswerten Buch *Was ist Leben?* aus dem Jahre 1944 betont worden zu sein.

**9.1**  R. Penrose (1989), *The emperor's new mind: concerning computers, minds, and the laws of physics*, Oxford University Press. (Deutsch: *Computerdenken: Des Kaisers neue Kleider oder Die Debatte um künstliche Intelligenz, Bewusstsein und die Gesetze der Natur*, Spektrum der Wissenschaft (1991).)

**9.2**  Der Begriff „Lichtkegel" hat eigentlich zwei Bedeutungen: In den meisten Fällen bezieht er sich auf sämtliche Ereignisse der Raumzeit, die von den Lichtstrahlen durch ein bestimmtes Ereignis $p$ überstrichen werden. Im Folgenden bezeichnet der Lichtkegel jedoch sowohl den Lichtkegel im üblichen Sinn, als auch manchmal die entsprechende Struktur im *Tangentialraum* am Punkt $p$ (d. h. *infinitesimal* bei $p$). Penrose unterscheidet im Englischen diesbezüglich die Begriffe „light cone" und „null cone", was aber im Deutschen unüblich ist (Anm. des Übersetzers).

**9.3**  Um die Geometrie des Minkowski-Raums explizit darstellen zu können, wählen wir das Bezugssystem eines beliebigen Beobachters und gewöhnliche kartesische Koordinaten $(x, y, z)$ zur Festlegung der räumlichen Lage eines Ereignisses, und die Zeitkoordinate $t$ des Beobachters als die Zeitkoordinate des Ereignisses. Wir wählen Raum- und Zeitskalen, sodass $c = 1$. Die infinitesimalen Lichtkegel sind dann durch $dt^2 - dx^2 - dy^2 - dz^2 = 0$ gegeben, und der globale Lichtkegel (vgl. Anmerkung 9.2) durch $t^2 - x^2 - y^2 - z^2 = 0$.

**9.4** Das Konzept der Masse („massebehaftet", „masselos") bezieht sich hier auf die *Ruhemasse*. Ich werde auf diesen Punkt in Kapitel 13 zurückkommen.

**9.5** Wie in Kapitel 3 erläutert wurde, sind die gewöhnlichen Gleichungen der Dynamik zeitumkehrinvariant. So weit es sich auf das dynamische Verhalten der submikroskopischen Bestandteile eines physikalischen Systems bezieht, könnten wir dementsprechend auch sagen, dass sich eine kausale Wirkung von der Zukunft in die Vergangenheit ausbreitet. Der Begriff „Kausalität" bzw. „kausale Wirkung" wird in diesem Text jedoch in seiner üblichen Bedeutung verwendet.

**9.6** Länge $= \int \sqrt{g_{ij} dx^i dx^j}$, siehe R. Penrose (2004), *The Road to Reality*, Random House, Abb. 14.20, S. 318.

**9.10** J. L. Synge (1956) *Relativity: the general theory*. North Holland Publishing.

**9.11** Die Existenz dieser natürlichen Metrik setzt die scheinbar sehr tiefschürfenden Überlegungen von Poincaré außer Kraft, der argumentierte, die Geometrie des Raums sei im Wesentlichen eine Frage der Konvention, und die euklidische Geometrie als die einfachste Form von Geometrie sei daher für den Gebrauch in der Physik immer die beste Wahl! Siehe Poincaré *Science and Method* (Übersetzung Francis Maitland (1914)) Thomas Nelson. (Deutsch: *Wissenschaft und Methode*, Xenomos Verlag (2003).)

**9.12** Die Ruheenergie eines Teilchens ist seine Energie in seinem

Ruhesystem, sodass es keinen Beitrag (*kinetische* Energie) von der *Bewegung* des Teilchens gibt.

**10.1**  Die „Fluchtgeschwindigkeit" ist die Geschwindigkeit an der Oberfläche eines massereichen Körpers, die ein Gegenstand haben muss, um diesem Körper vollständig entfliehen zu können und nicht wieder zur Oberfläche zurückzufallen.

**10.2**  Es handelte sich dabei um den Quasar 3C273.

**10.3**  Siehe den Anhang von R. Penrose (1965), „Zero rest-mass fields including gravitation: asymptotic behaviour", *Proc. Roy. Soc.* **A284**, 159–203. Das Argument ist jedoch nicht ganz vollständig.

**10.4**  Die etwas eigenartigen Umstände dahinter wurden in meinem Buch erzählt (1989), *The emperor's new mind*, Oxford University Press. (Vgl. Anmerkung 9.1.)

**10.5**  Die Existenz einer gefangenen Fläche ist ein Beispiel für eine sogenannte „quasi-lokale" Bedingung. In diesem Fall wird das Vorhandensein einer geschlossenen raumartigen topologischen 2-Fläche gefordert (gewöhnlich eine topologische 2-Kugel), deren in die Zukunft gerichteten lichtartigen Normalen auf der Fläche alle in Zukunftsrichtung konvergieren. Es gibt in *jeder* Raumzeit lokale Gebiete von raumartigen 2-Flächen, deren Normalen diese Eigenschaft haben, insofern handelt es sich hierbei nicht um eine lokale Bedingung. Eine gefangene Fläche tritt nur dann auf, wenn sich solche Gebiete zu einer geschlossenen Fläche (d. h. von *kompakter Topologie*) zusammenkleben lassen.

**10.6**  R. Penrose (1965), „Gravitational collapse and space-time singularities", *Phys. Rev. Lett.* **14**, 57–9. R. Penrose (1968), „Structure of space-time", in *Batelle Rencontres* (Hrsg. C. M. deWitt, J. A. Wheeler), Benjamin, New York.

**10.7**  Die einzige Bedingung, die eine nicht-singuläre Raumzeit in diesem Zusammenhang haben muss – und die eine „Singularität" verhindern würde – ist eine sogenannte „Vollständigkeit in Bezug auf die zukunftsgrichteten Lichtkegel". Diese Forderung besagt, dass jede lichtartige Geodäte in Bezug auf ihren „affinen Parameter" beliebig weit in die Zukunft fortgesetzt werden kann. Siehe S. W. Hawking, R. Penrose (1996), *The nature of space and time*, Princeton University Press. (Deutsch: *Raum und Zeit*, Rowohlt, Reinbeck (1998).)

**10.8** R. Penrose (1994), „The question of cosmic censorship", in *Black holes and relativistic stars* (Hrsg. R.M. Wald), University of Chicago Press.

**10.9** R. Narayan, J. S. Heyl (2002), „On the lack of type I X-ray bursts in black hole X-ray binaries: evidence for the event horizont?", *Astrophysical J.* **574**, 139–42.

**11.1** Die Idee eines *streng* konformen Diagramms wurde zuerst von Brandon Carter (1966) formalisiert, ausgehend von den weniger rigorosen Beschreibungen *schematischer* konformer Diagramme, die ich seit 1962 systematisch verwendet habe (siehe Penrose 1962, 1964, 1965). B. Carter (1966), „Complete analytic extension of the symmetry axis of Kerr's solution of Einstein's equations", *Phys. Rev.* **141**, 1242–7. R. Penrose (1962), „The light cone at infinity", in *Proceedings of the 1962 conference on relativistic theories of gravitation, Warsaw*, Polish Academy of Sciences. R. Penrose (1964), „Conformal approach to infinity", in *Relativity, groups and topology. The 1963 Les Houches Lectures* (Hrsg. B. S. DeWitt, C. M. DeWitt), Gordon and Breach, New York. R. Penrose (1963), „Asymptotic properties of fields an space-times", *Phys. Rev. Lett.* **10**, 66–8.

**11.2** Zufälligerweise hat das polnische Wort „skraj" dieselbe Aussprache wie das englische „scri", und es bezeichnet einen Rand (allerdings meist einen Waldrand).

**11.3** In einem zeitlich rückwärts ablaufenden Steady-State-Modell würde ein Astronaut in freiem Fall entlang einer solchen Kurve eine nach innen gerichtete Bewegung der Materie in seiner Umgebung wahrnehmen, die immer größerer Geschwindigkeit annimmt, bis sie schließlich innerhalb einer für den Astronauten endlichen Zeitspanne Lichtgeschwindigkeit und damit einen unendlichen Impuls erreicht hat.

**11.4** J. L. Synge (1950), *Proc. Roy. Irish Acad.* **53A**, 83. M. D. Kruskal (1960), „Maximal extension of Schwarzschild metric", *Phys. Rev.* **119**, 1743–5. G. Szekeres (1960), „On the singularities of a Riemannian manifold", *Publ. Mat. Debrecen* 7, 285–301. C. Fronsdal (1959), „Completion and embedding of the Schwarzschild solution", *Phys. Rev.* **116**, 778–81.

**11.5** S. W. Hawking (1974), „Black hole explosions?", *Nature* **248**, 30.

**11.6** Die Konzepte eines kosmologischen Ereignishorizonts und eines Teilchenhorizonts wurden zuerst von Wolfgang Rindler (1956) formuliert, „Visual horizons in world-models", *Monthly Notices of the Roy. Astronom. Soc.* **116**, 662. Die Beziehung zwischen diesen Begriffen zu (schematischen) konformen Diagrammen wurden in R. Penrose (1967) betont, „Cosmological boundary conditions for zero rest-mass fields", in *The nature of time* (S. 42–54) (Hrsg. T. Gold), Cornell University Press.

**11.7** $\mathcal{C}^-(p)$ ist der (zukünftige) Rand der Menge aller Punkte, die sich mit einem Ereignis $p$ durch eine in die Zukunft gerichtete kausale Kurve verbinden lassen.

**12.1** Aufbauend auf meine Arbeiten hinsichtlich der Unvermeidbarkeit von Singularitäten in einem lokalen Gravitationskollaps (siehe Anmerkung 10.3 bezüglich der Literaturangabe 1965), auf die ich in Kapitel 10 eingegangen bin, schrieb Stephen Hawking eine Reihe von Artikeln, in denen er zeigte, wie sich ähnliche Ergebnisse auch für globalere Anwendungen in kosmologischem Zusammenhang erhalten lassen (mehrere Artikel in den *Proceedings of the Royal Society* (siehe S. W. Hawking, G. F. R. Ellis (1973), *The large-scale structure of space-time*, Cambridge University Press). Im Jahre 1970 taten wir uns zusammen und leiteten ein sehr allgemeines mathematische Theorem ab, das all diese Situationen abdeckt: S. W. Hawking, R. Penrose (1970), „The singularities of gravitational collapse and cosmology", *Proc. Roy. Soc. Lond.* **A314**, 529–48.

**12.2** Diese Art der Argumentation habe ich zum ersten Mal in Penrose (1990) veröffentlicht, „Difficulties with inflationary cosmology", in *Proceedings of the 14th Texas symposium on relativistic astrophysics* (Hrsg. E. Fenves), New York Academy of Science. Ich habe nie eine Antwort von Befürwortern der kosmologischen Inflation darauf erhalten.

**12.3** D. Eardley ((1974), „Death of white holes in the early universe", *Phys. Rev. Lett.* **33**, 442–4) hat argumentiert, dass Weiße Löcher im frühen Universum sehr *instabil* gewesen sein müssen. Das ist allerdings kein Grund, weshalb sie in einem möglichen Anfangszustand nicht vorhanden gewesen sein sollten, und seine Ergebnisse stehen in keinem Widerspruch zu dem, was ich hier behaupte. Die Weißen Löcher hätten mit unterschiedlichen Raten verschwinden können, ebenso wie Schwarze Löcher in umgekehrter Zeitrichtung mit unterschiedlichen Raten entstehen können.

**12.4** Vergleiche A. Strominger, C. Vafa (1996), „Microscopic origin of the Bekenstein-Hawking entropy", *Phys. Lett.* **B379**, 99–104. A. Ashtekar, M. Bojowald, J. Lewandowski (2003), „Mathematical structure of loop quantum cosmology", *Adv. Theor. Math. Phys.* **7**, 233–68. K. Thorne (1986), *Black holes: the membrane paradigm*, Yale University Press.

**12.5** An anderer Stelle habe ich für diese Zahl den zweiten Exponenten mit „123" angegeben, doch ich nehme nun den höheren Wert „124", um auch den Beitrag der Dunklen Materie zu berücksichtigen.

**12.6**   Wenn wir $10^{10^{124}}$ durch $10^{10^{89}}$ dividieren, erhalten wir $10^{10^{124}-10^{89}} = 10^{10^{124}}$. Der Unterschied ist beliebig klein.

**12.7**   R. Penrose (1998), „The question of cosmic censorship", in *Black holes and relativistic stars* (Hrsg. R. M. Wald), University of Chicago Press. (Nachdruck in *J. Astrophys.* **20**, 233–48, 1999)

**12.8**   Zum Ricci-Tensor siehe Anhang A.3.

**12.9**   Mit den Bezeichnungen aus Anhang A.

**12.10**   Es gibt allerdings auch nichtlineare Effekte durch die Art, wie sich verschiedene Linseneffekte entlang der Sichtlinie „aufsummieren". Diese vernachlässige ich hier.

**12.11**   A. O. Petters, H. Levine, J. Wambsganns (2001), *Singularity theory and gravitational lensing*, Birkhauser.

**12.12**   In der Tat vertrete ich schon seit vielen Jahren die Meinung, dass Bedingungen der Art „C = 0" für Anfangssingularitäten gelten sollen, im Gegensatz zu dem, was offensichtlich bei den „Endsingularitäten" in Schwarzen Löchern der Fall ist. R. Penrose (1979), „Singularities and time-asymmetry", in S. W. Hawking, W. Israel, *General relativity: an Einstein centenary survey*, Cambridge University Press, S. 581–638. S. W. Goode, J. Wainwright (1985), „Isotropic singularities in cosmological models", *Class. Quantum Grav.* **2**, 99–115. R. P. A. C. Newman (1993), „On the structure of conformal singularities in classical general relativity", *Proc. R. Soc. Lond.* **A443**, 473–49. K. Anguige und K. P. Tod (1999), „Isotropic cosmological singularities I. Polytropic perfect fluid spacetimes", *Ann. Phys. N.Y.* **276**, 257–93.

**13.1**   A. Zee (2003), *Quantum field theory in a nutshell*, Princeton University Press.

**13.2**   Es gibt gute theoretische Gründe (die mit der Erhaltung der elektrischen Ladung zusammenhängen) für die Annahme, dass Photonen tatsächlich absolut masselos sind. Aus den Beobachtungen ergibt sich eine obere Grenze von $m <$ $3 \cdot 10^{-27}$ eV für die Masse des Photons. G. V. Chibisov (1976), „Astrofizicheskie verkhnie predely na massu pokoya fotona", *Uspekhi fizicheskikh nauk* **119** no. 3 19, 624.

**13.3** Unter Teilchenphysikern wird der Ausdruck „konforme Invarianz" manchmal in einem wesentlich schwächeren Sinn als hier verwendet, nämlich dass sich die „Skaleninvarianz" lediglich auf die speziellen Transformationen g $\mapsto \Omega^2$g mit *konstantem* $\Omega$ bezieht.

**13.4** Hier könnte es allerdings ein Problem mit der sogenannten *konformen Anomalie* geben. Damit ist gemeint, dass eine Symmetrie der klassischen Felder (hier die strenge konforme Invarianz) in der Quantentheorie nicht mehr exakt gültig bleibt. Bei den sehr hohen Energien, um die es hier geht, ist das vermutlich nicht wichtig, es könnte jedoch einen Einfluss darauf haben, wie die konforme Invarianz „abklingt", wenn Ruhemassen vorhanden sind.

**13.5** D. J. Gross (1992), „Gauge theory – Past, present, and future?", *Chinese J. Phys.* **30**, no. 7.

**13.6** Am „Large Hadron Collider" sollen einmal entgegengesetzt gerichtete Teilchenstrahlen mit einer Energie von $7 \cdot 10^{12}$ Elektronenvolt $(1,12 \mu J)$ pro Proton bzw. Bleikerne mit einer Energie von 574 TeV $(92,2 \mu J)$ pro Atomkern zur Kollision gebracht werden.

**13.7** Das Problem der Inflation wird in Kapitel 16 und 18 diskutiert.

**13.8** S. E. Rugh und H. Zinkernagel (2009), „On the physical basis of cosmic time", *Studies in History and Philosophy of Modern Physics* **40**, 1–19.

**13.9** H. Friedrich (1983), „Cauchy problems for the conformal vacuum field equations in general relativity", *Comm. Math. Phys.* **91** no. 4, 445–72. H. Friedrich (2002), „Conformal

Einstein evolution", in *The conformal structure of spacetime: geometry, analysis, numerics* (Hrsg. J. Frauendiener, H. Friedrich) Lecture Notes in Physics, Springer. H. Friedrich (1998), „Einstein's equation and conformal structure", in *The geometric universe: science, geometry, and the work of Roger Penrose* (Hrsg. S. A. Huggett, L. J. Mason, K. P. Tod, S. T. Tsou und N. M. J. Woodhouse), Oxford University Press.

**13.10** Ein Beispiel für ein derartiges Problem ist das sogenannte „Großvaterparadoxon", bei dem eine Person in der Zeit zurückreist und seinen biologischen Großvater tötet bevor dieser die Großmutter des Zeitreisenden trifft. Als Folge davon wäre nun aber ein Elternteil des Zeitreisenden (und damit auch der Zeitreisende selbst) nie geboren worden. Dadurch könnte er auch nicht in der Zeit zurückreisen und seinen Großvater töten. Der Zeitreisende wäre also geboren worden, hätte in der Zeit zurückreisen und seinen Großvater töten können. Beide Möglichkeiten *scheinen* daher ihr Gegenteil zu implizieren, was ein logisches Paradoxon darstellt. René Barjavel (1943), *Le voyageur imprudent (The imprudent traveller)*. [Das Buch bezieht sich allgemeiner auf einen *Vorfahren* des Zeitreisenden und nicht explizit seinen Großvater.]

**13.11** Dieses Maß auf $\mathcal{P}$ ist eine Potenz von „$dp \wedge dx$", wobei $dp$ sich auf die Impulsvariable zu der entsprechenden Ortsvariablen $x$ bezieht; siehe z. B. R. Penrose (2004), *The road to reality*, §20.2. Wenn $dx$ um einen Faktor $\Omega$ skaliert, skaliert $dp$ um einen Faktor $\Omega^{-1}$. Diese Skaleninvarianz auf $\mathcal{P}$ gilt unabhängig von irgendeiner konformen Invarianz der jeweiligen Physik.

**13.12** R. Penrose (2008), „Causality, quantum theory and cosmology", in *On space and time* (Hrsg. Shahn Majid), Cambridge University Press. R. Penrose (2009), „The basic ideas of Conformal Cyclic Cosmology", in *Death and anti-death, Volume*

*6: Thirty years after Kurt Gödel (1906–1978)* (Hrsg. Charles Tandy), Ria University Press, Stanford, Palo Alto, CA.

**14.1** Neuere Experimente am Tscherenkow-Strahlungsdetektor des Super-Kamiokande in Japan setzen für die Halbwertszeit des Protons eine untere Grenze von $6,6 \cdot 10^{33}$ Jahren.

**14.2** In erster Linie bei der Annihilation von Teilchenpaaren; ich bin J. D. Bjorken zu Dank verpflichtet, der mir diesen Punkt klar gemacht hat. J. D. Bjorken, S. D. Drell (1965), *Relativitstic quantum mechanics*, McGraw-Hill. (deutsch: Relativistische Quantenmechanik; B. I. Wissenschaftsverlag)

**14.3** In Bezug auf Neutrinos scheint sich aus der gegenwärtigen experimentellen Situation zu ergeben, dass die Massen*differenzen* zwischen ihnen nicht null sein können; es könnte technisch jedoch immer noch möglich sein, dass *eines* der drei Neutrinotypen eine verschwindende Ruhemasse hat. Y. Fukuda *et al.* (1998), „Measurements of the solar neutrino flux from Super-Kamiokande's first 300 days", *Phys. Rev. Lett.* **81**, (6) 1158–62.

**14.4** Bei diesen Operatoren handelt es sich um Größen, die sich aus den Generatoren der Gruppe bilden lassen und mit allen Gruppenelementen *kommutieren.*

**14.5** Ein sehr langsamer Zerfall der Ruhemassen scheint nicht ausgeschlossen zu sein. H.-M. Chan und S. T. Tsou (2007), „A model behind the standard model", *European Physical Journal* **C52**, 635–663.

**1.46** Differenzialoperatoren messen, wie sich die Größen, auf die sie wirken, in der Raumzeit ändern; siehe die Anhänge zur expliziten Bedeutung der hier verwendeten „$\nabla$"-Operatoren.

**14.7** R. Penrose (1965), „Zero rest-mass fields including gravitation: asymptotic behavior", *Proc. R. Soc. Lond.* **A284**, 159–203

**14.8** In Anhang B.1 sind meine Konventionen hinsichtlich der Frage, ob g oder ĝ die physikalische Einstein-Metrik sein soll, genau umgekehrt, sodass in diesem Fall „$\Omega^{-1}$" gegen null geht.

**14.9** Diese Aussage gilt nur, wenn die Natur der Materie bei $\mathscr{B}^-$ eher einer *Strahlung* entspricht, wie in dem in Kapitel 15 beschriebenen Modell von Tolman, und nicht einem Staub wie in Friedmanns Modell.

**14.10** Das „Differenzial" $d\Omega/(1 - \Omega^2)$ wird im Sinne von Cartans Differenzialformenkalkül als eine *1-Form* bzw. ein *Kovektor* interpretiert, doch die Invarianz unter $\Omega \mapsto \Omega^{-1}$ lässt sich leicht im Rahmen der üblichen Differenzialrechnung zeigen: siehe z. B. R. Penrose (2004), *The road to reality*, Random House.

**14.11** Ich persönlich finde die heute übliche Weise, die „Dunkle Energie" als Beitrag zur Materiedichte des Universums zu zählen, etwas eigenartig.

**14.12** Selbst ein Wert, der um 120 Größenordnungen zu groß ist, erfordert schon ein gewisses Vertrauen in eine „Renormierungsvorschrift", ohne die man „$\infty$" erhalten würde (siehe Kapitel 17).

**14.13** Aus Berechnungen zur Himmelsmechanik ergeben sich Einschränkungen an einen veränderlichen Wert von $G$ von $(dG/dt)/G_0 \leq 10^{-12}/\text{Jahr}$.

**14.14** R. H. Dicke (1961), „Dirac's cosmology and Mach's principle", *Nature* **192**, 440–441. B. Carter (1974), „Large number coincidences and the anthropic principle in cosmology", in *IAU Symposium 63: Confrontation of Cosmological Theories with Observational data*, Reidel, S. 291–98.

**15.1** A. Pais (1982), *Subtle is the Lord: the science and life of Albert Einstein*, Oxford University Press. (Deutsch: *Raffiniert ist der Herrgott, Albert Einstein. Eine wissenschaftliche Biographie*, Spektrum (2000).)

**15.2** R. C. Tolman (1934), *Relativity, thermodynamics, and cosmology*, Clarendon Press.

**15.3**  Der mathematisch strenge Begriff der analytischen Fortsetzung wird in R. Penrose (2004) beschrieben, *The Road to Reality*, Random House, sowie bei W. Rindler (2001), *Relativity: special, general, and cosmological*. Oxford University Press.

**15.4**  Eine sogenannte „imaginäre Zahl" ist eine Größe $a$, deren Quadrat eine negative Zahl ergibt, beispielsweise die Größe $i$, für die gilt: $i^2 = -1$. Siehe Penrose (2004), *The road to reality*, Random House, §4.1.

**15.5**  B. Carter (1974), „Large number coincidences and the anthropic principle in cosmology", in *IAU Symposium 63: Confrontation of Cosmological Theories with Observational Data*, Reidel, S. 291–8. John D. Barrow, Frank J. Tipler (1988), *The anthropic cosmological principle*, Oxford University Press.

**15.6**  L. Susskind, „The anthropic landscape of string theory arXiv:hep-th/0302219". A. Linde (1986), „Eternal chaotic inflation", *Mod. Phys. Lett.* **A1** 81.

**15.7**  Lee Smolin (1999), *The life of the cosmos*, Oxford University Press. (Deutsch: *Warum gibt es die Welt?*, C. H. Beck (1999), dtv (2002).)

**15.8**  Gabriele Veneziano (2004), „The myth of the beginning of time", *Scientific American*, Ausgabe Mai. (Deutsch: „Die Zeit vor dem Urknall", *Spektrum der Wissenschaft*, August 2004.)

**15.9**  Paul J. Steinhardt, Neil Turok (2007), *Endless universe: beyond the big bang*, Random House, London.

**15.10**  Siehe beispielsweise C. J. Isham (1975), *Quantum gravity: an Oxford symposium*, Oxford University Press.

**15.11**  Abhay Ashtekar, Martin Bojowald, „Quantum geometry and the Schwarzschild singularity". http://www.arxiv.org/gr-qc/0509075

**15.12**  Siehe beispielsweise A. Einstein (1931), *Berl. Ber.* 235 und A. Einstein, N. Rosen (1935), *Phys. Rev. Ser.* 2 48, 73.

**15.13**  siehe Anmerkung 12.1.

**16.1**  siehe Anmerkung 13.11.

**16.2** Es gibt deutliche Hinweise auf noch größere Schwarze Löcher in einigen anderen Galaxien. Derzeit liegt der Rekord bei einem wirklich gewaltigen Schwarzen Loch mit einer Masse von $\sim 1,8 \cdot 10^{10}\, M_\odot$, das entspricht ungefähr der Masse einer kleineren Galaxie. Es könnte aber auch viele Galaxien geben, deren zentrale Schwarze Löcher weitaus kleiner sind als die $\sim 4 \cdot 10^6\, M_\odot$ des Schwarzen Lochs in unserer Milchstraße. Der exakte Wert im Text spielt für die Argumentation keine wesentliche Rolle. Nach meiner Vermutung liegt der tatsächliche Wert sogar etwas höher.

**16.3** J. D. Bekenstein (1972), „Black holes and the second law", *Nuovo Cimento Letters* **4**, 737–740. J. D. Bekenstein (1973), „Black holes and entropy", *Phys. Rev.* **D7**, 2333–46.

**16.4** J.M. Bardeen, B. Carter, S.W. Hawking (1973), „The four laws of black hole mechanics", *Communications in Mathematical Physics* **31** (2) 161–70.

**16.5** Tatsächlich lässt sich ein Schwarzes Loch (im Vakuum) durch zehn Zahlen vollständig charakterisieren: seinen Ort (3), seine Geschwindigkeit (3), seine Masse (1) und seinen Drehimpuls (3). Demgegenüber steht die riesige Anzahl von Parametern, die notwendig wären, um die Entstehung des Schwarzen Lochs zu beschreiben. Diese zehn makroskopischen Parameter würden somit einen absolut riesigen Bereich im Phasenraum bezeichnen, damit wir nach der Boltzmann'schen Formel eine entsprechend große Entropie erhalten.

**16.6** http://xaonon.dyndns.org/hawking

**16.7** L. Susskind (2008), *The black hole war: my battle with Stephen Hawking to make the world safe for quantum mechanics*, Littel, Brown.

**16.8** D. Gottesman, J. Preskill (2003), „Comment on ‚The black hole final state'", hep-th/0311269. G. T. Horowitz, J. Malcadena (2003), „The black hole final state", hep-th/0310281. L. Susskind (2003), „Twenty years of debate with Stephen", in *The future of theoretical physics and cosmology* (Hrsg. G. W. Gibbons *et al.*), Cambridge University Press.

**16.9**   S. Hawking hat schon früh darauf hingewiesen, dass die abschließende Verpuffung eines Schwarzen Lochs, technisch gesprochen, für einen Augenblick eine „nackte Singularität" darstellt, was der Vermutung der kosmischen Zensur zu widersprechen scheint. Das ist der eigentliche Grund, weshalb sich die Vermutung der kosmischen Zensur nur auf die *klassische* Allgemeine Relativitätstheorie bezieht. R. Penrose (1994), „The question of cosmic censorship", in *Black holes and relativistic stars* (Hrsg. R. M. Wald), University of Chicago Press.

**16.10**   James B. Hartle (1998), „Generalized quantum theory in evaporating black hole spacetimes", in *Black holes and relativistic stars* (Hrsg. R. M. Wald), University of Chicago Press.

**16.11**   Im Rahmen der Quantentheorie lässt sich eine Aussage beweisen, die als „No-Cloning-Theorem" bekannt ist. Danach ist es unmöglich, einen unbekannten Quantenzustand zu kopieren. Ich sehe keinen Grund, weshalb dieses Theorem hier nicht anwendbar sein sollte. W. K. Wootters, W. H. Zurek (1982), „A single quantum cannot be cloned", *Nature* 299, 802–3.

**16.12**   S. W. Hawking (1974), „Black hole explosions", *Nature* 248, 30. S. W. Hawking (1975), „Particle creation by black holes", *Commun. Math. Phys.* 43.

**16.13**   Bezüglich des neueren Arguments von Hawking siehe „Hawking changes his mind about black holes", das von *Nature* im Internet veröffentlich wurde (doi:10.1038/news040712-12). Es beruht auf Hypothesen aus der String-Theorie. S. W. Hawking (2005), „Information loss in black holes", *Phys. Rev.* **D72**, 084013.

**16.14**   Bei der Schrödinger-Gleichung handelt es sich um eine *komplexe* Differenzialgleichung erster Ordnung, und bei einer

Zeitumkehr muss auch die „imaginäre" Zahl $i$ durch $-i$ ersetzt werden ($i = \sqrt{-1}$); siehe Anmerkung 15.4.

**16.15** Nähreres findet man in R. Penrose (2004), *Road to reality*, Random House, Kap. 21–3.

**16.16** W. Heisenberg (1971), *Physics and Beyond*, Harper and Row, S. 73–6. Siehe auch A. Pais (1991), *Niels Bohr's times*, Clarendon Press, S. 299.

**16.17** Dirac scheint kein Interesse an einer „Interpretation" der Quantenmechanik gehabt zu haben, um beispielsweise das Messproblem zu lösen. Nach seiner Meinung war die Quantenfeldtheorie in ihrer gegenwärtigen Form ohnehin nur eine „provisorische Theorie".

**16.18** P. A. M. Dirac (1982), *The principles of quantum mechanics*. 4. Auflage. Clarendon Press [1. Auflage 1930].

**16.19** L. Diósi (1984), „Gravitation and quantum mechanical localization of macro-objects", *Phys. Lett.* **105A**, 199–202. L. Diósi (1989), „Models for universal reduction of macroscopic quantum fluctuations", *Phys. Rev.* **A40**, 1165–74. R. Penrose (1986), „Gravity and state-vector reduction", in *Quantum concepts in space and time* (Hrsg. R. Penrose und C. J. Isham), Oxford University Press, S. 129–46. R. Penrose (2000), „Wavefunction collapse as a real gravitational effect", in *Mathematical physics 2000* (Hrsg. A. Fokas, T. W. B. Kibble, A. Grigouriou und B. Zegarlinski), Imperial College Press, S. 266–282. R. Penrose (2009), „Black holes, quantum theory and cosmology" (Fourth International Workshop DICE 2008), *J. Physics Conf. Ser.* **174**, 012001. doi: 10.1088/1742-6596/174/1/012001

**16.20** Wenn man sich auf räumlich unendliche Universen bezieht, besteht immer das Problem, dass die *Gesamtwerte* von Größen wie der Entropie unendlich sind. Dieser Punkt ist jedoch nicht so wichtig, da man unter der Annahme einer allgemeinen räumlichen Homogenität immer mit einem großen „mitbewegten Volumen" (dessen Ränder dem allgemeinen Materiefluss folgen) arbeiten kann.

**17.1** S. W. Hawking (1976), „Black holes and thermodynamics", *Phys. Rev.* **D13**(2), 191. G. W. Gibbons, M. J. Perry (1978), „Black holes and thermal Green's function", *Proc. Roy. Soc. Lond.* **A358**, 467–94. N. D. Birrel, P. C. W. Davies (1984), *Quantum fields in curved space*, Cambridge University Press.

**17.2** Persönliche Mitteilung von Paul Tod.

**17.3** Siehe Anmerkung 13.11.

**17.4** Ich glaube, mein persönlicher Standpunkt hinsichtlich des „Informationsverlustes" im Zusammenhang mit der Entropie eines Schwarzen Lochs unterscheidet sich von der vielfach geäußerten Ansicht, wonach dieser Verlust am *Horizont* stattfindet (da Horizonte lokal ohnehin nicht nachweisbar sind). Nach meiner Meinung ist in Wirklichkeit die *Singularität* für die Zerstörung der Information verantwortlich.

**17.5** Siehe Anmerkung 16.3.

**17.6** W. G. Unruh (1976), „Notes on black hole evaporation", *Phys. Rev.* **D14** 870.

**17.7** G. W. Gibbons, M. J. Perry (1978), „Black holes and thermal Green's function", *Proc. Roy. Soc. Lond.* **A358**, 467–94. N.D. Birrel, P.C.W. Davies (1984), *Quantum fields in curved space*, Cambridge University Press.

**17.8** Wolfgang Rindler (2001), *Relativity: special, general and cosmological*, Oxford University Press.

**17.9** H.-Y. Guo, C.-G. Huang, B. Zhou (2005), *Europhys. Lett.* 72, 1045–51.

**17.10** Man könnte einwenden, dass das von den Rindler-Beobachtern überdeckte Gebiet nicht der gesamte Raum $\mathbb{M}$ ist, doch der gleiche Einwand gilt auch für $\mathbb{D}$.

**17.11** J. A. Wheeler, K. Ford (1995), *Geons, black holes, and quantum foam*, Norton.

**17.12** A. Ashtekar, J. Lewandowski (2004), „Background independent quantum gravity: a status report", *Class. Quant. Grav.* **21**, R53–R152. doi: 10.1088/0264-9381/21/15/R01, arXiv:gr-qc/0404018.

**17.13** J. W. Barrett, L. Crane (1998), „Relativistic spin networks and quantum gravity", *J. Math. Phys.* **39**, 3296–302. J.C. Baez (2000), *An introduction to spin foam models of quantum gravity and BF theory.* Lect. Notes Phys. **543**, 25–94. F. Markopoulou, L. Smolin (1997), „Causal evolution of spin networks", *Nucl. Phys.* **B508**, 409–30.

**17.14** H. S. Snyder (1947), *Phys. Rev.* **71(1)**, 38–41. H. S. Snyder (1947), *Phys. Rev.* **72(1)**, 68–71. A. Schild (1949), *Phys. Rev.* **73**, 414–15.

**17.15** F. Dowker (2006), „Causal sets as discrete spacetime", *Contemporary Physics* **47**, 1–9. R. D. Sorkin (2003), „Causal sets: discrete gravity", (Notes for the Valdivia Summer School), in *Proceedings of the Valdivia Summer School* (Hrsg. A. Gomberoff und D. Marolf ), arXiv:gr-qc/0309009.

**17.16** R. Geroch, J. B. Hartle (1986), „Computability and physical theories", *Foundations of Physics* **16**, 533–50. R.W. Williams, T. Regge (2000), „Discrete structures in physics", *J. Math. Phys.* **41**, 3964–84.

**17.17** Y. Ahmavaara (1965), *J. Math. Phys.* **6**, 87. D. Finkelstein (1996), *Quantum relativity: a synthesis of the ideas of Einstein and Heisenberg*, Springer-Verlag.

**17.18** A. Connes (1994), *Non-commutative geometry*, Academic Press. S. Majid (2000), „Quantum groups and noncommutative geometry", *J. Math. Phys.* **41**, (2000) 3892–942.

**17.19** B. Greene (1999), *The elegant universe*, Norton. J. Polchinski (1998), *String theory*, Cambridge University Press.

**17.20** J. Barbour (2000), *The end of time: the next revolution in our understanding of the universe*, Phoenix. R. Penrose (1971), „Angular momentum: an approach to combinatorical space-time", in *Quantum theory and beyond* (Hrsg. T. Bastin), Cambridge University Press.

**17.21** Eine Erläuterung der Twistor-Theorie findet man in R. Penrose (2004), *The road to reality*, Random House, Kap. 33.

**18.1** G. Veneziano (2004), „The myth of the beginning of time", *Scientific American* (Ausgabe Mai) (deutsch: Die Zeit vor dem Urknall, Spektrum der Wissenschaft, August 2004). Siehe auch Anmerkung 15.8.

**18.2** R. Penrose (2004), *The road to reality*, Random House, § 28.4.

**18.3** Die „Realisierung" einer Quantenfluktuation als einer tatsächlichen Irregularität in einer klassischen Materieverteilung erfordert einen **R**-Prozess (siehe Kapitel 16), der nicht Teil einer *unitären Zeitentwicklung* **U** ist.

**18.4** D. B. Guenther, L. M. Krauss, P. Demarque (1998), „Testing the constancy of the gravitational constant using helioseismology", *Astrophys. J.* **498**, 871–6.

**18.5** Es gibt übrigens Standardverfahren, um die zeitliche Entwicklung von $\mathscr{B}^-$ zu $\mathscr{D}$ zu berücksichtigen. Diese wurden allerdings in Hajians provisorischer Analyse der CMB-Daten (im Text kurz angedeutet) noch nicht berücksichtigt.

**18.6** Solche Verzerrungen der Kreisform konnten auch schon im vorherigen Weltzeitalter auftreten, obwohl ich vermuten würde, dass es sich hierbei um einen kleineren Effekt handelt. In jedem Fall wären solche Effekte sehr viel schwerer nachzuweisen, und sie wären aus mehreren Gründen für die Datenanalyse ein großes Problem.

**18.7** V. G. Gurzadyan, C. L. Bianco, A. L. Kashin, H. Kuloghlian, G. Yegorian (2006), „Ellipticity in cosmic microwave background as a tracer of large-scale universe", *Phys. Lett.* **A363**, 121–4. V. G. Gurzadyan, A. A. Kocharyan (2009), „Porosity criterion for hyperbolic voids and the cosmic microwave background", *Astronomy and Astrophysics* **493**, L61–L63 [DOI: 10.1051/000-6361:200811317]

**A.1**    R. Penrose, W. Rindler (1984), *Spinors and space-time, Vol. I: Two-spinor calculus and relativistic fields*, Cambridge University Press. R. Penrose, W. Rindler (1986), *Spinors and space-time, Vol. II: Spinor and twistor methods in space-time geometry*, Cambridge University Press.

**A.2**    P. A. M. Dirac (1982), *The principles of quantum mechanics*, 4. Auflage. Clarendon Press [1. Auflage 1930]. E. M. Corson (1953) *Introduction to tensors, spinors, and relativistic wave equations*. Blackie and Sons Ltd.

**A.3**    C. G. Callan, S. Coleman, R. Jackiw (1970), *Ann. Phys. (NY)* **59**, 42. E. T. Newman, R. Penrose (1968), *Proc. Roy. Soc., Ser. A* **305**, 174.

**A.4**    Hierbei handelt es sich um die Dirac-Fierz-Gleichung für Spin-2-Felder im linearisierten Grenzfall der Allgemeinen Relativitätstheorie. P. A. M. Dirac (1982), *The principles of quantum mechanics*, 4. Auflage. Clarendon Press [1. Auflage 1930]. M. Fierz, W. Pauli (1939), „On relativistic wave equation for particles of arbitrary spin in an electromagnetic field", *Proc. Roy. Soc. Lond.* **A173**, 211–32.

**B.1**    Es könnte sein, dass man den gegenwärtigen Formalismus verallgemeinern muss, sodass entsprechend der Überlegungen aus Kapitel 14 auch eine zerfallende Ruhemasse in $\mathscr{C}^\wedge$ berücksichtigt werden kann. Das würde die Sache jedoch erheblich komplizierter machen, sodass ich mich für den Augenblick auf Situationen beschränke, bei denen angenommen werden kann, dass unser „Halsband" keine Ruhemasse in $\mathscr{C}^\wedge$ enthält.

**B.2**    Ich glaube nicht, dass $\hat{\Lambda} = \check{\Lambda}$ für sich genommen schon eine einschränkende Annahme darstellt, sondern es handelt sich lediglich um eine Frage der Bequemlichkeit. Eigenlich geht es nur darum, eventuelle Änderungen in den physikalischen Konstanten, die von einem Weltzeitalter zum nächsten auftreten könnten, so einzubauen, dass sie von anderen Größen übernommen werden. Außerdem sollte man noch anmerken, dass man statt der herkömmlichen „Planck-Einheiten", wie ich sie in Kapitel 14 eingeführt habe, die Bedingung $G = 1$ auch durch $\Lambda = 3$ ersetzen könnte, was dem CCC-Formalismus in der hier angegebenen Form angepasst wäre.

**B.3**   E. Calabi (1954), „The space of Kähler metrics", *Proc. Internat. Congress Math. Amsterdam*, S. 206–7.

**B.4**   Der Begriff „Phantom-Feld" wird in der Literatur auch in etwas anderen Bedeutungen verwendet.

**B.5**   Siehe Anmerkung 13.9.

**B.6**   Siehe Anmerkung 13.9.

**B.7**   Die allgemeine Ersetzung wäre $\Omega \mapsto (A\Omega + B)/(B\Omega + A)$, wobei $A$ und $B$ Konstanten sind, sodass $\Pi \mapsto \Pi$. Diese Freiheit wird jedoch durch die Forderung festgelegt, dass $\Omega$ bei $\mathcal{X}$ einen Pol haben soll (und $\omega$ eine Nullstelle).

**B.8**   K. P. Tod (2003), „Isotropic cosmological singularities: other matter models", *Class. Quant. Grav.* **20**, 521-34. [DOI: 10.1088/0264-9381/20/3/309]

**B.9**   Siehe Anmerkung 15.2.

**B.10**   Offenbar wurde dieser Operator schon von C. R. LeBrun ((1985), „Ambi-twistors and Einstein's equations", *Classical Quantum Gravity* **2**, 555–63) in seiner Definition eines „Einstein-Bündels" im Rahmen der Twistor-Theorie eingeführt. Er ist Teil einer wesentlich allgemeineren Familie von Operatoren, die von Eastwood und Rice (M. G. Eastwood und J. W. Rice (1987), „Conformally invariant differential operators on Minkowksi space and their curved analogues", *Commun. Math. Phys.* **109**, 207–28, Erratum, *Commun. Math. Phys.* **144** (1992) 213) eingeführt wurden. Er ist auch in anderem Zusammenhang von Bedeutung (M. G. Eastwood (2001), „The Einstein bundle of a nonlinear graviton", in *Further advances in twistor theory vol III*, Chapman & Hall/CRC, S. 36–9. T. N. Bailey, M. G. Eastwood, A. R.

Gover (1994), „Thomas's structure bundle for conformal, projective, and related structures", *Rocky Mtn. Jour. Math.* 24, 1191–217.) Er ist auch unter dem Namen „conformal to Einstein"-Operator bekannt, siehe auch die Fußnote auf S. 124 in R. Penrose, W. Rindler (1986), *Spinors and space-time, Vol. II: Spinor and twistor models in space-time geometry*, Cambridge University Press.

**B.11** Auf diese Interpretation wurde ich von K. P. Tod aufmerksam gemacht. In Penrose und Rindler (1986) wurde diese Bedingung als „asymptotische Einstein-Bedingung" bezeichnet. R. Penrose, W. Rindler (1986), *Spinors and space-time, Vol. II: Spinor and twistor methods in space-time geometry*, Cambridge University Press.

**B.12** Es gibt noch andere Möglichkeiten, diesen effektiven Vorzeichenwechsel in der Gravitationskonstanten zu sehen, unter anderem auch in dem Vergleich zwischen dem „Grgin-Verhalten" des Strahlungsfeldes und dem „Anti-Grgin-Verhalten" der gravitativen Quellen, wenn das konform Unendliche überquert wird; siehe Penrose und Rindler (1986), §9.4, S. 329–32. R. Penrose, W. Rindler (1986), *Spinors and space-time, Vol. II: Spinor and twistor methods in space-time geometry*, Cambridge University Press.

**B.13** K. P. Tod, persönliche Mitteilung.

# Index

Printed in the United States
By Bookmasters

Printed in the United States
By Bookmasters